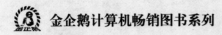 **金企鹅计算机畅销图书系列**

新世纪计算机教育名师课堂
中德著名教育机构精心打造

中文版 Photoshop CS2
实例与操作

德国亚琛计算机教育中心
　　　　　　　　　　　　联合策划
北京金企鹅文化发展中心

主编　苏　宁　朱丽静　赵俊峰

航空工业出版社
北京

内 容 提 要

Photoshop 是 Adobe 公司推出的一款优秀的图像处理软件，被广泛应用于平面广告设计、数码照片处理、网页设计等领域。本书以 Photoshop CS2 中文版为蓝本，从它的实际用途出发，按照系统、实用、易学、易用的原则详细介绍了 Photoshop CS2 的各项功能，内容涵盖 Photoshop CS2 的基础知识和基本操作、选区的创建与编辑、图像编辑、图像的绘制与修饰、图像色彩处理、图层应用、通道、形状与路径、文字应用、滤镜、动作与动画、图像输出等。

本书具有如下特点：（1）全书内容依据 Photoshop CS2 的功能和实际用途来安排，并且严格控制每章的篇幅，从而方便教师讲解和学生学习；（2）大部分功能介绍都以"理论+实例+操作"的形式来进行，并且所举实例简单、典型、实用，从而便于读者理解所学内容，并能活学活用；（3）将 Photoshop CS2 的一些使用技巧很好地融入到了书中，从而使本书获得增值；（4）各章都给出了一些精彩的综合实例，便于读者巩固所学知识，并能在实践中应用。

本书可作为中、高等职业技术院校，以及各类计算机教育培训机构的专用教材，也可供广大初、中级电脑爱好者自学使用。

图书在版编目（ＣＩＰ）数据

中文版 Photoshop CS2 实例与操作 / 苏宁，朱丽静，赵俊峰主编. -- 北京 ：航空工业出版社，2010.6
ISBN 978-7-80243-498-1

I. ①中… Ⅱ. ①苏… ②朱… ③赵… Ⅲ. ①图形软件，Photoshop CS2 Ⅳ. ①TP391.41

中国版本图书馆 CIP 数据核字(2010)第 067073 号

中文版 Photoshop CS2 实例与操作
Zhongwenban Photoshop CS2 Shili yu Caozuo

航空工业出版社出版发行
（北京市安定门外小关东里 14 号　100029）
发行部电话：010-64815615　　010-64978486

北京忠信印刷有限责任公司印刷　　　　全国各地新华书店经售

2010 年 6 月第 1 版　　　　　　　　2010 年 6 月第 1 次印刷

开本：787×1092　　1/16　　印张：21　　字数：498 千字

印数：1—5000　　　　　　　　　　定价：38.00 元

卷首语

致亲爱的读者

亲爱的读者朋友，当您拿到这本书的时候，我们首先向您致以最真诚的感谢，您的选择是对我们最大的鞭策与鼓励。同时，请您相信，您选择的是一本物有所值的精品图书。

无论您是从事计算机教学的老师，还是正在学习计算机相关技术的学生，您都可能意识到了，目前国内计算机教育面临两个问题：一是教学方式枯燥，无法激发学生的学习兴趣；二是教学内容和实践脱节，学生无法将所学知识应用到实践中去，导致无法找到满意的工作。

计算机教材的优劣在计算机教育中起着至关重要的作用。虽然我们拥有 10 多年的计算机图书出版经验，出版了大量被读者认可的畅销计算机图书，但我们依然感受到，要改善国内传统的计算机教育模式，最好的途径是引进国外先进的教学理念和优秀的计算机教材。

众所周知，德国是当今制造业最发达、职业教育模式最先进的国家之一。我们原计划直接将该国最优秀的计算机教材引入中国。但是，由于西方人的思维方式与中国人有很大差异，如果直接引进会带来"水土不服"的问题，因此，我们采用了与全德著名教育机构——亚琛计算机教育中心联合策划这种模式，共同推出了这套丛书。

我们和德国朋友认为，计算机教学的目标应该是：让学生在最短的时间内掌握计算机的相关技术，并能在实践中应用。例如，在学习完 Word 后，便能从事办公文档处理工作。计算机教学的方式应该是：理论+实例+操作，从而避开枯燥的讲解，让学生能学得轻松，教师也教得愉快。

最后，再一次感谢您选择这本书，希望我们付出的努力能得到您的认可。

北京金企鹅文化发展中心总裁

致亲爱的读者

亲爱的读者朋友，首先感谢您选择本书。我们——亚琛计算机教育中心，是全德知名的计算机教育机构，拥有众多优秀的计算机教育专家和丰富的计算机教育经验。今天，基于共同的服务于读者，做精品图书的理念，我们选择了与中国北京金企鹅文化发展中心合作，将双方的经验共享，联合推出了这套丛书，希望它能得到您的喜爱！

德国亚琛计算机教育中心总裁

一本好书首先应该有用，其次应该让大家愿意看、看得懂、学得会；一本好教材，应该贴心为教师、为学生考虑。因此，我们在规划本套丛书时竭力做到如下几点：

➢ **精心安排内容。** 计算机每种软件的功能都很强大，如果将所有功能都一一讲解，无疑会浪费大家时间，而且无任何用处。例如，Photoshop 这个软件除了可以进行图像处理外，还可以制作动画，但是，又有几个人会用它制作动画呢？因此，我们在各书内容安排上紧紧抓住重点，只讲对大家有用的东西。

➢ **以软件功能和应用为主线。** 本套丛书突出两条主线，一个是软件功能，一个是应用。以软件功能为主线，可使读者系统地学习相关知识；以应用为主线，可使读者学有所用。

➢ **采用"理论+实例+操作"的教学方式。** 我们在编写本套丛书时尽量弱化理论，避开枯燥的讲解，而将其很好地融入到实例与操作之中，让大家能轻松学习。但是，适当的理论学习也是必不可少的，只有这样，大家才能具备举一反三的能力。

➢ **语言简练，讲解简洁，图示丰富。** 一个好教师会将一些深奥难懂的知识用浅显、简洁、生动的语言讲解出来，一本好的计算机图书又何尝不是如此！我们对书中的每一句话，每一个字都进行了"精雕细刻"，让人人都看得懂、愿意看。

➢ **实例有很强的针对性和实用性。** 计算机教育是一门实践性很强的学科，只看书不实践肯定不行。那么，实例的设计就很有讲究了。我们认为，书中实例应该达到两个目的，一个是帮助读者巩固所学知识，加深对所学知识的理解；一个是紧密结合应用，让读者了解如何将这些功能应用到日后的工作中。

➢ **融入众多典型实用技巧和常见问题解决方法。** 本套丛书中都安排了大量的"知识库"、"温馨提示"和"经验之谈"，从而使学生能够掌握一些实际工作中必备的应用技巧，并能独立解决一些常见问题。

➢ **精心设计的思考与练习。** 本套丛书的"思考与练习"都是经过精心设计，从而真正起到检验读者学习成果的作用。

➢ **提供素材、课件和视频。** 完整的素材可方便学生根据书中内容进行上机练习；适应教学要求的课件可减少老师备课的负担；精心录制的视频可方便老师在课堂上演示实例的制作过程。所有这些内容，读者都可从随书附赠的光盘中获取。

➢ **很好地适应了教学要求。** 本套丛书在安排各章内容和实例时严格控制篇幅和实例的难易程度，从而照顾教师教学的需要。基本上，教师都可在一个或两个课时内完成某个软件功能或某个上机实践的教学。

本套丛书可作为中、高等职业技术院校，以及各类计算机教育培训机构的专用教材，也可供广大初、中级电脑爱好者自学使用。

本书内容安排

➤ **第 1 章**：介绍图像处理的基本概念，新建、保存、关闭与打开图像的方法，调整视图的方法，使用辅助工具的方法，设置前景色和背景色的方法等。

➤ **第 2 章**：介绍创建规则选与不规则选区的方法，选区的特殊制作方法，选区的基本编辑，选区的填充与描边等。

➤ **第 3 章**：介绍编辑图像的基本方法，变换图像的方法，调整图像和画布大小的方法，操作的重复与撤销等。

➤ **第 4 章**：介绍绘制、修饰和修复图像的方法，包括使用画笔工具组、仿制图章工具组、修复工具组、历史记录工具组、模糊工具组、减淡工具组、橡皮工具组、渐变工具和油漆桶工具等。

➤ **第 5 章**：介绍使用色调与色彩命令调整图像的方法。

➤ **第 6 章～第 7 章**：介绍图层的类型与创建方法，图层的基本操作与设置，图层样式的设置与编辑方法，图层蒙版的创建与编辑方法，图层组与剪辑组的创建与应用方法。

➤ **第 8 章**：介绍基本形状工具组与钢笔工具的使用方法，编辑形状的方法，以及路径的创建、编辑与应用方法。

➤ **第 9 章**：介绍输入与编辑文字的方法，设置文字格式的方法，将文字转换为路径或形状，以及将文字沿路径或图形内部放置的方法。

➤ **第 10 章**：介绍通道的原理、类型与用途，通道基本操作与应用，使用通道合成图像的方法。

➤ **第 11 章**：介绍滤镜的使用规则与技巧，使用液化、图案生成器与消失点滤镜，以及系统内置滤镜与外挂滤镜的方法。

➤ **第 12 章**：介绍动作的录制、编辑与应用方法，图像印前处理必须进行的工作，以及打印图像与优化 Web 图像的方法。

➤ **第 13 章**：通过制作图书封面和珠宝广告两个实例，让读者综合练习前面所学知识。

本书附赠光盘内容

本书附赠了专业、精彩、针对性强的多媒体教学课件光盘，并配有视频，真实演绎书中每一个实例的实现过程，非常适合老师上课教学，也可作为学生自学的有力辅助工具。

本书的创作队伍

本书由德国亚琛计算机教育中心和北京金企鹅文化发展中心联合策划，苏宁、朱丽静、赵俊峰主编，并邀请一线职业技术院校的老师参与编写。主要编写人员有：郭玲文、白冰、郭燕、丁永卫、孙志义、常春英、李秀娟、顾升路、贾洪亮、单振华、侯盼盼等。

尽管我们在写作本书时已竭尽全力，但书中仍会存在这样或那样的问题，欢迎读者批评指正。另外，如果读者在学习中有什么疑问，也可登录我们的网站（http://www.bjjqe.com）去寻求帮助，我们将会及时解答。

编　者

2010 年 4 月

第 1 章　开始 Photoshop CS2 之旅

当你行走在大街上，或走进书店、影院、购物中心，一幅幅美轮美奂的产品宣传广告、电影海报和店堂招贴就会映入眼帘；当你翻开一本精美的杂志，你或许会叹服画面中的人物竟然如此完美无缺。所有这一切，都会找到本书的主角——Photoshop 的身影……

第 2 章　选区的创建与编辑

选区是 Photoshop 所有功能的基础。创建 Photoshop 的选区，你便在图像上创建了一块属于自己的领地，可以随意涂抹、复制、移动、变形、变色……，而选区外的区域不受任何影响。还犹豫什么呢？赶快为你的相片换个背景吧……

第 3 章　编辑图像

寻找爱情的画卷，原以为是一份严肃，却发现这幅图片是如此千姿百态、千变万化！是什么改变了你的看法？让我们一起进入神秘的 Photoshop 图像编辑世界……

第 4 章 绘制与修饰图像

童年的时光总是令人难忘，我曾经珍藏着一组儿时的照片，但很不幸，一次意外将心爱的照片全损坏了。试试"照片美容师"——Photoshop 吧，它不仅能帮助你修复损坏的照片，还能为相片增加一些艺术化的效果……

第 5 章 图像色彩处理

有时候我喜欢紫色，它给我一种高贵的感觉；有时候我喜欢蓝色，它让我的心灵得到宁静；有时候我喜欢黄色，它让我感到温馨；有时候我喜欢红色，它让我变得热情；有时候我喜欢白色，它让我感到一种纯洁……。Photoshop，让你在色彩的世界里任意驰骋……

第 6 章 图层应用（上）

有人说，它是一个管家，让复杂的图像编辑变得简单；有人说，它是七彩的灯光，让普通的图像在瞬间变得多姿多彩；有人说，它是一个舞者，让我们的心脏随它一起跳动。

它，就是被誉为 Photoshop 灵魂的图层……

第 7 章　图层应用（下）

在我心里，Photoshop 的图层就像我的"百宝箱"，我只需轻轻拖移几下鼠标，就能把梦想变成现实……

第 *8* 章 形状与路径

我喜欢看卡通片，它让我感受到那种不带世俗的纯真，偶尔我也在纸上涂鸦两笔，画上一只可爱的兔子，或一个大眼睛的卡通少女。可惜的是，我不能在电脑中随意绘图，直到有一天，我尝试了 Photoshop 的形状与路径功能……

第 *9* 章 在图像中应用文字

星星点缀在天空，让天空如此美丽，荷花漂浮在湖面，湖水便多了些许柔情，如果为一幅抒情的作品添加上浪漫的文字，效果会怎么样呢……

第 *10* 章 使用通道

你是不是曾经很困惑，那些极富表现力的平面广告、精美杂志是如何制作出来的。试试 Photoshop 通道功能吧，在这里你能找到从业余进入专业的"通道"……

第 *11* 章 使用滤镜

王后对着魔镜说：魔镜魔镜，请让我变得更漂亮些吧！随后王后高兴地参加舞会去了；我对 Photoshop 的滤镜说：滤镜滤镜，请让我的眼睛再大些，腰身再细些，再帮我做个时尚卷发吧！随后羞涩的我便把相片放在了家里最显眼的地方……

第 *12* 章　一些重要知识的补充

　　你是否厌倦了那些重复的操作，那么，试试 Photoshop 的自动化处理功能！你是否希望把完成的作品打印或印刷出来，以便与朋友一些分享，那么，让我们先了解一下图像的印前处理知识，然后再进行打印或印刷……

第 *13* 章　综合实例

　　学完了前面的内容，你是否已能制作出专业的图书封面、富有感染力的广告，还是有些力不从心的感觉呢？没关系，下面便让我们一起来体验设计的无穷乐趣……

第1章
开始 Photoshop CS2 之旅

章前导读

　　Photoshop 是当今世界最流行的一款图像处理软件，被广泛应用于平面广告设计、艺术图形创作、数码照片处理等领域。从本章开始，我们将带领大家探寻它的奥秘，掌握它的使用方法。

1.1　Photoshop 应用领域

随着 Photoshop 功能的不断强化，它的应用领域也在逐渐扩大，其中：

➢ **在平面设计方面**：利用 Photoshop 可以设计商标、产品包装、海报、样本、招贴、广告、软件界面、网页素材和网页效果图等各式各样的平面作品，还可以为三维动画制作材质，以及对三维效果图进行后期处理等。

➢ **在绘画方面**：Photoshop 具有强大的绘画功能，利用它可以绘制出逼真的产品效果图、各种卡通人物和动植物等。

➢ **在数码照片处理方面**：利用 Photoshop 可以进行各种照片合成、修复和上色操作。例如，为照片更换背景、为人物更换发型、照片偏色校正，以及照片美化等。

1.2　图像处理基础知识

为了便于大家学习 Photoshop，下面介绍几个在图像处理过程中最常遇到的术语，如位图与矢量图、像素与分辨率、图像的颜色模式，以及图像文件格式等。

1.2.1 位图与矢量图

图像有位图和矢量图之分。严格地说，位图被称为图像，矢量图被称为图形。它们之间最大的区别就是位图放大到一定比例时会变得模糊，而矢量图则不会。

1. 位图

位图是由许多细小的色块组成的，每个色块就是一个像素，每个像素只能显示一种颜色。像素是构成图像的最小单位，放大位图后可看到它们，这就是我们平常所说的马赛克效果，如图 1-1 所示。

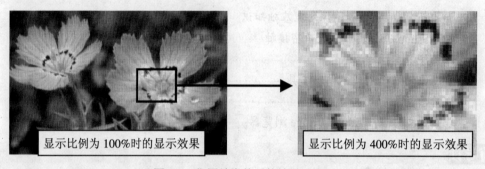

显示比例为 100%时的显示效果　　　　显示比例为 400%时的显示效果

图 1-1　位图放大前后的效果对比

日常生活中，我们所拍摄的数码照片、扫描的图像都属于位图。与矢量图相比，位图具有表现力强、色彩细腻、层次多且细节丰富等优点。位图的缺点是文件占用的存储空间大，且与分辨率有关。

2. 矢量图

矢量图主要是用诸如 Illustrator、CorelDRAW 等矢量绘图软件绘制得到的。矢量图具有占用存储空间小、按任意分辨率打印都依然清晰（与分辨率无关）的优点，常用于设计标志、插画、卡通和产品效果图等。矢量图的缺点是色彩单调，细节不够丰富，无法逼真地表现自然界中的事物。图 1-2 显示了矢量图放大前后的效果对比。

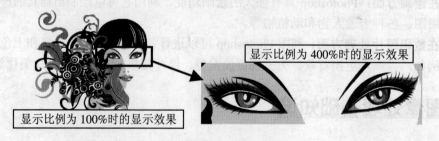

显示比例为 400%时的显示效果

显示比例为 100%时的显示效果

图 1-2　矢量图放大前后的效果对比

就 Photoshop 而言，其卓越的功能主要体现在能对位图进行全方位的处理。例如，可以调整图像的尺寸、色彩、亮度、对比度，并可以对图像进行各种加工，从而制作出精美的作品。此外，也可利用 Photoshop 绘制一些不太复杂的矢量图。

1.2.2 像素与图像分辨率

> **像素：** 位图图像是由一个个点组成的，每个点就是一个像素。
> **图像分辨率：** 通常是指图像中每平方英寸所包含的像素数，其单位是"像素/英寸"（pixel/inch，ppi）。一般情况下，如果希望图像仅用于显示，可将其分辨率设置为 72ppi 或 96ppi（与显示器分辨率相同）；如果希望图像用于印刷输出，则应将其分辨率设置为 300ppi 或更高。

> 分辨率与图像的品质有着密切的关系。当图像尺寸固定时，分辨率越高，意味着图像中包含的像素越多，图像也就越清晰。相应地，文件也会越大。反之，分辨率较低时，意味着图像中包含的像素越少，图像的清晰度自然也会降低。相应地，文件也会变小。

1.2.3 颜色模式

颜色模式决定了如何描述和重现图像的色彩，常用的颜色模式有 RGB、CMYK、灰度等，其特点如下。

> **RGB 颜色模式：** 该模式是 Photoshop 软件默认的颜色模式。在该模式下，图像的颜色由红（R）、绿（G）、蓝（B）三原色混和而成。R、G、B 颜色的取值范围均为 0～255。当图像中某个像素的 R、G、B 值都为 0 时，像素颜色为黑色；R、G、B 值都为 255 时，像素颜色为白色；R、G、B 值相等时，像素颜色为灰色。
> **CMYK 颜色模式：** 该模式是一种印刷模式，其图像颜色由青（C）、洋红（M）、黄（Y）和黑（K）4 种色彩混和而成。在 Photoshop 中处理图像时，一般不采用 CMYK 模式，因为该颜色模式下图像文件占用的存储空间较大，并且 Photoshop 提供的很多滤镜都无法使用。因此，如果制作的图像需要用于打印或印刷，可在输出前将图像的颜色模式转换为 CMYK 模式。
> **Lab 颜色模式：** 该模式以一个亮度分量 L（Lightness）以及两个颜色分量 a 与 b 来混合出不同的颜色。其中，L 的取值范围为 0～100，a 分量代表由绿色到红色的光谱变化，而 b 分量代表由蓝色到黄色的光谱变化，且 a 和 b 分量的取值范围均为 -120～120。
> **灰度模式：** 灰度模式图像只能包含纯白、纯黑及一系列从黑到白的灰色。其不包含任何色彩信息，但能充分表现出图像的明暗信息。
> **索引颜色模式：** 索引颜色模式图像最多包含 256 种颜色。索引颜色模式图像的优点是文件占用的存储空间小，其对应的主要图像文件格式为 GIF。应用该颜色模式

的图像通常用作多媒体动画及网页素材。在该颜色模式下，Photoshop 中的多数工具和命令都不可用。

> **位图模式**：位图模式图像也叫黑白图像或一位图像，它只包含了黑、白两种颜色。

1.2.4 色域和溢色

色域是每种颜色模式能表示的颜色范围。在 Photoshop 使用的各种颜色模式中，Lab 具有最宽的色域，它包括了 RGB 和 CMYK 色域中的所有颜色，如图 1-3 所示。

> 由于 Lab 颜色的色域最宽，因此，该模式是 Photoshop 在不同颜色模式之间转换时使用的中间颜色模式。

CMYK 色域较窄，仅包含使用印刷油墨能够打印的颜色。当不能打印的颜色显示在屏幕上时，称其为溢色，即超出 CMYK 色域之外。在 Photoshop 中，当用户选取的颜色超过 CMYK 色域时，系统将会给出一个警告性标记⚠。单击该标记，系统将自动选取一种与该颜色最为相近的颜色。

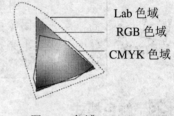

Lab 色域
RGB 色域
CMYK 色域

图 1-3 色域

1.2.5 图像文件格式

图像文件格式是指在计算机中存储图像文件的方式，而每种文件格式都有自身的特点和用途。下面简要介绍几种常用图像格式的特点。

> **PSD 格式**（*.psd）：是 Photoshop 专用的图像文件格式，可保存图层、通道等信息。其优点是保存的信息量多，便于修改图像；缺点是文件占用的存储空间较大。

> **TIFF 格式**（*.tif）：是一种应用非常广泛的图像文件格式，几乎所有的扫描仪和图像处理软件都支持它。TIFF 格式采用无损压缩方式来存储图像信息，可支持多种颜色模式，可保存图层和通道信息，并且可以设置透明背景。

> **JPEG 格式**（*.jpg）：是一种压缩率很高的图像文件格式。由于它采用的是具有破坏性的压缩算法，因此会降低图像的质量。JPEG 格式仅适用于保存不含文字或文字尺寸较大的图像，否则，将导致图像中的字迹模糊。该格式的图像文件主要用于在电脑上显示，或者作为网页素材。

> **GIF 格式**（*.gif）：该格式图像最多可包含 256 种颜色，颜色模式为索引颜色模式，文件尺寸较小，支持透明背景，且支持多帧，特别适合作为网页图像或网页动画。

> **BMP 格式**（*.bmp）：是 Windows 操作系统中"画图"程序的标准文件格式，此格式与大多数 Windows 和 OS/2 平台的应用程序兼容。由于该格式采用的是无损压缩，因此，其优点是图像完全不失真，缺点是图像文件的尺寸较大。

1.2.6 色相、饱和度、亮度与色调

色相、饱和度和亮度是颜色的三种基本特性，被称为色彩三要素：

➢ **色相：**色相是指颜色本身的固有色，如红色、橙色、黄色、绿色、青色、蓝色、紫色等。色相是颜色最主要的特征。

➢ **饱和度：**是指色彩的鲜艳程度，也称为彩度或纯度。颜色混合的次数越多，纯度越低，例如红加白就没有单纯的红色纯度高。

➢ **亮度：**是颜色的明暗程度，也称为明度。颜色的明度变化有许多种情况，一是不同色相之间的明度变化。如：白比黄亮、黄比橙亮、橙比红亮、红比紫亮、紫比黑亮；二是在某种颜色中加白色，亮度就会逐渐提高，加黑色亮度就会降低。

图像的色调通常是指图像的整体明暗度，例如，若图像亮部像素较多的话，则图像整体上看起来较为明快。反之，若图像中暗部像素较多的话，则图像整体上看起来较为昏暗。

1.3 与 Photoshop CS2 的第一次亲密接触

在了解了 Photoshop 的应用领域和相关概念后，下面我们来跟 Photoshop CS2 初次见个面，看看它是如何启动和退出的，它的界面中包含了哪些组成元素。

1.3.1 启动和退出 Photoshop CS2

Step 01 安装好 Photoshop CS2 程序后，可使用下面两种方法启动它。

➢ 选择"开始">"所有程序">"Adobe Photoshop CS2"菜单，如图 1-4 所示。

➢ 如果桌面上有 Photoshop CS2 的快捷方式图标，双击它即可启动程序。

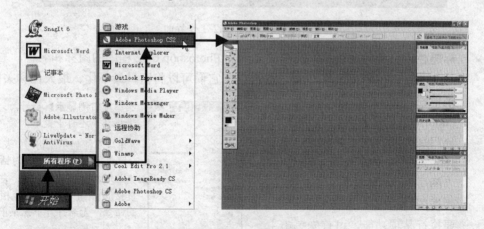

图 1-4 通过菜单启动 Photoshop CS2

Step 02 当不需要使用 Photoshop CS2 时，可以采用以下几种方法退出程序：

➢ 直接单击程序窗口标题栏右侧的"关闭"按钮。

> 选择 "文件" > "退出" 菜单。
> 按【Alt+F4】组合键或【Ctrl+Q】组合键。

熟悉 Photoshop CS2 工作界面

图 1-5 所示为 Photoshop CS2 的工作界面。可以看出，Photoshop CS2 的工作界面主要由标题栏、菜单栏、工具箱、工具属性栏、图像窗口和调板等组成。

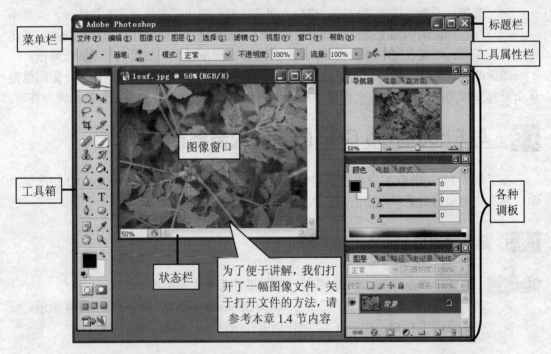

图 1-5 Photoshop CS2 工作界面

> **标题栏：**位于界面顶部，其左侧显示了 Photoshop CS2 程序的图标和名称，右侧是 3 个窗口控制按钮 ，通过单击它们可以将窗口最小化、最大化和关闭。

> **菜单栏：**位于标题栏下方，Photoshop CS2 将其大部分命令分门别类地放在了 9 个菜单中（"文件"、"编辑"、"图像"、"图层"、"选择"、"滤镜"、"视图"、"窗口"和"帮助"）。要执行某项功能，可首先单击主菜单名打开一个下拉菜单，然后继续单击选择某个子菜单项即可，如图 1-6 所示。

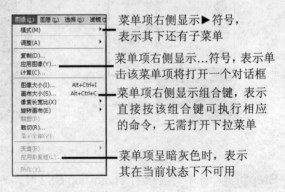

菜单项右侧显示▶符号，表示其下还有子菜单

菜单项右侧显示...符号，表示单击该菜单项将打开一个对话框

菜单项右侧显示组合键，表示直接按该组合键可执行相应的命令，无需打开下拉菜单

菜单项呈暗灰色时，表示其在当前状态下不可用

图 1-6 打开菜单

➢ **工具箱**：Photoshop CS2 的工具箱中包含了 40 余种工具，如图 1-7 所示。这些工具大致可分为选区制作工具、绘画工具、修饰工具、颜色设置工具及显示控制工具等几类，通过这些工具我们可以方便地编辑图像。

一般情况下，要使用某种工具，只需单击该工具即可。另外，部分工具的右下角带有黑色小三角 ，表示该工具中隐藏着其他的工具。在该工具上按住鼠标左键不放，可从弹出的工具列表中选择其他工具，如图 1-8 所示。

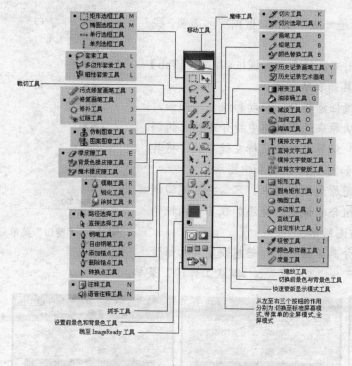

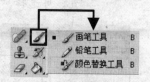

图 1-7　工具箱中的工具　　　　　　　　　　　图 1-8　选择隐藏的工具

Photoshop 为每个工具都设置了快捷键，要选择某工具，只需在英文输入法状态下按一下相应的快捷键即可。将鼠标光标放在某工具上停留片刻，会出现工具提示，其中带括号的字母便是该工具的快捷键。若在同一工具组中包含多个工具，可以反复按【Shift + 工具快捷键】以选择其他工具。

➢ **工具属性栏**：当用户从工具箱中选择某个工具后，在菜单栏下方的工具属性栏中会显示该工具的属性和参数，利用它可设置工具的相关参数。自然，当前选择的工具不同，属性栏内容也不相同。

➢ **图像窗口**：用来显示和编辑图像文件。图像窗口带有自己的标题栏和调节窗口的控制按钮。当图像窗口处于"最大化"状态时，将与 Photoshop 共用标题栏。

➢ **调板**：位于图像窗口右侧。Photoshop CS2 为用户提供了 14 个调板，分别用来观察信息，选择颜色，管理图层、通道、路径和历史记录等。要打开或关闭某一调板，只需单击"窗口"菜单中的相应菜单项即可，如图 1-9 所示。

> **状态栏**：位于图像窗口底部，由两部分组成，分别显示了当前图像的显示比例和文档大小/暂存盘大小（指编辑图像时所用的空间大小）。用户可在显示比例编辑框中直接修改数值来改变图像的显示比例。

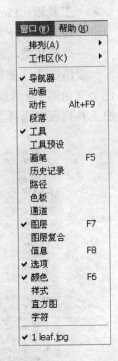

1.3.3 调整 Photoshop CS2 **工作界面**

Photoshop 的工作界面并不是一成不变的，根据实际需要，我们可以对其进行各种调整。

Step 01 按【Tab】键，可以关闭工具箱和所有调板；再次按【Tab】键，将重新显示工具箱和所有调板。

Step 02 根据需要可以将调板任意拆分、移动和组合。例如，要使"图层"调板从原来的调板组中拆分为独立的调板，可单击"图层"标签并按住鼠标左键不放，将其拖动到所需位置，如图 1-10 左图和中图所示。

Step 03 要将"图层"调板还原到调板组中，只需将其拖回调板组内即可。重新组合的调板只能添加在其他调板的后面，如图 1-10 右图所示。

图 1-9 "窗口"菜单

Step 04 对调板进行关闭、分离等操作后，若想恢复其初始位置，可选择"窗口">"工作区">"默认工作区"菜单。

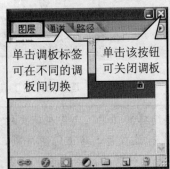

图 1-10 拆分与组合调板

1.4 图像文件基本操作

本节我们通过制作新年贺卡来学习新建、打开、保存和关闭图像文件的方法。

1.4.1 新建与打开图像文件——制作新年贺卡

首次启动 Photoshop 后，界面中没有任何图像，此时用户需要新建或打开图像，才可以用 Photoshop 编辑图像。

Step 01 要创建图像文件，可选择"文件" > "新建"菜单，或按【Ctrl+N】组合键，打开"新建"对话框，如图 1-11 所示。在该对话框中设置新图像文件的名称、尺寸、分辨率、颜色模式和背景颜色（本例需参照图中所示设置各项参数），单击"确定"按钮即可创建新图像文件。

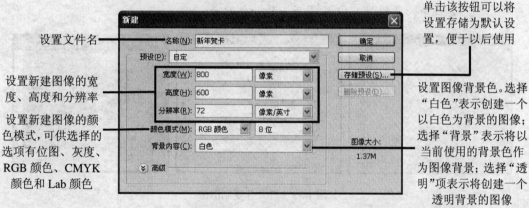

图 1-11　"新建"对话框

Step 02 要打开现有的图像文件进行处理，可选择"文件" > "打开"菜单，或按【Ctrl+O】组合键（或双击窗口空白处），打开"打开"对话框，如图 1-12 左图所示。

Step 03 在"打开"对话框的"查找范围"下拉列表中选择文件所在的文件夹（本例需选择本书配套素材"素材与实例"\"Ph1"文件夹），在文件列表中单击要打开的文件将其选中，如"01.jpg"文件，然后单击"打开"按钮将其打开，如图 1-12 右图所示。

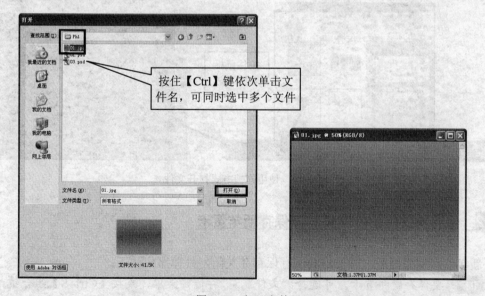

图 1-12　打开文件

Step 04 依次按【Ctrl+A】、【Ctrl+C】组合键，全选图像并复制，然后单击 "新年贺卡" 图像标题栏将其切换为当前图像，并按【Ctrl+V】组合键，将图像粘贴到新文件窗口中。

Step 05 参照与 Step 2 ~ Step 3 相同的操作方法，依次打开 "Ph1" 文件夹中的 "02.psd" 和 "03.psd" 文件（参见图 1-13 左图和中图），将素材图像依次复制到新文件窗口中，得到图 1-13 右图所示的新年贺卡。

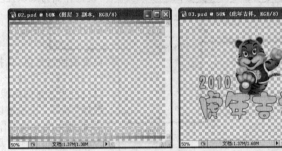

图 1-13　打开并复制图像

要打开最近打开过的某个文件，可选择 "文件" > "最近打开文件" 菜单中的某个子菜单项（文件名）。该菜单最多可列出最近打开过的 10 个文件供用户选择。

打开图像文件还有一种非常方便快捷的方法，就是在图片所在的文件夹中选中图片，然后将文件直接拖拽到任务栏中 Photoshop 的最小化按钮上，待切换回 Photoshop 程序后，在窗口内释放鼠标即可，如图 1-14 所示。

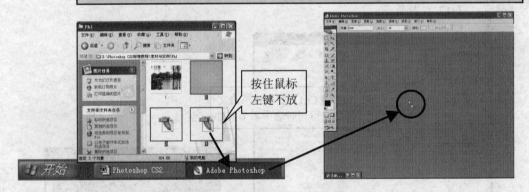

图 1-14　使用拖拽方式打开文件

1.4.2　保存与关闭图像文件——保存新年贺卡

新年贺卡制作好后，需要将其进行保存并关闭，具体操作如下：

Step 01 要保存新年贺卡，可选择 "文件" > "存储" 菜单，或按【Ctrl+S】组合键，打开图 1-15 所示的 "存储为" 对话框。用户可在该对话框中设置文件名、文件格式、文件保存位置等参数。设置好后，单击 "保存" 按钮即可。

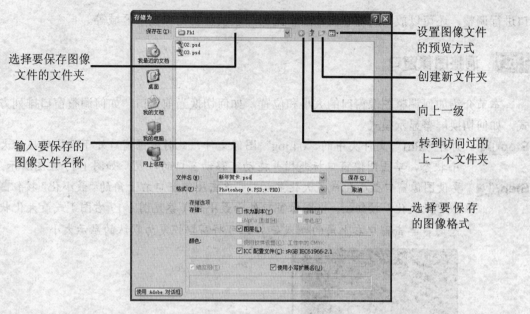

选择要保存图像
文件的文件夹

输入要保存的
图像文件名称

设置图像文件
的预览方式

创建新文件夹

向上一级

转到访问过的
上一个文件夹

选择要保存
的图像格式

图 1-15 "存储为"对话框

若图像已经保存，再次执行保存操作时，不会再弹出"存储为"对话框。若用户希望将编辑的图像以别的名称保存，可以选择"文件">"存储为"菜单或按【Shift+Ctrl+S】组合键，在打开的"存储为"对话框中重新设置文件名和存储位置即可。

Step 02 当用户不需要编辑某个图像文件时，可以通过以下几种方式将其关闭。

➢ 选择"文件">"关闭"菜单，在弹出的对话框中单击"是"按钮。

➢ 按【Ctrl+W】或【Ctrl+F4】组合键。

➢ 单击图像窗口右上角的 ⊠ 按钮或 ✕ 按钮。

➢ 选择"文件">"关闭全部"菜单，可关闭所有打开的图像。

在关闭图像文件或退出 Photoshop 程序时，如果有文件尚未保存，系统会弹出一个提示对话框，如图 1-16 所示。

保存并关闭文件，或
退出 Photoshop CS2

不保存文件，直接将其关
闭或退出 Photoshop CS2

取消关闭文件或
退出程序的操作

图 1-16 提示对话框

1.5 调整图像的显示

在编辑图像时，经常需要打开多个图像窗口。为了操作方便，可以根据需要对图像窗口进行调整，还可以放大或缩小图像显示比例，以及移动图像显示区域等。

1.5.1 调整图像窗口

本节介绍如何调整图像窗口的大小和位置，如何切换当前窗口，如何调整窗口排列方式，如何切换屏幕显示模式。

Step 01 打开"Ph1"文件夹中的"04.jpg"图像文件，此时图像窗口处于默认的显示大小状态，单击图像窗口标题栏并拖动可移动窗口的位置，如图 1-17 左图所示。

Step 02 要使图像窗口最小化或最大化显示，可单击图像窗口右上角的"最小化"按钮█或"最大化"按钮█。当图像窗口处于最小化（参见图 1-17 右图）或最大化状态时，单击窗口右上角的█或█按钮可将窗口恢复为默认的显示大小。

图 1-17　移动、最大化和最小化图像窗口

Step 03 当图像窗口处于非最大化或最小化显示时，还可将光标置于图像窗口边界（此时光标呈↕、↔、↗或↖形状），然后按住鼠标左键并拖动调整图像窗口大小。

Step 04 若同时打开多个图像窗口，工作界面会显得很乱。此时用户可选择"窗口">"排列"菜单中的"层叠"、"水平平铺"、"垂直平铺"和"排列图标"子菜单，来改变图像窗口的显示状态，如图 1-18 所示。

图 1-18　排列图像窗口

Step 05 要在打开的多个窗口间切换，可以直接单击想要处理的窗口，使其成为当前窗口；也可在"窗口"菜单中单击某图像文件名，使其成为当前窗口。此外，如

果希望在各窗口间循环切换，可以按【Ctrl+Tab】或【Ctrl+F6】组合键。

Step 06 Photoshop 的工具箱提供了"标准屏幕模式" 、"带有菜单栏的全屏模式" 和"全屏模式" 3 个设置显示方式的工具。单击某个工具，屏幕将切换到相应的显示模式，如图 1-19 所示。用户也可在英文输入法状态下，连续按【F】键切换显示模式。

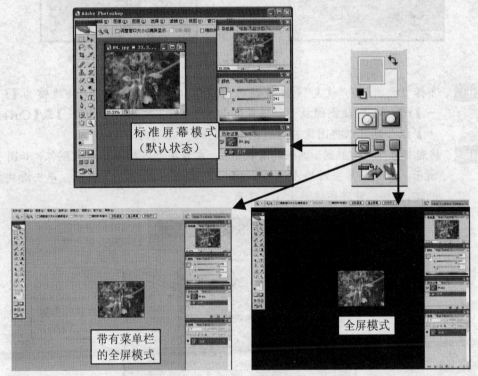

图 1-19　3 种屏幕显示模式

1.5.2　调整图像显示比例

在处理图像时，通过放大图像的显示比例可以方便地对图像的细节进行处理，通过缩小图像的显示比例可以方便地观察图像的整体。

Step 01 打开前面制作的新年贺卡，在工具箱中选择"缩放工具" 后，将鼠标指针移至图像窗口，光标将呈 状，此时单击鼠标即可将图像放大一倍显示。若按住【Alt】键不放，光标将呈 状，此时在图像窗口中单击鼠标可将图像缩小 1/2 显示。

Step 02 选择"缩放工具" 后，在图像窗口按住鼠标左键不放并拖出一个矩形区域，释放鼠标后该区域将被放大至充满窗口，如图 1-20 所示。

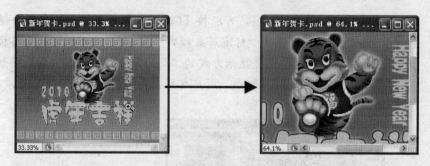

图 1-20　局部放大图像

Step 03　选择"视图">"放大"（快捷键为【Ctrl + +】）或"缩小"（快捷键为【Ctrl + -】）菜单，可使图像放大一倍或缩小 1/2 显示。按【Ctrl+Alt+ -】或【Ctrl+Alt+ +】组合键可以将图像窗口随图像一起缩小或放大。

Step 04　将光标置于"导航器"调板的滑块 上，左右拖动可缩小或放大图像，如图 1-21 所示。此外，单击滑块左侧的 按钮，可将图像缩小 1/2 显示；单击滑块右侧的 按钮，可将图像放大 1/2 显示。

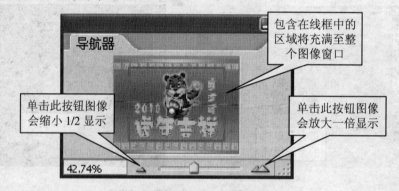

包含在线框中的区域将充满至整个图像窗口

单击此按钮图像会缩小 1/2 显示

单击此按钮图像会放大一倍显示

图 1-21　利用导航器面板缩放图像

Step 05　如果希望将图像按 100% 比例显示（当 100% 显示图像时，用户看到的是最真实的图像效果），可通过以下几种方法实现：

➢ 在工具箱中双击"缩放工具" 。

➢ 选择"缩放工具" 后，右击图像窗口，从弹出的快捷菜单中选择"实际像素"。

➢ 选择"视图">"实际像素"菜单，或者按【Alt+Ctrl+0】组合键。

Step 06　如果希望将图像按屏幕大小显示，可选择"视图">"按屏幕大小缩放"菜单；如果希望将图像以实际打印尺寸显示，可选择"视图">"打印尺寸"菜单。

1.5.3　移动图像显示区域

在编辑图像时，若图像大小超出当前图像窗口，则部分图像区域会被隐藏。此时，我们可通过以下方法来移动图像的显示区域。

Step 01　若图像大小超出当前图像窗口，系统将自动在图像窗口的右侧和下方出现垂直或水平滚动条。此时，我们可直接拖动滚动条来移动图像的显示区域。

Step 02 选择工具箱的"抓手工具"🖐️，光标呈🖐️形状，此时在图像窗口中拖动光标也可改变图像显示区域，如图 1-22 左图所示。

Step 03 此外，还可以使用"导航器"调板改变图像显示区域，方法是将光标移至"导航器"调板的红色线框内，然后按下鼠标左键并拖动即可，如图 1-22 右图所示。

红色线框框住的内容是在图像窗口中显示的区域，红色线框之外的内容无法在图像窗口中显示

图 1-22 移动图像的显示区域

无论当前使用何种工具，按住【Ctrl+空格键】不松手都等同于选择了"缩放工具"🔍，此时光标显示为🔍，在页面区域单击鼠标即可放大视图，从而避免了切换工具的麻烦；此外，按住空格键不松手等同于选择了"抓手工具"🖐️。

1.6　使用辅助工具

在处理图像时，为了能够精确设置对象的位置和尺寸，系统提供了一些辅助工具供用户使用，如标尺、网格和参考线等。下面分别介绍它们的用法。

1.6.1　使用标尺和参考线——规划图书封面

在设计图书封面时，通常需要先利用标尺和参考线规划好书籍和出血（详见知识库）位置，下面我们以此为例，学习标尺和参考线的使用方法。

Step 01 打开本书配套素材"Ph1"文件夹中的"05.jpg"文件，选择"视图" > "标尺"菜单，在图像的左侧和顶部显示标尺（再次选择该菜单将隐藏标尺），如图 1-23所示。此外，反复按【Ctrl+R】组合键，可快速显示或隐藏标尺。

Step 02 首先创建出血参考线。利用"缩放工具"🔍将图像的左上角放大显示，以便能看清毫米刻度。将鼠标指针放置在顶部的标尺上，按住鼠标左键并向图像窗口内拖动鼠标，在左侧标尺 3mm 处放置一条水平参考线，如图 1-24 所示。

印刷后的作品在经过裁切成为成品的过程中，四条边上都会被裁去约3mm 左右，这个宽度即被称为"出血"。

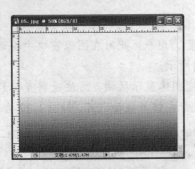

图 1-23　显示标尺

图 1-24　创建水平参考线

Step 03　同理，将鼠标指针放置在左侧标尺上，按下鼠标左键并向图像内拖动鼠标，在顶部标尺 3mm 处放置一条垂直参考线，如图 1-25 左图所示。

Step 04　利用"缩放工具"  分别将图像的右上角和左下角放大显示，然后分别在左侧标尺 21.3mm 放置一条水平参考线，在顶部标尺 29.3mm 处放置一条垂直参考线，如图 1-25 右图所示。这样，出血参考线就创建好了。

图 1-25　创建的出血参考线

Step 05　下面设置书脊线。选择"视图" > "新建参考线"菜单，打开"新建参考线"对话框，如图 1-26 左图所示。在对话框中设置"取向"为"垂直"，"位置"为 14.3 厘米，单击"确定"按钮，在顶部标尺 14.3 厘米处添加一条垂直参考线，如图 1-26 右图所示。

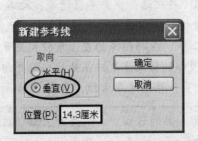

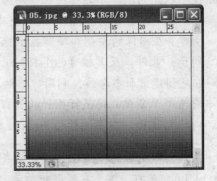

图 1-26　创建书脊线

Step 06 参照与 Step 5 相同的操作方法,在顶部标尺 15.3 厘米处再放置一条垂直参考线,如图 1-27 所示。

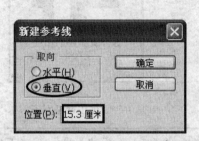 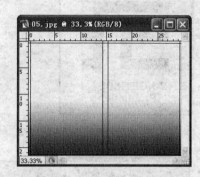

图 1-27 创建书脊线

Step 07 要移动参考线,可按住【Ctrl】键或选择"移动工具" ,将光标移至参考线上方,当光标呈 状时,按住鼠标左键并拖动,到合适位置后松开鼠标。

Step 08 为防止意外移动参考线,可选择"视图">"锁定参考线"菜单将其锁定,重新选择该菜单命令可解除参考线的锁定。

Step 09 要删除单条参考线,可用"移动工具" 直接将其拖出画面;要删除所有参考线,可选择"视图">"清除参考线"菜单。

 关于图书封面的组成和具体设计方法,请参考本书第 13 章的综合实例。

 要显示或隐藏参考线,可选择"视图">"显示">"参考线"菜单或连续按【Ctrl+H】组合键。若希望更改参考线的颜色或样式,可以选择"编辑">"首选项">"参考线、网格和切片"菜单,打开"首选项"对话框,然后在"参考线"设置区的"颜色"下拉列表中选择参考线的颜色,在"样式"下拉列表中设置参考线的样式。

1.6.2 使用网格——设计标志

在处理图像时,借助网格线也可以精确定位对象,下面以设计标志为例进行说明。

Step 01 打开本书配套素材"Ph1"文件夹中的"06.psd"文件,选择"视图">"显示">"网格"菜单,或按【Ctrl+'】组合键可在图像窗口中显示或隐藏网格线,如图 1-28 所示。

Step 02 选择"移动工具" ,然后按住【Ctrl】键的同时,单击画面中的英文"STRANGETRIBE Production",再按住鼠标左键并拖动英文,参照网格使英文与上方的图形对齐,如图 1-29 所示。

图 1-28 显示网格   图 1-29 使用网格对齐对象

经验之谈

在移动对象时，可以通过选择"视图" > "对齐到"菜单下的相应子菜单，来指定是否将对象自动对齐到网格、参考线或文档边界。

1.6.3 使用度量工具

利用"度量工具" 可以方便地测量图像中两点间的距离或角度。

Step 01 打开本书配套素材 "Ph1" 文件夹中的 "07.jpg" 图像文件，在工具箱中选择"度量工具" ，然后在图像窗口中需要测量的两点间按住鼠标左键不放并拖动，画出一条直线，此时在工具属性栏或"信息"调板中将显示相应的信息，如图1-30下图所示。

测量线 ——

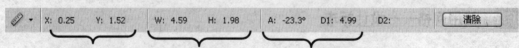

X、Y 表示测量起   W、H 表示两点间的   A、D1 表示测量线与水平方
点的横、纵坐标   水平距离和垂直距离   向间的夹角和测量线的长度

图 1-30 绘制第一条测量线并查看测量信息

Step 02 在第一条测量线的终点处按下【Alt】键，待光标呈 形状时，拖动光标画出第二条测量线。此时在工具属性栏中将显示两条测量线之间的夹角和长度，如图1-31所示。

测量线1 ━━━ 测量线2

| ✎ ▾ | X: 8.11 | Y: 1.48 | W: | H: | A: 125.2° | D1: 4.99 | D2: 3.85 | 清除 |

两条测量线
之间的角度　　两条测量
　　　　　　　线的长度

图 1-31　绘制第二条测量线并查看测量信息

任意打开一幅素材图片，练习调整图像显示比例、移动图像显示区域，以及标尺、参考线和度量工具的使用方法。

1.7 设置前景色和背景色

用户在编辑图像时，其操作结果与当前设置的前景色和背景色有着非常密切的联系。例如，使用画笔、铅笔及油漆桶等工具在图像窗口中进行绘画时，使用的是前景色；在利用橡皮工具擦除图像窗口中的背景图层时，则利用背景色填充被擦除的区域。

1.7.1 利用"拾色器"对话框设置颜色

在 Photoshop 的工具箱中，系统提供了前景色和背景色设置工具，分别用于显示和设置当前使用的前景色和背景色，如图 1-32 所示。

Step 01 设置颜色时，最常用的方法就是通过单击工具箱中的前景色或背景色工具，打开"拾色器"对话框进行设置。

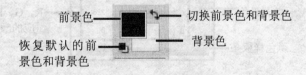

前景色 ━━━ 切换前景色和背景色
恢复默认的前 ━━━ 背景色
景色和背景色

图 1-32　工具箱中的前景色和背景色设置工具

Step 02 在"拾色器"对话框的光谱中选择基本的颜色区域，在颜色区单击选择颜色，单击"确定"按钮即可将所选颜色设置为前景色或背景色，如图 1-33 所示。

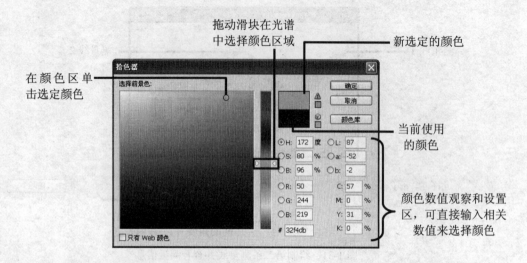

拖动滑块在光谱
中选择颜色区域

新选定的颜色

在颜色区单
击选定颜色

当前使用
的颜色

颜色数值观察和设置
区，可直接输入相关
数值来选择颜色

图 1-33　"拾色器"对话框

➢ **溢色警告标志**⚠：如果选定颜色超出了 CMYK 色域，则对话框中色样的右侧将
出现一个溢色警告标志⚠，其下方的小方块显示了与所选颜色最接近的 CMYK
颜色。单击溢色警告标志⚠，可选定该 CMYK 颜色。

➢ **Web 调色板颜色警告标记**⬡：其意义与溢色警告标志⚠基本相同。

➢ **"颜色库"按钮**：单击"拾色器"对话框中的"颜色库"按钮，将打开"颜色库"
对话框，用户可从中选择想要采用的 CMYK 颜色，从而为印刷提供方便。

1.7.2　利用"颜色"调板设置颜色

利用"颜色"调板可以快速设置前景色和背景色，具体操作如下。

Step 01　选择"窗口" > "颜色"菜单，或者按【F6】键，打开"颜色"调板。

Step 02　在"颜色"调板中，先单击前景色或背景色颜色框，然后拖动 R、G、B 滑块或
直接输入数值可以设置前景色或背景色，如图 1-34 所示。此外，将鼠标光标移
至颜色样板条上，当光标呈✏形状时单击也可设置前景色和背景色。

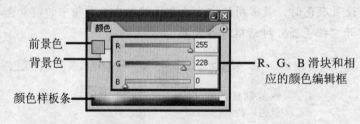

前景色

背景色

R、G、B 滑块和相
应的颜色编辑框

颜色样板条

图 1-34　设置背景色

经验之谈

单击"颜色"调板右上角的⬤按钮，可以从打开的调板菜单中选择其
他颜色模式及颜色样板条类型，如图 1-35 所示。

1.7.3 利用"色板"调板设置颜色

在"色板"调板中存储了系统预先设置好的颜色或用户自定的颜色，其使用方法如下。

Step 01 选择"窗口">"色板"菜单，打开"色板"调板。将鼠标指针移至颜色列表上，此时光标呈 ✐ 状，单击任意色块即可将其设置为前景色，如图 1-36 所示。

Step 02 如果按住【Ctrl】键的同时单击"色板"调板中的色块，则可以将单击的颜色设置为背景色。

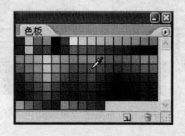

图 1-35　"颜色"调板菜单　　　　　　　图 1-36　"色板"调板

Step 03 若要在"色板"调板中添加颜色，应首先利用"颜色"调板或"拾色器"对话框将前景色设置为要添加的颜色，然后将鼠标指针移至调板中的空白处单击（此时光标变为油漆桶形状 ◌，参见图 1-37 左图），在打开的"色板名称"对话框中输入颜色名称，单击"确定"按钮即可，如图 1-37 右图所示。

Step 04 若要在"色板"调板中删除某颜色，只需将鼠标指针移至该颜色上，按住鼠标左键并拖至调板底部的 ⬚ 按钮上即可。此外，将鼠标指针移至要删除的颜色上，按住【Alt】键，当光标呈 ✂ 状时，单击鼠标也可删除该颜色，如图 1-38 所示。

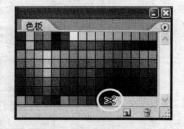

图 1-37　在"色板"调板中添加颜色　　　　　　　图 1-38　删除颜色

1.7.4 利用吸管工具从图像中获取颜色

利用"吸管工具" ✐ 可以从图像中获取颜色并将其设置为前景色或背景色。例如，当需要修补图像中某个区域的颜色时，可先利用"吸管工具" ✐ 从该区域附近获取相近的颜色，然后再用该颜色处理需修补处。

打开本书配套素材"Ph1"文件夹中的"09.jpg"图像文件，在工具箱中选择"吸管工具"✐，然后在需要取样的位置单击，即可将单击处的颜色设置为前景色，如图 1-39 左图所示；若按住【Alt】键单击，则可将单击处的颜色设置为背景色，如图 1-39 右图所示。

> 经验之谈
> 用户可利用图 1-40 所示的"吸管工具"✐属性栏设置取样大小。默认情况下，"吸管工具"✐仅吸取光标下一个像素的颜色，也可选择"3 x 3 平均"或"5 x 5 平均"等选项，扩大取样像素的范围。

图 1-39　在图像中吸取颜色

图 1-40　设置取样大小

1.8　管理图像文件——Adobe Bridge 浏览器

我们在使用 Photoshop 进行图像处理时，经常需要众多的图像素材。为了方便用户管理图像素材，Photoshop CS2 套装软件中提供了一款能够独立运行的应用程序——Adobe Bridge，它能帮助用户管理和浏览电脑中多种格式的图像文件。

要启动 Adobe Bridge，可单击"开始"按钮，选择"所有程序" > "Adobe Bridge"菜单，也可以在运行 Photoshop CS2 时，选择"文件" > "浏览"菜单，或者单击工具属性栏中的"转到 Bridge"按钮。图 1-41 显示了打开的 Adobe Bridge 窗口。

图 1-41　Adobe Bridg 浏览器

总体而言，Adobe Bridge CS2 的使用方法非常简单，其各窗格和按钮的功能已在图 1-41 中列出。此外，双击某个图像缩览图，可启动或返回 Photoshop 程序并打开该图像。

综合实例——制作卡通画

下面通过制作图 1-42 所示的卡通画来练习本章所学内容。本实例最终效果文件请参考本书配套素材"Ph1"文件夹中的"卡通画.psd"图像文件。

制作思路

本例主要练习前景色和背景色的应用。首先创建新文件，然后设置前景色并用其填充图像背景，接着打开素材图片并将其复制至新文件窗口，并重新设置前景色和背景色，再利用"油漆桶工具" 为图像的不同区域上色。

制作步骤

Step 01 按【Ctrl+N】组合键，打开"新建"对话框，并参照图 1-43 所示设置参数，创建一个新文件。

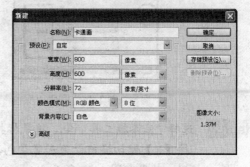

图 1-42　卡通画效果图　　　　　　　　图 1-43　"新建"对话框

Step 02 单击工具箱中的前景色设置工具，在打开的"拾色器"对话框中设置前景色为湖蓝色（#afdde7），然后按【Alt+Delete】组合键，使用前景色填充图像，如图 1-44 所示。

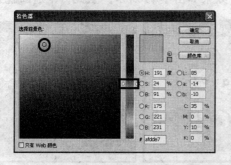

图 1-44　设置前景色并填充图像

Step 03 打开本书配套素材 "Ph1" 文件夹中的 "11.psd" 图像文件，依次按【Ctrl+A】、
【Ctrl+C】组合键，全选并复制图像，如图 1-45 左图所示。

Step 04 切换到新文件窗口，按【Ctrl+V】组合键粘贴图像，然后选择 "移动工具" ，
将鼠标指针移至图像窗口中，按住鼠标左键并向下拖动图像，效果如图 1-45
右图所示。

图 1-45 打开图像并复制

Step 05 打开 "颜色" 色板，设置前景色为深绿色，背景色为浅绿色，如图 1-46 所示。

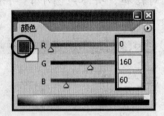 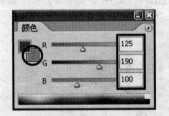

图 1-46 利用 "颜色" 面板设置前景色和背景色

Step 06 选择 "油漆桶工具" ，将鼠标指针移动到左侧的树上，单击为其填充前景色；
按【X】键切换前景色和背景色，然后继续利用 "油漆桶工具" 填充右侧的
树，效果如图 1-47 所示。

Step 07 打开本书配套素材 "Ph1" 文件夹中的 "12.psd" 图像文件，然后将小蜜蜂图像
复制到新图像窗口中，如图 1-48 所示。

Step 08 打开 "色板" 调板，从颜色列表中选择所需的颜色，然后使用 "油漆桶工具"
分别为小蜜蜂各部分填充颜色，效果如图 1-49 所示。至此，卡通画就完成了。

 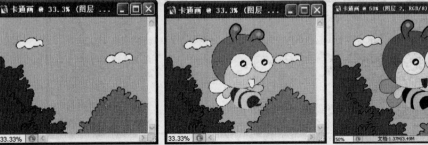 

图 1-47　为树上色　　　　图 1-48　打开图像并复制　　　　图 1-49　为蜜蜂上色

本章小结

通过本章的学习，读者应该重点掌握以下知识：

➤ 为了更好地学习 Photoshop，需要了解矢量图与位图、像素与分辨率、图像的颜色模式、色域和溢色、图像文件格式，以及色相、饱和度、亮度与色调等概念。

➤ 了解 Photoshop CS2 的工作界面组成，以及各组成部分的作用。此外，还应掌握调整工作界面的方法。例如，按【Tab】键，可以关闭工具箱和所有调板。

➤ 掌握新建、打开、保存和关闭图像文件，以及调整和切换图像文件窗口的方法。

➤ 掌握放大图像显示比例的方法，从而方便对图像的细节进行处理，掌握缩小图像显示比例的方法，从而方便观察图像的整体。

➤ 掌握标尺、网格和参考线等辅助工具的用法，从而方便在处理图像时能够精确设置对象的位置和尺寸。

➤ 了解前景色和背景色的作用，掌握设置前景色和背景色的各种方法。

思考与练习

一、填空题

1. _____是组成图像的最小单位。

2. 位图与_____有关，图像被放大一定程度后，图像将_____。

3. 图像是由一个个小点组成的，这每一个小点被称为_____。

4. 常用的颜色模式有_____、_____、_____、_____、_____和_____。

5. Photoshop 专用的文件格式是_____，它可以保存图层、通道等信息，但它的缺点是_____。

6. Photoshop 的工作界面由_____、_____、_____、_____、_____和_____组成。

7. 在 Photoshop CS2 套装软件中，可利用_____方便地浏览和管理图像文件。

8. 按_____组合键，可以打开"新建"对话框新建图像文件。

9. 要打开最近打开过的文件，可选择_____>_____菜单。

10. 在 Photoshop CS2 中，系统提供了_____、_____和_____ 3 种屏幕显示模式，按_____键可以在 3 种屏幕模式间切换。

11. 按_____组合键，可以显示/隐藏标尺。

二、选择题

1. 如果制作的图像需要用于打印或印刷，可在输出前将图像的颜色模式转换为（　　）模式。

    A. RGB　　　　　　B. CMYK　　　　　　C. 灰度　　　　　　D. Lab

2．下列不属于颜色的三种基本特性的是（　　　）。

    A．色相　　　　　　　B．饱和度　　　　　　　C.亮度　　　　　　　　D．鲜艳度

3．下列操作不能在 Photoshop 中打开图像文件的是（　　　）。

    A．选择"文件" > "打开"菜单　　　　　　B．按【Ctrl+O】组合键

    C．双击窗口空白处　　　　　　　　　　　D．按【Ctrl+A】组合键

4．如果希望将图像按 100%比例显示，可执行（　　　）操作。

    A．选择"缩放工具" 🔍 后，在图像窗口按住鼠标左键不放并拖出一个矩形区域。

    B．在工具箱中双击"缩放工具" 🔍 。

    C．选择"缩放工具" 🔍 后，在图像窗口中单击。

    D．选择"视图" > "按屏幕大小缩放"菜单。

5．在使用（　　　）工具进行绘画时，使用的是背景色。

    A．画笔　　　　　　　B．橡皮擦　　　　　　　C．铅笔　　　　　　　　D．油漆桶

三、操作题

1．任意打开一幅图像，先将其放大 800%显示，然后缩小 50%显示，再恢复 100%显示。

2．打开本书配套素材"Ph1"文件夹中的"13.psd"图像文件。参照本章所学知识，为图像填充自己喜欢的颜色。

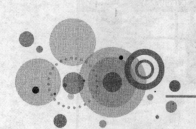

第 2 章

选区的创建与编辑

章前导读

在 Photoshop 中，选区是一个非常重要的功能。通常情况下，在 Photoshop 中进行的各种编辑操作都只对当前选区内的图像区域有效。例如，在处理一幅照片时，若希望只对人物面部进行修饰，则可先将人物面部创建为选区，然后再进行处理。本章我们便来学习创建和编辑选区的各种方法。

2.1　创建规则选区

利用工具箱中的"矩形选框工具" ⬚、"椭圆选框工具" ◯、"单行选框工具" ⸺和"单列选框工具" ⃒（参见图 2-1），可以创建规则选区。

2.1.1　创建矩形和圆形选区——合成相片

利用"矩形选框工具" ⬚可以绘制矩形和正方形选区，而利用"椭圆选框工具" ◯可以绘制椭圆和正圆选区。下面通过合成相片来学习这两个工具的用法。

图 2-1　规则选区创建工具

Step 01　打开本书配套素材"Ph2"文件夹中的"01.jpg"和"02.jpg"图像文件，如图 2-2 所示。

图2-2 打开素材文件

Step 02 单击 "01.jpg" 图像文件的标题栏，将其置为当前窗口。在工具箱中选择 "矩形选框工具" ⬚，此时工具属性栏如图 2-3 所示，各选项的意义如下。

图2-3 "矩形选框工具" 属性栏

➤ ▣▣▣▣**选区运算按钮**：用于控制选区的增减与相交，具体用法详见 2.1.3 节。

➤ **羽化**：在定义选区时设置羽化参数，可在处理该区域（如移动、删除等）时得到渐变晕开的柔和效果。羽化参数的取值范围在 0~250 像素之间。羽化值越大，所选图像区域的边缘越模糊，如图 2-4 所示。

羽化值为 0   羽化值为 5 像素   羽化值为 10 像素

图2-4 设置不同羽化值得到的羽化效果

➤ **消除锯齿**：该复选框只在选择 "椭圆选框工具" ⬭后才可用，其主要作用是消除选区锯齿边缘，使其变得平滑。

➤ **样式**：在该选项的下拉列表中选择 "正常" 选项，用户可通过拖动的方法选择任意尺寸和比例的区域；选择 "固定长宽比" 或 "固定大小" 选项，系统将以设置的宽度和高度比例或大小定义选区，其比例或大小都由工具属性栏中的宽度和高度编辑框定义。

Step 03 将光标移至图像上方，按住鼠标左键不放拖出一个矩形区域，释放鼠标后即可创建一个矩形选区，如图 2-5 左图所示。

Step 04 按【Ctrl+C】组合键，将矩形选区内的图像复制到剪贴板。按【Ctrl+N】组合键，打开 "新建" 对话框，保持默认参数不变（新建图像的尺寸将与当前矩形选区的尺寸相同），按【Enter】键创建一个新文件。按【Ctrl+V】组合键，将剪贴板中的内容粘贴到新文件窗口中，如图 2-5 右图所示。

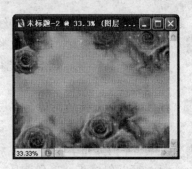

图2-5 创建矩形选区并粘贴选区图像至新文件窗口

Step 05 将鼠标指针移动到工具箱中的"矩形选框工具" ⬚ 上，按住鼠标左键不放，从弹出的工具列表中选择"椭圆选框工具" ⬭，然后在工具属性栏中设置"羽化"为"25px"，如图2-6所示。

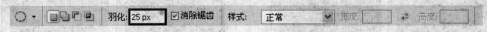

图2-6 "椭圆选框工具"属性栏

Step 06 单击"03.jpg"图像文件的标题栏，将其置为当前窗口。在人物图像的左上角按住鼠标左键不放，向右下方拖动，绘制一个椭圆形选区，如图2-7所示。

Step 07 按【Ctrl+C】组合键，将椭圆选区内的图像复制到剪贴板。切换到新文件窗口，按【Ctrl+V】组合键，将剪贴板中的内容粘贴到新文件窗口中，并使用"移动工具" ⊹ 将人物图像拖动到适当的位置，如图2-8所示。

图2-7 创建椭圆选区 图2-8 粘贴选区图像

> 反复按【Shift+M】键，可以在"矩形选框工具"和"椭圆选框工具"间切换。此外，按住【Alt】键拖动鼠标可以创建以起点为中心的矩形或椭圆形选区；按住【Shift】键拖动鼠标可以创建正方形或圆形选区；按住【Shift+Alt】键并拖动鼠标可以创建以起点为中心的正方形或圆形选区。

2.1.2 创建单行和单列选区——抽象化线条

利用"单行选框工具" ⊟ 和"单列选框工具" ⫾，可以创建 1 个像素宽的横向或纵向选区，这两个工具主要用于制作一些线条。

Step 01 打开本书配套素材 "Ph2" 文件夹中的 "03.jpg" 图像文件，在工具箱中选择 "单行选框工具" ⬚，然后将光标移至图像窗口中，单击鼠标左键，即可创建一个单行选区。

Step 02 按住【Shift】键的同时，在图像窗口连续单击鼠标，可以创建多个单行选区，如图 2-9 右图所示。

Step 03 选择 "单列选框工具" ⬚，然后按住【Shift】键，继续在图像窗口连续单击鼠标，可以创建多个单列选区，如图 2-10 左图所示。

Step 04 按【D】键，恢复默认的前景色和背景色（黑色和白色），按【Ctrl+Delete】组合键，使用背景色（白色）填充选区，按【Ctrl+D】组合键，取消选择选区，此时图像效果如图 2-10 右图所示。

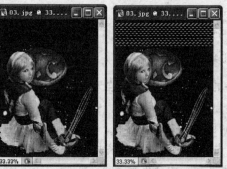

图 2-9　打开图像并创建单行选区　　　　　图 2-10　创建单列选区并填充选区

2.1.3　选区运算——制作标志

创建选区后，利用选区工具属性栏左侧的一组按钮 ⬚⬚⬚⬚，可将创建的选区与原有选区进行添加、相减、相交等操作，以获得新选区。

➢ **新选区** ⬚：选中该按钮，表示在图像中创建新选区后，原选区将被取消。

➢ **添加到选区** ⬚：选中该按钮，表示创建的选区与原有选区合并成新选区。

➢ **从选区减去** ⬚：选中该按钮，表示创建的选区与原有选区若有重叠区域，系统将从原有选区中减去重叠区域成为新选区。

➢ **与选区交叉** ⬚：选中该按钮，表示创建的选区与原有选区的重叠部分成为新选区。

Step 01 首先新建一个 "宽度" 和 "高度" 均为 400 像素，"分辨率" 为 72 像素/英寸，"模式" 为 "RGB 模式" 的新文件，然后设置前景色为红色（#e60011）。

Step 02 选择 "矩形选框工具" ⬚，在工具属性栏中选择 "新选区" 按钮 ⬚，然后在图像窗口中绘制一个矩形选区，如图 2-11 左图所示。

Step 03 在工具属性栏中选择 "添加到选区" 按钮 ⬚，然后在原选区的左上方位置单击并向右下方拖动鼠标（图中箭头方向为鼠标拖动方向），再绘制一个矩形选区，到合适位置时，释放鼠标得到两者相加后的新选区，如图 2-11 右图所示。

图 2-11 绘制新选区和在原选区上添加选区

Step 04 在工具属性栏中选择"从选区减去"按钮，然后利用"矩形选框工具"在如图 2-12 左图所示位置绘制一个矩形区域，释放鼠标，得到两者相减后的新选区，如图 2-12 右图所示。

图 2-12 从原选区中减去创建的选区

Step 05 选择"椭圆选框工具"，在工具属性栏中选择"与选区交叉"按钮，然后在如图 2-13 左图所示位置绘制椭圆形选区，释放鼠标后，得到与原选区相交后的新选区，如图 2-13 中图所示。

Step 06 按【Alt+Delete】组合键，使用前景色填充选区，然后按【Ctrl+D】组合键，取消选择选区，得到图 2-13 右图所示图形。

图 2-13 与原选区相交得到新选区并填充

2.1.4 选区的羽化效果——艺术婚纱照

在 Photoshop 中，选区的羽化方法有两种，一种是制作选区前，先在工具属性栏中设置羽化值，再创建选区，即可得到具有羽化效果的选区；另一种是制作选区后，利用"羽化"命令进行羽化。下面通过制作艺术婚纱照来进行说明。

Step 01 打开本书配套素材 "Ph2" 文件夹中的 "04.jpg"、"05.jpg" 和 "06.jpg" 图像文件，如图 2-14 所示。

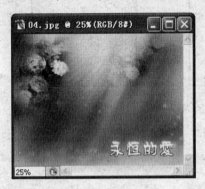

图 2-14　打开素材图片

Step 02 单击 "05.jpg" 文件的标题栏，将其置为当前窗口。选择 "椭圆选框工具" ⬭，在工具属性栏的 "羽化" 编辑框中输入 25，然后在图像窗口中绘制椭圆选区，如图 2-15 左图和中图所示。

Step 03 选择 "移动工具" ⬓，然后将光标放置在选区内，此时光标呈 ⬓ 形状，按住鼠标左键不放，将选区内的图像拖拽到 "04.jpg" 图像窗口中，放在合适位置，如图 2-15 右图所示。

图 2-15　创建带羽化效果的选区并组合图像

Step 04 选择 "椭圆选框工具" ⬭，在工具属性栏中设置 "羽化" 为 0，然后在 "06.jpg" 图像窗口中绘制椭圆选区，如图 2-16 左图所示。

Step 05 选择 "选择" > "羽化" 菜单，或者按【Alt+Ctrl+D】组合键，打开图 2-16 右图所示的 "羽化选区" 对话框，在其中设置 "羽化半径" 为 25 像素，单击 "确定" 按钮，羽化选区。

Step 06 选择 "移动工具" ⬓，然后将选区内的图像拖至 "04.jpg" 图像窗口中，并放置在合适的位置，如图 2-17 所示。

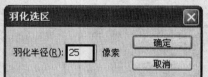

图 2-16 创建选区并进行羽化   图 2-17 组合图像

2.2 创建不规则选区

利用工具箱中的"套索工具" 、"多边形套索工具" 和"磁性套索工具" （参见图 2-18），用户可以非常方便地制作不规则选区；还可以利用"魔棒工具" 或"色彩范围"命令，根据图像中的颜色创建不规则选区。

2.2.1 使用套索工具——鲜花新娘

利用"套索工具" 可以创建任意形状的选区，下面以制作"鲜花新娘"为例说明。

Step 01 打开本书配套素材"Ph2"文件夹中的"07.jpg"和"08.jpg"图像文件，如图 2-19 所示。

图 2-18 套索、多边形套索和磁性套索工具   图 2-19 打开素材图片

Step 02 将"08.jpg"图像窗口置为当前窗口，并适当放大图像显示比例。选择"套索工具" ，在其工具属性栏中设置"羽化"为 5，如图 2-20 所示。

图 2-20 "套索工具"属性栏

Step 03 在鲜花边缘某处按住鼠标左键并沿鲜花边缘拖动，如图 2-21 左图与中图所示。

当光标返回起点时释放鼠标，即可将鲜花制作为选区，如图 2-21 右图所示。

图 2-21　使用"套索工具"选取鲜花图像

Step 04　选择"移动工具" ，将光标放在选区内的鲜花图像上，然后按住鼠标左键并拖动，将选区内的鲜花拖至"07.jpg"图像窗口中，放置在图 2-22 所示位置。

使用"套索工具" 绘制选区时，按【Esc】键可以取消正在创建的选区；若鼠标未拖至起点，松开鼠标后，系统会自动用直线将起点和终点连接，形成一个封闭的选区。

图 2-22　组合图像

2.2.2　使用多边形套索工具——更换房屋背景

利用"多边形套索工具" ，可以定义一些像三角形、五角星等棱角分明、边缘呈直线的多边形选区。下面以为房屋更换背景为例进行说明。

Step 01　打开本书配套素材"Ph2"文件夹中的"09.jpg"和"10.jpg"文件，如图 2-23所示。

图 2-23　打开素材图像

Step 02 将"09.jpg"图像文件置为当前窗口，选择"多边形套索工具" ⊌，在其工具属性栏中设置"羽化"为10，如图2-24所示。

图2-24 "多边形套索工具"属性栏

Step 03 将光标放置在房子左下角处，单击鼠标左键确定选区的起点，然后沿房子边缘移动光标，在需要拐角处再次单击鼠标，此时第一条边线即被定义，如图2-25左图所示。

Step 04 继续移动光标，在下一个需要拐角处再次单击鼠标可定义第二条边线，依此类推。最后，将光标移至选区起点，当其呈⊌形状时单击鼠标左键即可形成一个封闭的选区，如图2-25中图和右图所示。

图2-25 用"多边形套索工具"创建选区

Step 05 利用"移动工具" ⊞将选区内的房子图像拖至"10.jpg"图像窗口中，并放置于图2-26所示位置。

经验之谈

在使用"多边形套索工具" ⊌工具时，按住【Shift】键可以沿垂直、水平或45°方向定义边线；按【Delete】键可取消最近定义的边线；按住【Delete】键不放，可依次取消所有定义的边线；按【Esc】键可同时取消所有定义的边线。

图2-26 组合图像

2.2.3 使用磁性套索工具——移花接木

利用"磁性套索工具" ⊌，系统会自动对光标经过的区域进行分析，自动找出图像中不同对象之间的边界，从而快速制作出需要的选区。下面以合成荷花图像为例进行说明。

Step 01 打开本书配套素材"Ph2"文件夹中的"11.jpg"和"12.jpg"图像文件，并将"11.jpg"图像文件置为当前窗口，如图 2-27 所示。

图 2-27　打开素材图片

Step 02 利用"缩放工具" <img> 将荷花局部放大显示，然后选择"磁性套索工具" <img>，其工具属性栏如图 2-28 所示，其中部分选项的意义如下。

| 羽化: 0 px | ☑消除锯齿 | 宽度: 10 px | 边对比度: 10% | 频率: 57 |

图 2-28　"磁性套索工具"属性栏

➤ **宽度**：用于设置利用"磁性套索工具" <img> 定义边界时，系统能够检测的边缘宽度，其值在 1～256 像素之间，值越小，检测范围越小。

➤ **边对比度**：用于设置套索的敏感度，其值在 1%～100%之间，值越大，对比度越大，边界定位也就越准确。

➤ **频率**：用于设置定义边界时的节点数，其取值范围在 0～100 之间，值越大，产生的节点也就越多。

➤ **"钢笔压力"** <img>：设置绘图板的笔刷压力，该参数仅在安装了绘图板后才可用。

Step 03 将光标移至荷花的边缘单击确定选区的起点，然后释放鼠标，并沿要定义的荷花边界移动鼠标，系统会自动捕捉图像中对比度较大的图像边界并自动产生节点，如图 2-29 左图所示。

Step 04 继续沿荷花边缘拖动鼠标，并在拐角处单击鼠标左键自定义节点，当鼠标光标到达起点时呈 <img> 形状，此时单击鼠标即可完成选区的创建，如图 2-29 中图和右图所示。

　　利用"磁性套索工具" <img> 选取图像时，在未到达起点时双击鼠标可以自动闭合选区；按【Delete】键可删除最近定义的边线。
　　"套索工具"、"多边形套索工具"和"磁性套索工具"的快捷键是【L】键，反复按键盘上的【Shift+L】组合键可以在三者间切换。

图 2-29　使用"磁性套索工具"创建选区

Step 05　利用"移动工具" 将选区内的荷花图像拖至 "12.jpg"图像窗口中，并放置于图 2-30 所示位置。

2.2.4　使用魔棒工具——靓丽车模

利用"魔棒工具" 可以选取图像中颜色相同或相近的区域，而不必跟踪其轮廓。下面以制作靓丽车模为例说明。

图 2-30　组合图像

Step 01　打开本书配套素材"Ph2"文件夹中的"13.jpg"

和"14.jpg"图像文件，将"13.jpg"图像窗口置为当前窗口，如图 2-31 所示。

图 2-31　打开素材图像

Step 02　选择工具箱中的"魔棒工具" ，在其工具属性栏中单击选中"添加到选区"按钮 ，设置"容差"为 8，如图 2-32 所示。

图 2-32　"魔棒工具"属性栏

➢ **容差：** 用于设置选区的颜色范围，其值在 0～255 之间。值越小，选取的颜色越接近，选区范围越小。

> **连续**：勾选该复选框，只能选择与单击点颜色相近的连续区域；不勾选该复选框，则可选择图像上所有与单击点颜色相近的区域。

> **对所有图层取样**：勾选该复选框，可在所有可见图层上选取相近的颜色；不勾选该复选框，则只能在当前可见图层上选取颜色（参见 2.6 节）。

Step 03 将光标移至人物图像的背景上单击鼠标，与单击处颜色相同或相近的区域（选取范围的大小可由属性栏中的"容差"值来控制）便会自动被选中，继续单击其他位置可以添加选区，直至选中全部背景区域，如图 2-33 所示。

Step 04 选择"选择" > "反选"菜单，或者按【Shift+Ctrl+I】组合键，将选区反向选取，以便选中人物图像，如图 2-34 所示。

Step 05 利用"移动工具" 🖫 将选区内的人物图像拖拽到"14.jpg"图像窗口中，并放置于如图 2-35 所示位置。

图 2-33　创建选区

图 2-34　反选选区

图 2-35　组合图像

2.2.5　使用"色彩范围"命令——快速换装

利用"色彩范围"命令可以通过在图像窗口中指定颜色来定义选区，并可通过指定其他颜色或增大容差来扩大或减少选区。下面以快速更换人物的衣服颜色为例进行说明。

Step 01 打开本书配套素材"Ph2"文件夹中的"15.jpg"图像文件，选择"选择" > "色彩范围"菜单，打开"色彩范围"对话框，然后在图像窗口中单击人物的上衣（如图 2-36 左图所示），此时与单击点颜色相近的区域将被选中（对话框预览区中的白色区域为选区），如图 2-36 右图所示。

> **选择**：在其下拉列表中可选择定义颜色的方式，其中"取样颜色"选项表示可用"吸管工具"在图像中吸取颜色。取样颜色后可通过设置"颜色容差"来控制选取范围，数值越大，选取范围也越大。其余选项分别表示将选取图像中的红色、黄色、绿色、青色、蓝色、洋红、高光、中间色调和暗调等颜色范围。

> **颜色容差**：在使用"取样颜色"选取时指定颜色范围。

> **"选择范围"和"图像"单选钮**：用于指定对话框预览区中的图像显示方式（显示选区图像或完整图像）。

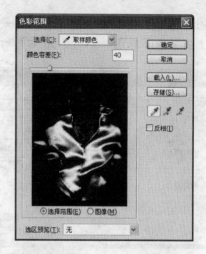

图 2-36　取样衣服的颜色

➤ **选区预览：** 用于指定图像窗口中的选区预览方式。默认情况下，其设置为"无"，即不在图像窗口显示选择效果。若选择灰度、黑色杂边和白色杂边，则表示以灰色调、黑色或白色显示未选区域；若选择快速蒙版，则表示以预设的蒙版颜色显示未选区域。

➤ **吸管工具**　：　工具用于在图像窗口或对话框的预览区域中单击取样颜色，　和　工具分别用于增加和减少选择的颜色范围。

➤ **反相：** 用于实现选择区域与未被选择区域间的相互切换。

Step 02 从图 2-36 右图可知，人物的上衣没有完全被选中。此时，可以单击对话框中的"添加到取样"按钮　，然后在图像窗口中上衣的不同区域连续单击鼠标，增加选择的颜色范围，直至预览区中的上衣图像呈白色，如图 2-37 左图所示。

Step 03 调整到满意后，单击"确定"按钮，关闭对话框，得到图 2-37 右图所示选区。

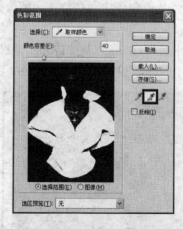

图 2-37　添加取样颜色

Step 04 选择"图像">"调整">"色相/饱和度"菜单，打开"色相/饱和度"对话框，在其中设置"色相"为-55，"饱和度"为45，"明度"为0，单击"确定"按钮关闭对话框（参见图 2-38 左图）。按【Ctrl+D】组合键，取消选区，此时人物的上衣变成了绿色，如图 2-38 右图所示。

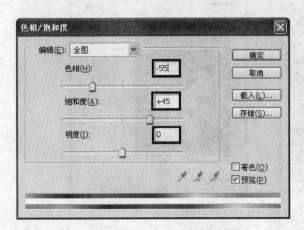

图 2-38　利用"色相/饱和度"命令调整上衣的颜色

2.3 **选区的特殊制作方法**

除了上面介绍的制作选区的方法外，我们还可以利用快速蒙版、抽出滤镜、钢笔工具等精确创建各种不规则的选区，另外，还可以利用文字蒙版工具创建文字选区。

2.3.1 **使用快速蒙版制作选区——洗发水广告**

快速蒙版模式是制作选区的一种非常有效的方法。在该模式下，用户可使用"画笔工具" ![笔], "橡皮擦工具" ![擦]等编辑蒙版，然后将蒙版转换为选区。这样，用户不仅能制作出任意形状的选区，还能使选区具有羽化效果，从而制作出一些特殊的图像效果。下面以制作洗发水广告为例进行说明。

Step 01　打开本书配套素材"Ph2"文件夹中的"16.jpg"和"17.jpg"图像文件，并将"16.jpg"图像文件置为当前窗口，如图 2-39 所示。

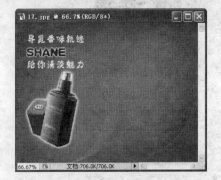

图 2-39　打开素材图像

Step 02　双击工具箱中的"以快速蒙版模式编辑"按钮 ，打开图 2-40 所示"快速蒙版选项"对话框，选中"所选区域"单选钮，其他选项保持默认，单击"确定"按钮，关闭对话框并进入快速蒙版模式编辑状态，如图 2-41 所示。

Step 03　选择"画笔工具" ，单击工具属性栏"画笔"后面的 按钮，在弹出的下拉列表中设置"主直径"为 30，硬度为 0，如图 2-42 所示。

选择该单选钮表示将在被蒙版区（非选择区）显示蒙版颜色

选择该单选钮表示将在选区显示蒙版颜色

设置蒙版颜色和不透明度

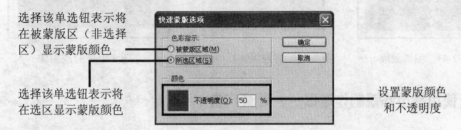

图 2-40　"快速蒙版选项"对话框

图 2-41　进入快速蒙版编辑状态

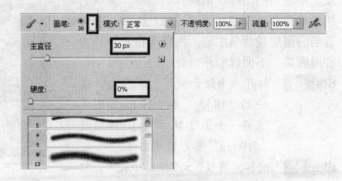

图 2-42　设置"画笔工具"属性

Step 04　"画笔工具" 属性设置好后，在人物图像上按住鼠标左键不放并拖动进行涂抹，增加蒙版区。涂抹时要注意不要涂抹到人物图像区域外（可将视图放大进行涂抹）。将包括头发在内的人物图像区域涂抹好后的效果如图 2-43 所示。

　　利用"画笔工具" 涂抹人物图像时（尤其是涂抹头发边缘时），可在英文输入法状态下，按键盘中的【】】键或【【】键调整笔刷直径。如果不小心涂抹到人物区域外，可使用"橡皮擦工具" 擦除。

Step 05　单击工具箱中的"以标准模式编辑"按钮 ，返回正常编辑模式。此时蒙版被转换成了选区，如图 2-44 所示。

Step 06　选择"移动工具" ，然后将选区内的人物图像拖拽到"17.jpg"图像窗口中，并放置于图 2-45 所示位置。

　　在英文输入法状态下，按【Q】键，可以在快速蒙版编辑模式和标准编辑模式之间切换。

图 2-43 编辑蒙版　　　　图 2-44 将蒙版转换成选区　　　　图 2-45 合成图像

2.3.2 使用抽出滤镜制作选区——唇膏广告

利用"抽出"滤镜可以从背景较复杂的图像中快速分离出某一部分图像，如人物的头发、不规则的山脉、植物和动物等。提取的结果是将背景图像擦除，只保留选择的图像。若当前图层是背景图层，则自动将其转换为普通图层。下面以制作唇膏广告为例说明。

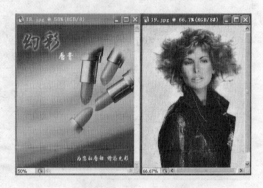

图 2-46 打开素材图像

Step 01 打开本书配套素材"Ph2"文件夹中的"18.jpg"和"19.jpg"图像文件（如图 2-46 所示），然后将"19.jpg"置为当前图像。

Step 02 选择"滤镜" > "抽出"菜单，打开"抽出"对话框，如图 2-47 所示。

工具栏

用于设置笔刷大小、颜色，以及填充颜色

选择"显示高光"和"显示填充"复选框，可以显示加亮边界和填充颜色

设置去除背景后原背景区域的显示方式

图 2-47 "抽出"对话框

Step 03　在对话框的工具栏中选择"边缘高光器工具" ，在右侧的工具参数设置区设置合适的"画笔大小"，然后在要选取的人物边缘按下鼠标左键并拖动，选取大致轮廓，注意将人物炸起来的头发也一同选中，如图 2-48 所示。

若选取框不符合标准，可使用"橡皮擦工具"进行擦除

人物的底边不用选取，但身体两侧的边缘一定要绘制到最底边，才能形成一个封闭的轮廓

图 2-48　选取人物大致轮廓

Step 04　在对话框中的工具栏中选择"填充工具" ，然后在人物图像区域单击鼠标，填充该区域，如图 2-49 所示。

图 2-49　填充选择区域

Step 05　设置完成后，单击"预览"按钮预览效果，如图 2-50 所示。如果从预览窗口中看到保留的图像不太精确，可选择"清除工具" ，在预览区单击并拖动，擦

拭多余的区域，以使选取结果更精确。

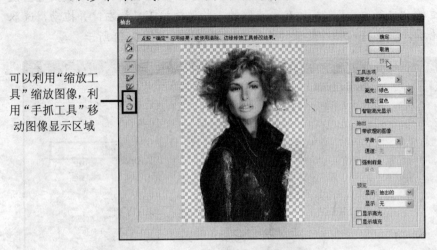

图 2-50　预览选取效果

可以利用"缩放工具"缩放图像，利用"手抓工具"移动图像显示区域

Step 06　如果对抠取的图像效果满意，单击"确定"按钮，即可将需要的图像从背景中抠出来（背景被自动清除，变为透明区），如图 2-51 所示。

Step 07　利用"移动工具" ⊕ 将抠取的图像拖拽到"18.jpg"图像窗口中，并放置于图 2-52 所示位置。

图 2-51　抠取好的图像

图 2-52　更换背景

2.3.3　利用钢笔工具制作选区——房产广告

当要选取的图像形状比较复杂，其背景颜色又较多，而利用一般的图像选取工具又很难选取时，我们可以考虑使用"钢笔工具" ⊿ 创建选区。

"钢笔工具" ⊿ 本身是绘制路径的工具，由于路径和选区之间可以相互转换，因此我们可利用"钢笔工具" ⊿ 沿要选取的对象边缘绘制路径，然后将路径转换成选区。下面以制作房产广告为例进行说明。

Step 01　打开本书配套素材"Ph2"文件夹中的"20.jpg"和"21.jpg"图像文件（如图 2-53 所示），然后将"21.jpg"窗口置为当前图像窗口。

图 2-53　打开素材图片

Step 02 在工具箱中选择"钢笔工具"，在工具属性栏中选择"路径"按钮，其他参数保持默认，如图 2-54 所示。

图 2-54　"钢笔工具"属性栏

Step 03 将光标移至建筑物顶部，单击鼠标左键，确定路径的起点。这时系统会在光标单击处创建一个锚点，然后将光标移至下一处，单击鼠标左键，再次创建一个锚点，此时系统自动在两个锚点之间形成一条直线路径，如图 2-55 所示。

路径的第二个锚点

路径的第一个锚点

图 2-55　绘制路径

利用"钢笔工具"可以绘制直线路径和曲线路径，用户还可对绘制好的路径进行各种编辑，使其符合实际需要。本书第 8 章将详细介绍"钢笔工具"的使用方法。

Step 04 继续沿着建筑物的边缘绘制路径，绕一圈后单击路径的起点锚点，形成一个封闭路径，如图 2-56 所示。

图 2-56　沿着建筑物边缘绘制封闭路径

Step 05 按【Ctrl+Enter】组合键，可以将路径转换成选区，如图 2-57 所示。

Step 06 利用 "移动工具" ⊕ 将选区内的建筑物图像拖至 "20.jpg" 图像窗口中，放置在合适位置，效果如图 2-58 所示。

图 2-57　将路径转换成选区　　　　　　　　　　图 2-58　组合图像

2.3.4　创建文字选区——夕阳美景

利用 Photoshop 提供的 "横排文字蒙版工具" ⊞ 或 "直排文字蒙版工具" ⊞（参见图 2-59），可以创建文字形状的选区。

Step 01 打开本书配套素材 "Ph2" 文件夹中的 "22.jpg" 图像文件，然后在工具箱中选择 "横排文字蒙版工具" ⊞，在工具属性栏设置字体和字号，如图 2-60 所示。

图 2-59　文字选区创建工具

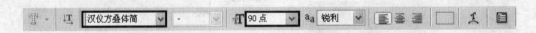

图 2-60　"横排文字蒙版工具" 属性栏

Step 02 将光标移至图像窗口中，在要输入文字的地方单击鼠标，此时图像暂时转为快速蒙版模式，待出现闪烁的光标后输入 "夕阳美景"，然后按【Ctrl+Enter】组合键确认输入，文字转换成了选区，并返回标准编辑模式，如图 2-61 所示。

返回标准编辑模式后，便无法再对文字进行修改

图 2-61　创建文字选区

Step 03 在英文输入法状态下，按【D】键，恢复默认的前、背景色（黑色和白色）。按

【Shift+Ctrl+I】组合键，将文字选区反选，然后按【Delete】键删除选区内的图像，再按【Ctrl+D】组合键取消选区，得到图 2-62 右图所示的图像文字。

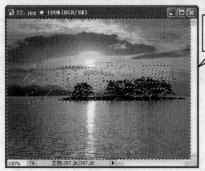

反选选区后的效果

图 2-62　反选选区并删除选区图像

温馨提示

使用横排和直排文字蒙版工具创建的是文字效果的选区而非文字。关于在 Photoshop 中输入和编辑文字的方法，请参考本书第 9 章内容。

2.4　选区的编辑

创建好选区后，我们可根据需要对选区进行修改，如移动、扩展、扩边、收缩、平滑、变换等。在 Photoshop 中，对选区进行修改操作的命令大部分都可以在"选择"菜单中找到，如图 2-63 所示。

2.4.1　移动选区

在已经制作好选区的前提下，确保当前所选工具是选区制作工具，可用以下方法移动选区（用户可打开本书配套素材"Ph2"文件夹中的"23.jpg"文件进行操作）。

➢ 确保选区制作工具的属性栏中按下的是"新选区"按钮🔲，将光标移至选区内，当光标变形为"▸‹⃛"形状时，按住鼠标左键并拖动，到所需的位置后释放鼠标即可移动选区，如图 2-64 所示。

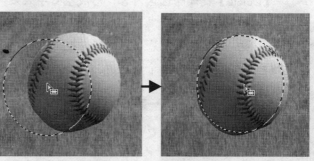

图 2-63　"选择"菜单　　　　　　　图 2-64　移动选区

> 如在移动时按下【Shift】键，则只能将选区沿水平、垂直或 45° 角方向移动；如在移动时按住【Ctrl】键，则可移动选区中的图像（相当于选择了"移动工具" ）。

> 按键盘上的【↑】、【↓】、【←】、【→】4 个方向键可每次以 1 个像素为单位精确移动选区；按住【Shift】键的同时再按方向键，可每次以 10 个像素为单位移动选区。

2.4.2 扩展选区与收缩选区——空心字

创建选区后，利用"扩展"命令可以将选区均匀地向外扩展；利用"收缩"命令可以将原选区均匀地向内收缩，该命令通常用来制作空心字效果。

Step 01 首先来学习扩展选区。打开本书配套素材"Ph2"文件夹中的"24.jpg"文件，利用"椭圆选框工具" 将卡通头像制作为选区，如图 2-65 左图所示。

Step 02 选择"选择">"修改">"扩展"菜单，打开"扩展选区"对话框，在"扩展量"编辑框中输入 1~100 间的整数，单击"确定"按钮即可扩展选区，如图 2-65 中图和右图所示。

图 2-65 扩展选区

Step 03 下面学习收缩选区。打开本书配套素材"Ph2"文件夹中的"25.psd"文件，利用"魔棒工具" 将文字制作为选区，如图 2-66 左图所示。

Step 04 选择"选择">"修改">"收缩"菜单，打开"收缩选区"对话框，在"收缩量"编辑框中输入 1~100 之间的整数，单击"确定"按钮收缩选区，最后按【Delete】键删除选区内容，形成空心字效果，如图 2-66 中图和右图所示。

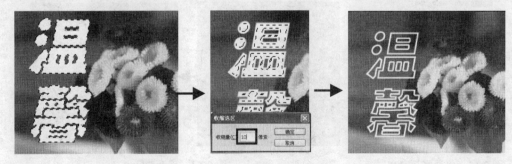

图 2-66 收缩选区

2.4.3 边界选区和平滑选区——发光城堡

利用"边界"命令可以围绕原选区创建一个指定宽度的选区。利用"平滑"命令可以消除选区边缘的锯齿，使选区变得连续和平滑，该命令经常用来消除用"魔棒工具" ![img]、"色彩范围"命令定义选区时所选择的一些零星区域。下面以制作发光城堡为例说明。

Step 01 打开本书配套素材"Ph2"文件夹中的"26.psd"图像文件，利用"钢笔工具" ![img]将城堡制作成选区，如图2-67所示。

Step 02 选择"选择">"修改">"边界"菜单，打开"边界选区"对话框，在其中设置"宽度"为8像素，单击"确定"按钮，此时以原选区的边缘为基础扩展成了一个环状选区，如图2-68所示。

Step 03 按住【Alt】键的同时，利用"套索工具" ![img]圈选底边的选区，将底边选区取消，如图2-69所示。

图2-67 创建城堡选区　　　　图2-68 边界选区　　　　图2-69 取消底边选区

Step 04 将前景色设置为白色，然后按【Alt+Delete】组合键，使用前景色填充选区，按【Ctrl+D】组合键，取消选区，得到图2-70所示效果。

Step 05 选择"魔棒工具" ![img]，在工具属性栏中选中"添加到选区"按钮 ![img]，然后设置"容差"为32。属性设置好后，利用"魔棒工具" ![img]在草地上连续单击，将草地制作成选区。此时还有一些零星的区域未选中，如图2-71所示。

Step 06 选择"选择">"修改">"平滑"菜单，在弹出的"平滑选区"对话框中将"取样半径"设置为15像素（值越大，选区边界越平滑），单击"确定"按钮，零星区域被消除，如图2-72所示。

图2-70 填充选区　　　　图2-71 将草地制作成选区　　　　图2-72 平滑选区

Step 07 将前景色设置为绿色（#11e31b）。按住【F7】键，打开"图层"调板，然后单击"图层 1"，使其成为当前图层。按【Alt+Delete】组合键，使用前景色填充选区。按【Ctrl+D】组合键，取消选区。此时图像效果如图 2-73 右图所示。

图 2-73　填充选区

2.4.4　扩大选取与选取相似

利用"扩大选取"或"选取相似"命令，可以在原有选区的基础上扩大选区。

Step 01 打开本书配套素材"Ph2"文件夹中的"27.jpg"图像文件，选择"魔棒工具" ，在属性栏中设置"容差"为 32，然后在如图 2-74 所示位置单击创建选区。

Step 02 选择"选择" > "扩大选取"菜单，此时系统在原有选区的基础上，选择与原有选区颜色相近且相邻的区域，如图 2-75 所示。

Step 03 按【Ctrl+Z】组合键，撤销扩大选取操作。选择"选择" > "选取相似"菜单，此时系统将在原有选区的基础上，选择与原有选区颜色相近的所有区域（包括相邻的和不相邻的区域），如图 2-76 所示。

图 2-74　制作选区　　　　图 2-75　扩大选取　　　　图 2-76　选取相似

温馨提示　　"扩大选取"和"选取相似"命令都受"魔棒工具" 属性栏中"容差"大小的影响，容差值设置的越大，选取的范围越广。

2.4.5　变换选区——手机贴图

制作好选区后，用户还可对其进行旋转、翻转、倾斜、扭曲或透视等变形操作。下面以制作手机贴图为例进行说明。

Step 01 打开本书配套素材 "Ph2" 文件夹中的 "28.jpg" 和 "29.jpg" 图像文件，并将
"28.jpg" 图像置为当前窗口，如图 2-77 所示。

图 2-77 打开素材图片

Step 02 本例需要选取手机屏幕区域。虽然我们可以利用 "魔棒工具" 、 "多边形套
索工具" 或 "钢笔工具" 等进行选取，但本例使用另外一种方法。

Step 03 利用 "矩形选框工具" 制作一个矩形选区，如图 2-78 左图所示。选择 "选择"
> "变换选区" 菜单，此时选区的四周将出现一个带有 8 个控制柄的自由变形
框，如图 2-78 右图所示。

Step 04 将光标放置在变形框任一控制点上，当光标呈 ↔、↕、↖ 或 ↗ 形状，按下鼠标
左键并拖动，可以缩放选区。本例分别拖动左下角和右上角控制点，将选区的
高度调整为与手机屏幕等高，如图 2-79 所示。

图 2-78 创建选区并执行 "变换选区" 命令　　　图 2-79 调整选区高度

经验之谈

　　将光标放置在选区变形框内，当其呈 形状时，按住鼠标左键并拖动
可移动选区；将光标移至选区变形框外任意位置，待其呈 "⤴" 形状时，
按住鼠标左键并拖动可以以旋转支点 为中心旋转选区，如图 2-80 左图
所示。此外，用户还可以拖动旋转支点，改变其位置，如图 2-80 右图所示。

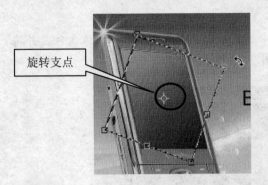

图 2-80 旋转选区与改变旋转支点位置

Step 05 在选区变形框内单击鼠标右键，从弹出的快捷菜单中选择"扭曲"，然后分别拖动变形框的四个对角控制点，将选区形状调整为与手机屏相同，如图 2-81 所示。

图 2-81 扭曲变形选区

Step 06 调整满意效果后，按【Enter】键确认变形操作。若要取消变形操作，按【Esc】键即可。

Step 07 将 "29.jpg" 图像置为当前窗口，依次按【Ctrl+A】、【Ctrl+C】组合键全选并复制图像，如图 2-82 所示。切换到 "28.jpg" 图像窗口，选择"编辑" > "贴入"菜单，将剪贴板中的内容贴入到创建好的选区内，得到图 2-83 所示效果。

图 2-82 全选图像　　　　图 2-83 将图像粘贴到选区内

2.4.6 全选、反选、取消与重新选择选区

➤ **全选图像：**选择"选择">"全部"菜单，或者按【Ctrl+A】组合键。

➤ **反选选区：**选择"选择">"反选"菜单，或者按【Shift+Ctrl+I】组合键，或者右键单击选区，在弹出的快捷菜单中选择"选择">"选择反向"菜单，可以将当前图像中的选区与非选区进行互换。

➤ **取消选区：**选择"选择">"取消选择"菜单，或者按【Ctrl+D】组合键，或者右键单击选区，在弹出的快捷菜单中选择"取消选择"命令即可。

➤ **重新选择选区：**选择"选择">"重新选择"菜单，或者按【Shift+Ctrl+D】组合键，可以重新选择取消过的选区。

2.4.7 选区的保存与载入

当用户制作了一个比较精密的选区后，可以将该选区保存起来，以后使用时，将其重新载入即可。下面是具体操作方法。

Step 01 打开本书配套素材"Ph2"文件夹中的"30.psd"图像文件，然后利用快速蒙版将人物和小狗图像制作成选区，如图 2-84 所示。

Step 02 选择"选择">"存储选区"菜单，打开图 2-85 所示的"存储选区"对话框，在其中设置保存选区的文档（一般都保存在原文档中）、选区名称等选项，然后单击"确定"按钮，即可将选区保存。

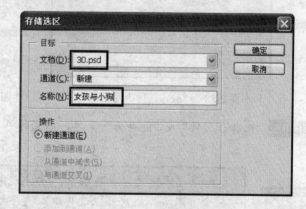

图 2-84 利用快速蒙版制作选区   图 2-85 "存储选区"对话框

Step 03 按【Ctrl+D】组合键取消选区。选择"窗口">"通道"菜单，打开"通道"调板（关于通道，请参考本书第 10 章内容），可看到保存选区的通道，如图 2-86 所示。

经验之谈

保存选区还有一种快捷的方法：选区制作好后，单击"通道"调板底部的"将选区存储为通道"按钮，系统会自动将选区保存在"Alpha"通道中，如图 2-87 所示。

 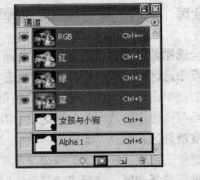

图 2-86 保存的选区　　　　　　　图 2-87 快速保存当前选区

Step 04 要载入保存的选区，可选择"选择" > "载入选区"菜单，打开"载入选区"对话框，在"通道"下拉列表中选择保存选区的通道，单击"确定"按钮，如图 2-88 所示。

 　按住【Ctrl】键，单击"通道"调板中保存选区的通道，也可载入选区；还可单击选中该通道，单击调板底部的"将通道作为选区载入"按钮○，载入选区，如图 2-89 所示。

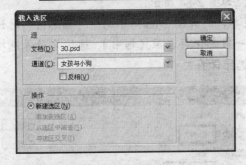 

图 2-88　"载入选区"对话框　　　　图 2-89　利用"通道"调板载入选区

Step 05 选择"文件" > "储存为"菜单，将文件另存为 TIFF 类型，文件名为"31"。

 　如果图像中已经存在选区，"载入选区"对话框中"操作"设置区的选项将全部激活，用户可以选择载入选区与原有选区的运算方式。另外，保存过选区的图像，应以 psd 或 tif 格式进行存储，如果以 jpg 或 gif 等格式存储，则重新打开图像时，保存的选区会丢失。

2.5 选区的描边与填充

创建好选区后，用户还可对其进行描边或填充操作，制作出多姿多彩的图像效果。

2.5.1　选区的描边——音乐节广告

选区的描边是指沿着选区的边缘描绘指定宽度的颜色，下面以制作音乐节广告为例进行说明。

Step 01 打开本书配套素材"Ph2"文件夹中的"32.tif"图像文件，选择"窗口">"通道"菜单，打开"通道"调板，按住【Ctrl】键的同时，单击"Alpha 1"通道，载入素材中保存的文字选区，如图2-90所示。

图2-90　利用"通道"调板载入文字选区

Step 02 将前景色设置为青色（#29c3f4），然后选择"编辑">"描边"菜单，打开"描边"对话框，在其中设置"宽度"为6，选择"居外"单选钮，单击"确定"按钮，如图2-91所示。此时，文字选区被描上了青边，效果如图2-92所示。

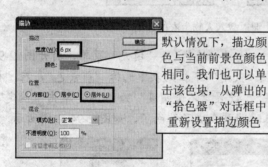

默认情况下，描边颜色与当前前景色颜色相同。我们也可以单击该色块，从弹出的"拾色器"对话框中重新设置描边颜色

取消选区后的效果

图2-91　"描边"对话框　　　　　　　　　　　图2-92　描边效果

"描边"对话框中各选项的意义如下。

➤ **宽度：**用于设置描边的宽度。值越大，描边越粗。

➤ **位置：**用于设置描边的位置。其中，"内部"表示对选区的边界以内描边；"居中"表示以选区的边界为中心描边；"居外"表示对选区的边界以外描边。

➤ **混合：**用于设置描边颜色的混合模式（请参考6.4.1节内容）和不透明度。

温馨提示　　在没有制作选区的情况下，如果当前图层为非背景层或非锁定的图层，可直接利用"描边"命令为图层中的对象添加描边效果。

2.5.2 选区的填充——更换衣服颜色

选区的填充是指在选区内部填充颜色或图案。总的说来，常用的填充选区的方法有以下几种（注意，在没有选区的情况下，以下所有填充操作都是针对当前整个图层）。

➤ 设置好前景色后，按【Alt+Delete】组合键可用前景色快速填充选区。

➤ 设置好背景色后，按【Ctrl+Delete】组合键可用背景色快速填充选区。

➤ 选择"编辑">"填充"菜单，利用打开的"填充"对话框可在选区内填充前景色、背景色或图案，并可设置填充颜色或图案的混合模式和不透明度。

Step 01 打开本书配套素材"Ph2"文件夹中的"33.tif"图像文件，选择"窗口">"通道"菜单，打开"通道"调板，按住【Ctrl】键的同时，单击"Alpha 1"通道，载入素材中保存的文字选区，如图 2-93 所示。

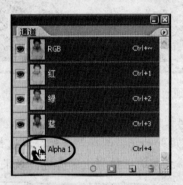 

图 2-93 利用"通道"调板载入人物上衣的选区

Step 02 将前景色设置为红色（#e60011）。选择"编辑">"填充"菜单，打开图 2-94 中图所示的"填充"对话框，在"使用"下拉列表中选择"前景色"，在"模式"下拉列表中选择"正片叠底"，设置"不透明度"为 80%，单击"确定"按钮，并取消选区，白色的上衣瞬间就变成了红色了，如图 2-94 右图所示。

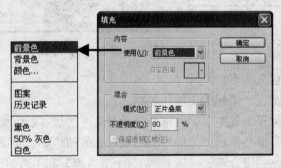 

图 2-94 利用"填充"命令填充选区

"填充"对话框中各选项的意义如下。

➤ **使用：**单击 ✔ 按钮，可在打开的下拉列表中选择所需的填充方式，如图 2-95 左图所示。

> **自定图案**：在"使用"下拉列表中选择"图案"，该选项被激活。单击其右侧的
> ▼按钮，可以在打开的列表中选择所需的图案进行填充。图 2-95 右图所示为使用
> 图案，并设置合适的混合模式和不透明度的选区填充效果。

> **混合**：用于设置填充颜色的混合模式和不透明度。

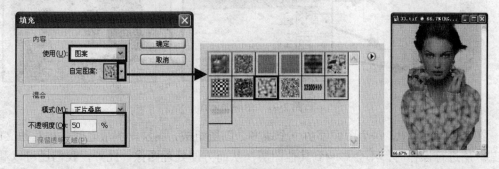

图 2-95　使用图案填充选区

　　在 Photoshop 中，用户还可以利用自定义的图案进行填充。要自定义
图案，可先利用"矩形选框工具" ▢ （只能用该工具选择）选中要定义为
图案的图像区域，然后选择"编辑" > "定义图案"菜单，在打开的对话
框中输入图案名称，单击"确定"按钮即可，如图 2-96 所示。

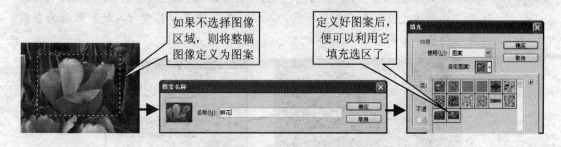

图 2-96　自定义图案

2.6　图层的概念和对选区制作的影响

　　在使用 Photoshop 处理图像时，大多数时候都会用到图层功能，那究竟什么是图层，
图层对制作选区又有哪些影响呢？

2.6.1　图层的概念

　　图层就像一张没有厚度的透明纸，可以在纸上绘画，没有绘画的部分保持透明。将各
图层叠在一起，可以组成一幅完整的画面。例如，打开本书配套素材"Ph2"文件夹中的
"34.psd"图像文件，可以看到该卡通头像由眼睛、腮红和脸图层组成，如图 2-97 所示。

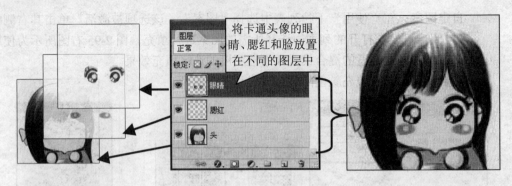

图 2-97　图层演示图

在 Photoshop 中，每个图像都由一个或多个图层组成，图层与图层之间是相互独立的，对某一层进行操作时，不会影响到其他图层，从而方便处理图像。此外，我们还可以利用图层为图像添加各种特殊效果。关于图层的详细使用方法，请参考本书第 6、7 章内容。

2.6.2　图层对选区制作的影响

在学习"魔棒工具" 时，我们曾提到其工具属性栏中"对所有图层取样"复选框的作用，下面通过一个小例子来看看勾选和未勾选该复选框对制作选区的影响。

Step 01　打开本书配套素材"Ph2"文件夹中的"35.psd"图像文件，打开"图层"调板，可以看到该文件包含"背景"和"人物"两个图层，其中"人物"图层为当前操作图层，如图 2-98 所示。

图 2-98　打开素材图片

Step 02　选择"魔棒工具" ，在属性栏中勾选"对所有图层取样"复选框，其他参数设置如图 2-99 所示。设置好后，在人物红色的衣服上单击鼠标，此时魔棒工具在所有可见图层上选取了相近的颜色，如图 2-100 左图所示。

图 2-99　"魔棒工具"属性栏

Step 03　按【Ctrl+D】组合键取消选区。在"魔棒工具" 属性栏中取消选择"对所有图层取样"复选框，然后在人物红色的衣服上单击鼠标，此时，系统只选择当

前层（"人物"层）中的颜色相近区域，未选择"背景"中的鲜花，如图 2-100
右图所示。

图 2-100　"对所有图层取样"复选框的作用

按住【Ctrl】键单击某图层缩略图，可以将该图层中的对象载入为选
区，如图 2-101 所示。

图 2-101　将图层载入为选区

综合实例——制作手机广告

下面通过制作图 2-102 所示的手机广告来巩固本章所学知识，本例最终效果文件请参
考本书配套素材"Ph2"文件夹中的"手
机广告.psd"图像文件。

制作思路

首先打开素材图片，然后在背景素材
中绘制并填充选区，接着用套索及移动工
具为手机图像添加炫彩屏幕并组合图像，
然后为标题文字填充并描边，最后将手机、
炫彩素材和文字都移动到背景素材中，完
成实例制作。

图 2-102　最终效果

制作步骤

Step 01 打开本书配套素材 "Ph2" 文件夹中的 "36.jpg"、"37.jpg"、"38.jpg"、"39.jpg" 和 "40.psd" 图片文件, 如图 2-103 所示。

图 2-103　打开素材图片

Step 02 将 "39.jpg" 图像窗口置为当前窗口。选择 "椭圆选框工具" ⬭, 在工具属性栏中设置 "羽化" 为 20, 然后在图像窗口中绘制椭圆形选区, 如图 2-104 左图所示。

Step 03 设置前景色为蓝灰色 (#5e7fbf)。选择 "编辑" > "填充" 菜单, 打开 "填充" 对话框, 在 "使用" 下拉列表中选择 "前景色", 设置 "不透明度" 为 50%, 其他参数保持不变, 单击 "确定" 按钮, 使用前景色填充选区。按【Ctrl+D】组合键取消选区, 得到图 2-104 右图所示效果。

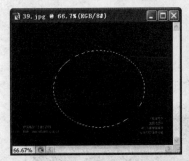

图 2-104　绘制选区并填充颜色

Step 04 将 "38.jpg" 图像窗口置为当前窗口, 然后利用 "多边形套锁工具" 💹 制作手机屏幕的选区, 如图 2-105 左图所示。

Step 05 将选区移动到 "37.jpg" 图像窗口中, 并放置在图 2-105 右图所示位置, 然后按【Ctrl+C】组合键, 将选区内的图像复制到剪贴板。

Step 06 切换到 "38.jpg" 图像窗口, 按【Ctrl+V】组合键, 将剪贴板中的内容粘贴到选区内, 如图 2-106 所示。

图 2-105 制作并移动选区 图 2-106 粘贴图像

Step 07 按【Ctrl+E】组合键，将手机与复制的图像合并为一个图层。选择"魔棒工具"
⚡，在属性栏中选中"添加到选区"按钮，并设置"容差"为 50，其他选项
保持不变，如图 2-107 所示。

图 2-107 "魔棒工具"属性栏

Step 08 在"38.jpg"图像窗口的黄色背景上连续单击选中背景区域，然后按【Shift+Ctrl+I】
组合键将选区反选，从而将手机图像选中，如图 2-108 所示。

Step 09 利用"移动工具"➤将选区内的手机图像拖拽到"39.jpg"图像窗口中。按【Ctrl+T】
组合键，显示自由变换框，然后按住【Shift】键拖动四角控制点，适当调整手
机大小并按【Enter】键确认，最后将手机放置在图 2-109 所示的位置。

 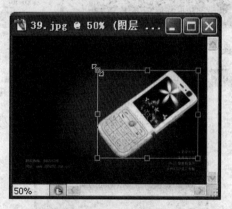

图 2-108 选中手机图像 图 2-109 缩小手机图像

Step 10 将"36.jpg"图像文件置为当前窗口，利用"魔棒工具"⚡单击"天丽"，然后
选择"选择">"选取相似"菜单，选中所有文字，如图 2-110 左图所示。

Step 11 将制作好的文字选区拖拽到"39.jpg"图像窗口中，并放置在图 2-110 右图所示
位置。

图 2-110　制作并移动选区

Step 12 设置前景色为白色，背景色为红色（#f80606），然后按【Ctrl+Delete】组合键，使用背景色（红色）填充文字选区，如图 2-111 所示。

Step 13 选择"编辑">"描边"菜单，打开"描边"对话框，设置"宽度"为"1px"，选择"居外"单选钮，其他参数保持不变，单击"确定"按钮（参见图 2-112 左图）。最后按【Ctrl+D】组合键取消选区，得到图 2-112 右图所示效果。

图 2-111　填充文字选区　　　　　　　　图 2-112　对选区进行描边

Step 14 将"40.psd"图像置为当前图窗，按【Ctrl+A】组合键全选图像（参见图 2-113 左图），然后利用"移动工具" 将选区内的图像拖拽到到"39.jpg"图像窗口中。至此，手机广告就制作完成了，效果如图 2-113 右图所示。

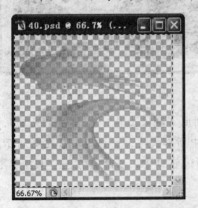

图 2-113　组合图片

本章小结

通过本章的学习，读者应该重点掌握以下知识。

- ➢ "矩形选框工具" 、"椭圆选框工具" 、"单行选框工具" 和"单列选框工具" 主要用来创建规则选区。
- ➢ 利用选区的添加、相减和相交等运算操作，可以制作出复杂的选区；利用选区的羽化功能，可以柔化选区图像的边缘。
- ➢ "套索工具" 、"多边形套索工具" 、"磁性套索工具" 、"魔棒工具" 和"色彩范围"命令主要用来制作不规则选区。其中"魔棒工具" 和"色彩范围"命令是根据颜色来创建选区，用户应理解"容差"的含义。
- ➢ 利用快速蒙版、"抽出"滤镜和"钢笔工具" 可以抠取各种不规则的图像区域；利用文字蒙版工具可以创建文字选区。
- ➢ 制作好选区后，还可以对选区的边缘进行描边，以及在选区内部填充各种颜色和图案。
- ➢ 图层是 Photoshop 的一项重要功能，通过本章的学习，用户应简单了解图层的概念和对选区制作的影响。

思考与练习

一、填空题

1. 制作规则选区的工具有：_____、_____、_____和_____。

2. 选择椭圆或矩形选框工具后，按住_____键在图像中拖动鼠标，可以拖出一正圆或正方形选区；按住_____键在图像中拖动鼠标，将以拖动的开始点作为中心点来制作选区。

3. 在用"套索工具" 绘制选区的过程中，如果按_____键可取消正在创建的选区。

4. 在用"多边形套索工具" 制作选区时，按_____键，可沿水平、垂直或45°角方向定义边线；按_____键，可取消最近定义的边线；按住_____键不放，可取消所有定义的边线。

5. 在原有选区的基础上，按住_____键可增加选区；按住_____键将从原有选区中减去新选区；按下_____和_____键将使原有选区与新选区相交。

6. 在快速蒙版模式下，用户可使用_____、_____等编辑蒙版，然后将蒙版转换为_____。

7. 在"滤镜"菜单中，有一个_____滤镜可用来抠图。

8. 利用工具箱中的_____、_____工具，可以制作文字选区。

二、选择题

1. 按（　　）组合键，可用前景色填充选区，按（　　）组合键，可用背景色填充选区。

    A.【Alt+Delete】　　　B.【Ctrl+Shift】　　　C.【Ctrl+Delete】　　　D.【Ctrl+A】

2. 下列不属于设置选区羽化方法的是（　　）。

    A. 利用工具属性栏　　　　　　　　B. 利用"羽化"命令

    C. 按【Ctrl+Y】组合键　　　　　　D. 按【Alt+Ctrl+D】组合键

3. 按（　　）组合键可反选选区。

    A.【Shift+Ctrl+I】　　B.【Ctrl+B】　　　　C.【Ctrl+D】　　　　D.【Ctrl+E】

4. 可通过绘制路径来制作选区的工具是（　　）。

    A. 多边形套索工具　　B. 钢笔工具　　　　C. 快速蒙版工具　　　D. 画笔工具

三、操作题

1. 利用本章所学知识，为图 2-114 左图所示的人物图片更换背景，效果如图 2-114 右图所示。

图 2-114　更换背景效果

提示：

（1）打开本书配套素材"Ph2"文件夹中的"41.jpg"和"42.jpg"图像文件。

（2）利用"抽出"滤镜将"41.jpg"图像中的人物抠出。

（3）利用"移动工具" ⊕ 将抠取的人物图像拖拽到"42.jpg"中即可。

2. 利用本章所学内容，绘制 2-115 所示企鹅。

提示：

（1）新建一个 RGB 颜色模式的图像文件，使用青色（#8ce8fb）填充背景，用"椭圆选框工具" ○ 绘制一个椭圆形选区，并设置羽化效果（羽化值为 100 像素），然后使用白色填充选区，得到渐变效果的背景。

图 2-115　效果图

（2）用"椭圆选框工具" ○ 绘制出企鹅的脑袋和身体，并用黑色填充。

（3）用"椭圆选框工具" ○ 绘制出企鹅的眼睛、白色的肚皮和黄色的嘴巴。

（4）用"椭圆选框工具" ○ 绘制出企鹅的手和脚。

第3章
编辑图像

章前导读

在学会了制作选区之后，让我们一起来学习图像的编辑方法，如移动、复制、删除、合并拷贝、自由变换图像、调整图像和画布大小，以及操作的重复与撤销等。要注意的是，在 Photoshop 中，大部分图像编辑命令都只对当前选区有效。

3.1 图像基本编辑

移动、复制和删除是图像编辑中最常用的操作，下面分别介绍。

3.1.1 移动图像——香水广告

移动图像是指用"移动工具" 将选区内或当前图层的图像移动到同一图像的其他位置或另外的图像窗口中，下面以制作香水广告为例进行说明。

Step 01 打开本书配套素材"Ph3"文件夹中的"01.psd"、"02.tif"和"03.jpg"图像文件，并将"01.psd"图像置为当前窗口。

Step 02 选择"移动工具" ，其工具属性栏如图 3-1 所示，各选项的意义如下：

图 3-1 "移动工具"属性栏

➢ **自动选择图层**：勾选该复选框，系统自动将当前选择的对象所在层置为当前图层。

➢ **显示变换控件**：勾选该复选框后可在所选区域（或整个图层）的四周显示定界框，此时可对该区域执行缩放、旋转、斜切和扭曲等操作，详见后面 3.2 节内容。

➢ **自动选择组**：勾选该复选框后，系统自动选中图层所在的图层组（详见第6章）。

➢ ▔▔▔ ▔▔▔ ▔▔▔ ▔▔▔ ▔▔▔：用于设置当前图层中的图像与其链接图层中图像的对齐方式，详见第6章内容。

➢ ▔▔▔ ▔▔▔ ▔▔▔ ▔▔▔ ▔▔▔：用于设置当前图层中的图像与其链接图层中图像的分布方式（3个图层以上才有效），详见第6章内容。

Step 03 首先介绍移动当前图层中图像的方法。按【F7】键，打开"图层"调板，单击选中"图层0"，如图3-2左图所示。将光标移至图像窗口中，按住鼠标左键并拖动，即可移动该图层中的花卉图像，这里我们将花卉图像拖至"03.jpg"图像窗口的底部，然后释放鼠标左键，如图3-2中图和右图所示。

可以看出，在同一文件中移动图像时，图像位置发生变化；在不同文件之间移动图像时，最终原文件中的图像位置保持不变

图3-2 移动当前图层中的图像至其他图像窗口中

Step 04 下面介绍移动当前图层中部分区域图像的方法。将"02.tif"图像置为当前窗口，然后参考前面介绍的方法将其中的人物图像制作为选区（我们也可选择"窗口">"通道"调板，然后按住【Ctrl】键的同时，单击素材中已创建好的"Alpha 1"通道，得到图3-3右图所示的人物选区）。

Step 05 将光标放在选区内，此时光标呈▸状，然后按住鼠标左键并拖动，即可移动选区内的人物图像，这里我们将其拖至"03.jpg"图像窗口中，并放置于图3-4所示位置。

图3-3 由通道生成人物选区　　　　　图3-4 移动选区图像至其他图像中

如果在背景图层上移动选区内的图像，图像的原位置将被填充当前背景色，如图 3-5 右图所示；如果在普通图层上移动选区内的图像，图像的原位置将变成透明，如图 3-6 右图所示。在移动图像时，按住【Shift】键可以在水平、垂直和 45°方向移动图像。当然，如果是在不同的文件之间移动选区内的图像，则原文件内的图像位置将保持不变。

图 3-5　在背景图层移动选区图像　　　　　　图 3-6　在普通图层移动选区图像

在选中其他工具(🖊、🔺、▢、🖐等工具除外)时，可以在按住【Ctrl】键的同时，拖动鼠标来移动图像。此外，使用键盘上的 4 个方向键，可以以 1 个像素为单位移动当前图层或选区内的图像；按住【Shift】键并使用4 个方向键，可以以 10 个像素为单位移动图像。

3.1.2　复制图像——小鸡妈妈

在 Photoshop 中有多种复制图像的方法，包括使用拖动方式，使用菜单命令，使用复制图层方式等。下面通过制作小鸡妈妈图像进行说明。

Step 01　打开本书配套素材 "Ph3" 文件夹中的 "05.psd" 图像文件，按【F7】键，打开"图层"调板，单击选中小鸡图像所在的 "图层 1"，如图 3-7 右图所示。

图 3-7　打开素材文件并选中图层

Step 02　选择"移动工具" 🖾，然后按住【Alt】键，当光标呈 ➤状时拖动鼠标，将小鸡图像移至目标位置，释放鼠标即可完成复制，如图 3-8 所示。

图 3-8 拖动复制图像

Step 03 在"图层"调板中，单击选中"图层 1"，然后按住【Ctrl】键的同时，单击"图层 1"的缩览图，生成该图层的选区（即小鸡选区），如图 3-9 左图所示。

Step 04 选择"编辑">"拷贝"菜单，或者按【Ctrl+C】组合键，将选区内的小鸡图像复制到剪贴板中，然后选择"编辑">"粘贴"菜单，或者按【Ctrl+V】组合键，即可复制出新的小鸡图像。此时复制的小鸡图像与原图像重叠，我们可使用"移动工具" 将其移到其他位置，如图 3-9 右图所示。

> 选择"编辑">"剪切"菜单，或按【Ctrl+X】组合键，可将选区内图像剪切到剪贴板，再粘贴到其他位置，但原位置将不再保留该图像。

图 3-9 利用菜单命令复制选区图像

Step 05 在"图层"调板中选中要复制图像所在的图层，然后将该图层拖拽到"图层"调板底部的"创建新图层"按钮 上，释放鼠标后即可复制出该层的副本图层，从而复制出该图层上的图像，如图 3-10 左图和中图所示。利用"移动工具" 将复制出的图像移到其他位置，效果如图 3-10 右图所示。

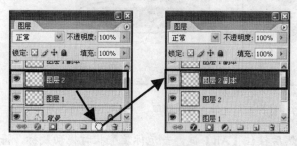 

图 3-10 利用"图层"调板复制图像

Step 06 在"图层"调板中,单击选中"图层1副本"图层,然后按【Ctrl+J】组合键复制出"图层1副本2",如图3-11左图和中图所示。将复制出的图像移开后的效果如图3-11右图所示。使用此方法时,如果图层中有选区,则会新建一个图层并将选区内的图像复制到新图层中。

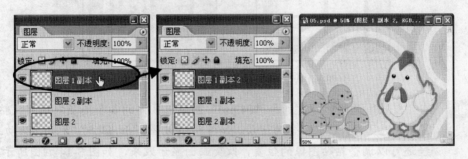

图3-11 使用快捷键复制图像

3.1.3 "合并拷贝"和"贴入"——窗内少女

"合并拷贝"命令的作用是把选区内所有图层的内容复制到剪贴板(以当前显示效果为准);使用"贴入"命令则只把剪贴板中的图像内容粘贴到选区内。

Step 01 打开本书配套素材"Ph3"文件夹中的"04.psd"图像文件,这是一幅拥有3个图层的图像,按【F7】键,打开"图层"调板即可看到,如图3-12右图所示。

图3-12 打开素材图片

Step 02 按【Ctrl+A】组合键全选图像,然后选择"编辑" > "合并拷贝"菜单,或按【Shift+Ctrl+C】组合键,将当前显示画面中包含的所有图层中的图像复制到剪贴板。

Step 03 打开本书配套素材"Ph3"文件夹中的"06.jpg"图像文件,然后利用"魔棒工具" 选择其中的四个窗口,如图3-13左图所示。

Step 04 选择"编辑" > "贴入"菜单,或按【Shift+Ctrl+V】组合键,将图像粘贴到当前选区内,如图3-13右图所示。

图 3-13　制作选区并粘贴图像至选区内

Step 05　在"图层"调板中可看到原"04.psd"图像选区内的多个图层内容都被粘贴到窗口的选区内，且自动合为一层，如图 3-14 左图所示。此时，利用"移动工具"还可以调整粘贴图像的位置，改变画面显示效果，如图 3-14 右图所示。

利用"贴入"命令可以将已复制的图像仅仅粘贴到目标文件的选区内，它其实是创建了一个带蒙版图层。关于"蒙版"的知识请参阅第 7 章内容

图 3-14　打开"图层"调板并调整显示效果

3.1.4　删除图像

在编辑图像时，要删除选区内或某个图层上的图像，可以执行以下相应操作：

➢ 如果要删除选区内的图像，可选择"编辑">"清除"菜单，或者按【Delete】。其中，如果当前层为背景图层，被清除选区将以背景色填充；如果当前不是背景图层，被清除选区将变为透明区。

➢ 如果要删除某个图层上的图像，可以将该层拖拽到"图层"调板底部的"删除图层"按钮上，释放鼠标即可，如图 3-15 所示。

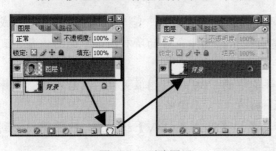

图 3-15　删除图层

在对选区内的图像执行复制、剪切、清除操作或将剪贴板中的图像贴入选区内时，可以对选区设置"羽化"值，从而使图像边缘产生柔滑效果。

3.2 变换图像

在编辑图像时，常常会出现图像的大小、角度、形状不符合要求的情况，我们可以通过对图像进行自由变换来解决这些问题。

3.2.1 自由变换图像——茶叶包装盒

自由变换图像是指对图像进行缩放、旋转、倾斜、透视和扭曲等操作。与第 2 章所讲的变换选区的操作相似，只是对象不同，自由变换图像是对图像本身变形，而变换选区只是针对当前选区变形，不会影响到选区内的图像。

选择"编辑">"自由变换"菜单，或者按【Ctrl+T】组合键，可以对选区内的图像或非背景层自由变形：

➤ **移动图像**：将光标定位至变形框内，待光标变为▶形状后单击并拖动可移动图像，如图 3-16 左图所示。

➤ **缩放图像**：将光标移至选区变形框的控制柄"□"上，待光标变为↔、↕、↗或↘形状后单击并拖动可改变图像大小，如图 3-16 中图所示。

➤ **旋转图像**：将光标移至变形框外任意位置，待光标变为↻形状后单击并拖动可旋转图像，如图 3-16 右图所示。

图 3-16 自由变换图像

在自由变换图像时，还可以配合相应的快捷键进行：

➤ **自由变形**：按住【Ctrl】键并拖动某一控制点可以进行自由变形调整。

➤ **对称变形**：按住【Alt】键并拖动某一控制点可以进行对称变形调整。

➤ **等比例缩放**：按住【Shift】键并拖动某一控制点可以进行按比例缩放调整。

➤ **斜切**：按住【Ctrl＋Shift】组合键并拖动某一控制点可以进行斜切调整。

➤ **透视**：按住【Ctrl＋Alt＋Shift】组合键并拖动某一控制点可以进行透视效果调整。

➤ **应用变换**：按【Enter】键可应用变换。

➤ **取消操作**：按【Esc】键可取消变换操作。

> 选择"编辑" > "变换"菜单中的子菜单命令，或按【Ctrl+T】组合键后，在图像窗口中单击右键，然后在弹出的快捷菜单中选择相应的命令(有的还需拖动变形控制点)，也可对图像执行相应的变换操作。

下面以制作茶叶包装盒为例，说明自由变换图像的方法。

Step 01 打开本书配套素材"Ph3"文件夹中的"07.psd"图像文件，按【F7】键，打开"图层"调板，单击选中"图层 1"，然后依次单击"图层 2"和"图层 3"左侧的眼睛图标👁，隐藏该图标，如图 3-17 右图所示。

图 3-17 打开"图层"调板并隐藏图层

Step 02 选择"编辑" > "自由变换"菜单，或者按【Ctrl+T】组合键，在图像的四周显示自由变形框，如图 3-18 左图所示。

Step 03 将光标移至图像窗口中，单击鼠标右键，在弹出的快捷菜单中选择"斜切"，然后利用鼠标单击并向左拖动变形框顶部中间的控制点，将图像适当倾斜，如图 3-18 右图所示。

图 3-18 斜切图像

Step 04 将光标移至变形框内，当光标呈▶形状时，单击并拖动鼠标，调整图像的位置，如图 3-19 左图所示。

Step 05 在图像窗口中单击右键，在弹出的快捷菜单中选择"旋转"，然后将光标移至变形框外侧，待光标呈↻形状时，按下鼠标左键并沿逆时针方向拖动，至适当角度后释放鼠标，旋转后图像效果如图 3-19 中图所示。

Step 06 在图像窗口中单击鼠标右键，在弹出的快捷菜单中选择"扭曲"，然后将光标移至图 3-19 右图所示的控制点上方，并按住【Alt】键的同时，拖动该控制点，将图像扭曲变形。调整好后，按【Enter】键确认变形操作。

图 3-19 移动、旋转和扭曲图像

Step 07 在"图层"调板中单击选中"图层 2"，然后单击该图层左侧的方格显示眼睛图标 ，如图 3-20 左图所示。

Step 08 按【Ctrl+T】组合键，在图像四周显示自由变形框，然后右键单击变形框，在弹出的快捷菜单中选择"斜切"，接着将变形框右侧中间的控制点向上拖动，将变形框左侧中间的控制点向下拖动，使图像的倾斜度与"图层 1"中的图像相似，如图 3-20 中图所示。

Step 09 右键单击变形框，在弹出的快捷菜单中选择"缩放"，然后向右拖动变形框的左侧中间的控制点，使图像的宽度与"图层 1"中的图像等宽，如图 3-20 右图所示。调整好后，按【Enter】键确认操作。

图 3-20 对"图层 2"图像进行斜切与缩放操作

Step 10 在"图层"调板中单击选中"图层 3"，然后单击该图层左侧的方格显示眼睛图标 。接着按【Ctrl+T】组合键，在图像四周显示自由变形框，然后依次对图像进行斜切、缩放和扭曲变形，得到图 3-21 所示的立体包装盒效果。

经验之谈 我们还可参考后面章节将要介绍的"加深工具" 制作包装盒的逆光面效果（位于"图层 3"）；利用"减淡工具" 绘制出包装盒的受光面（位于"图层 2"）效果，从而使包装盒更具立体感，如图 3-22 所示。

图 3-21 组合成的包装盒

图 3-22 使包装盒更具立体感

Step 11 在"图层"调板中，单击选中"背景"图层，然后按住【Ctrl】键的同时，单击
"图层 1"的缩览图，生成"图层 1"图像的选区，然后将选区垂直向下移，
并对选区设置羽化效果（羽化值为 10），再将选区填充为淡灰色（#898989），
按【Ctrl+D】组合键取消选区，得到图 3-23 右图所示的阴影效果。

图 3-23 为包装盒设置阴影

3.2.2 变换的同时复制图像——绘制鲜花

我们可以让图像按照设定的旋转角度或缩放大小变形的同时进行复制，从而制作出一
些特殊效果，下面以制作蝴蝶图案为例进行说明。

Step 01 新建一个文件，绘制一个椭圆选区，并填充红色，如图 3-24 左图所示。

Step 02 按【Ctrl+T】组合键显示自由变形框，将变形框中间的旋转支点移至控制框外，
如图 3-24 中图所示，然后在工具属性栏中将"旋转角度"设置为 30°，如图
3-24 右图所示。

经验之谈

当图像窗口出现自由变形框后，在工具属性栏中可以设置缩放比例、
旋转、斜切的角度等，这种方法比手动调整的更精确。

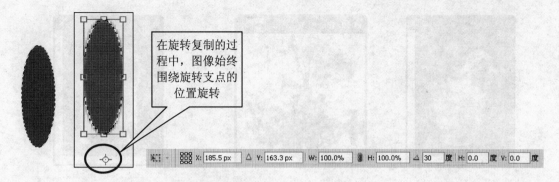

在旋转复制的过程中，图像始终围绕旋转支点的位置旋转

图 3-24 绘制图形并对其执行自由变换命令

Step 03 连续按两次【Enter】键确认操作，选区内的图像被旋转，自由变形框消失，如图 3-25 所示。

Step 04 按住【Ctrl+Shift+Alt】组合键的同时，连续多次按【T】键即可旋转复制图像，最后取消选区，得到了一朵花的形状，如图 3-26 所示。

Step 05 用椭圆选框工具在花的中央绘制一个圆形选区，然后填充黄色（＃f9f119），一朵太阳花就制作好了，如图 3-27 所示。

图 3-25 旋转图像

图 3-26 旋转复制

图 3-27 绘制选区并填色

经验之谈

如果用户在工具属性栏中设置水平缩放、垂直缩放等参数，可得到多种复制效果。

3.2.3 变形图像——青花瓷水壶

利用"变形"命令，用户可通过拖移变形网格中的控制点和控制柄来变换图像的形状，从而得到各种自然逼真的变形效果，下面以制作青花瓷水壶为例说明该命令的使用方法。

Step 01 打开本书配套素材"Ph3"文件夹中的"09.jpg"和"10.jpg"图像文件，如图 3-28 所示。

Step 02 利用"移动工具"将"10.jpg"文件窗口中的国画拖至"09.jpg"图像窗口中。按【Ctrl+T】组合键，显示自由变形框，按住【Shift】键，拖动变形框的拐角控制点，成比例缩小国画至瓷瓶肚大小，如图 3-29 所示。

图 3-28　素材图片　　　　　　　　　　　　　图 3-29　拖入图片并调整大小

Step 03 选择"编辑">"变换">"变形"菜单或在变形框内单击右键，在打开的快捷
菜单中选择"变形"项，此时变形框转变成了图 3-30 右图所示的变形网格。

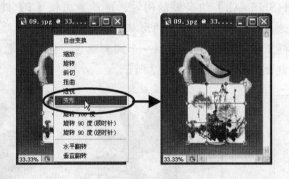

图 3-30　选择"变形"命令

Step 04 将光标移至变形网格角点位置上，按下鼠标左键并拖动，可改变控制点的位置，
如图 3-31 左图所示。将光标移至角点控制柄上，按下鼠标左键并拖动鼠标，改
变控制柄的长度和角度，以使国画适合瓶身的弧度，如图 3-31 右图所示。

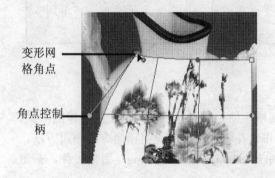 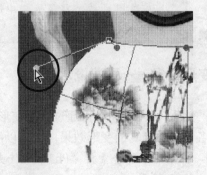

变形网
格角点

角点控制
柄

图 3-31　调整变形网格

Step 05 继续调整变形网格中的其他控制点和控制柄，以使国画的形状与瓶身相吻合，
如图 3-32 所示。调整至满意效果后，按【Enter】键确认变形操作。

Step 06 为了使贴图效果更加自然，按【F7】键，打开"图层"调板，然后设置国画所

在 "图层 1" 的混合模式为 "正片叠底"，其最终效果如图 3-33 右图所示。

图 3-32　调整变形框形状　　　　　　　图 3-33　设置图层混合模式

执行 "变形" 命令后，单击属性栏中 "变形" 右侧的 ✓ 按钮（参见图 3-34），在显示的样式列表中可以选择 Photoshop 内置的变形样式，并能设置相应参数，效果如图 3-35 所示。

图 3-34　变形工具属性栏

下弧　　　　　　拱型　　　　　　花冠　　　　　　鱼形　　　　　　挤压

图 3-35　变形图像效果

3.3　调整图像和画布大小

在设计作品时，通过改变图像的分辨率或画布的大小，可以满足用户设计的需要。

3.3.1　调整图像大小与分辨率

在 Photoshop 中，利用 "图像大小" 命令可以调整图像的大小和分辨率，这样不仅有利于节省磁盘空间，还可以更好地输出图像。

Step 01　打开本书配套素材 "Ph3" 文件夹中的 "11.jpg" 图像文件，如图 3-36 左图所示，选择 "图像" > "图像大小" 菜单，打开 "图像大小" 对话框。

Step 02　在 "图像大小" 对话框中，将 "文档大小" 的宽度设置为 15 厘米，高度设为 21 厘米，"分辨率" 设置为 300 像素/英寸，如图 3-36 右图所示。在对话框的上方可看到图像大小也由之前的 27.5M 减小到 12.6M，单击"确定"按钮关闭对话框即可改变图像的大小与分辨率。

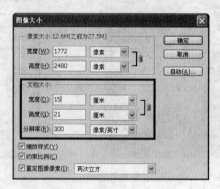

图 3-36   素材图像和"图像大小"对话框

"图像大小"对话框中各重要选项的意义如下。

➤ **"像素大小"设置区**：显示图像的宽度和高度，它决定图像在屏幕上的显示尺寸。

➤ **"文档大小"设置区**：用来决定图像输出打印时的实际尺寸和分辨率大小。

➤ **"缩放样式"复选框**：如果图像中包含应用了样式的图层，则选中该复选框后，在调整图像大小的同时将缩放样式，以免改变图像效果。只有在选中"约束比例"复选框后，该复选框才被激活。

➤ **"约束比例"复选框**：选中该复选框时，"宽度"和"高度"选项后将出现圈标志，表示系统将图像的长宽比例锁定。当修改其中的某一项时，系统会自动更改另一项，使图像的比例保持不变。

➤ **"重定图像像素"复选框**：若选中该复选框，更改图像的分辨率时图像的显示尺寸会相应改变，而打印尺寸不变；若取消该复选框，更改图像的分辨率时图像的打印尺寸会相应改变，而显示尺寸不变。

"图像大小"命令只适用于将大图改小，而不能将小图改大。如果小图被改大，图像将会变得模糊不清，进而影响输出质量。

3.3.2 调整画布大小

利用"画布大小"命令，可以裁剪图像或在图像的四边增加空白区。画布大小的改变不会影响图像的分辨率。

Step 01 打开本书配套素材"Ph3"文件夹中的"13.jpg"图像文件，如图 3-37 左图所示。

Step 02 选择"图像" > "画布大小"菜单，打开"画布大小"对话框，单击定位区左上角的方块，然后将画布"宽度"重新设置为 6 厘米，"高度"设置为 4.8 厘米，单击"确定"按钮，如图 3-37 中图所示。

Step 03 由于设置的尺寸小于原尺寸，因此，单击"确定"按钮后，系统会弹出警告对话框，询问是否裁切图像，单击"继续"按钮，可将图像的右侧和底边裁剪掉，效果如图 3-37 右图所示。

如果设置的尺寸大于原尺寸，则在图像四周增加空白区。默认情况下背景层的扩展部分将以当前背景色填充，其他层的扩展部分变为透明区。

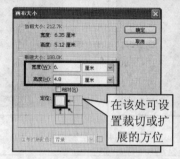

在该处可设置裁切或扩展的方位

图 3-37 裁切图片

Step 04 将背景色设置为白色。重新打开"画布大小"对话框，单击定位区左上角的方块，然后将"宽度"设置为 6.1 厘米，"高度"设置为 4.91 厘米，如图 3-38 左图所示，单击"确定"按钮后，将在图像的右侧和底边向外扩展增加空白区，并在空白区填充背景色（白色），如图 3-38 所示。

Step 05 将背景色设置为黑色，然后参照 Step 04 的操作方法，在图像的四周增加空白区，并在空白区填充黑色，参数设置及其效果如图 3-39 所示。

图 3-38 在图像的右侧和底边增加空白区   图 3-39 在图像的四边增加空白区

图像尺寸和画布尺寸是两个不同的概念。默认情况下，这两个尺寸是相等的。调整图像尺寸时，图像会被相应放大或缩小；改变画布尺寸时，图像本身不会被缩放，而是按照裁定位进行裁切或扩展画布边缘。

3.3.3 利用裁剪工具裁切图像

尽管用户可以通过设置画布大小来裁切图像，但这种方式不太直观，我们可以用"裁剪工具" 来对图像进行任意的裁切。

Step 01 打开本书配套素材"Ph3"文件夹中的"14.jpg"图像文件。在工具箱中选择"裁剪工具" ，在图像中按住鼠标左键不放并拖动绘制裁剪区域，释放鼠标左键后，将出现一个裁剪框，裁剪框外是将被裁剪掉的图像区域，如图 3-40 所示。

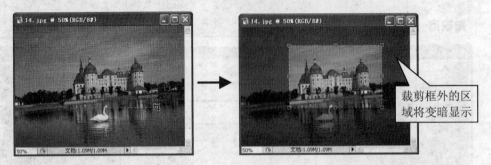

裁剪框外的区域将变暗显示

图 3-40　绘制裁剪框

经验之谈　　若在绘制裁剪区域的同时按住【Shift】键，可定义正方形裁剪区域；若按住【Alt】键，可定义以开始点为中心的裁剪区域；若同时按住【Shift+Alt】组合键，则可定义以开始点为中心的正方形裁剪区域。

Step 02　我们可以对裁剪框执行移动、缩放、旋转或移动旋转支点等操作，方法与自由变化图像相同。本例我们将对裁剪框进行适当的旋转和缩放，如图 3-41 所示。

Step 03　裁剪区域定义好后，按【Enter】键，或者选择"图像" > "裁剪"菜单，或者单击工具箱中的"裁剪工具" 均可执行裁剪操作，效果如图 3-42 所示。

图 3-41　旋转裁剪框　　　　　　　　　图 3-42　执行裁剪操作

经验之谈　　绘制好裁剪框后，若希望取消裁剪，可按【Esc】键。此外，除了利用拖动方式绘制裁剪框外，选择"裁剪工具" 后，用户还可在其属性栏中指定长宽数值精确裁剪图像，并可修改裁剪区域的分辨率，如图 3-43 所示。

输入数值可设置裁剪　　设置裁剪区域的分辨率　　设置裁剪区域的单位
区域的宽度和高度

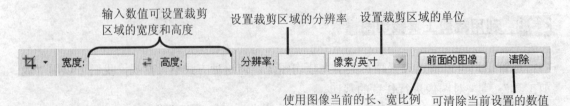

使用图像当前的长、宽比例　　可清除当前设置的数值

图 3-43　"裁剪工具"属性栏

3.3.4　旋转与翻转画布

通过选择"图像">"旋转画布"菜单中的各子菜单项，可以将画布分别作"180 度"旋转、"顺时针 90 度"旋转、"逆时针 90 度"旋转、"任意角度"旋转、"水平翻转"和"垂直翻转"。图 3-44 所示为将画布顺时针旋转 45 度后的效果。用户可打开本书配套素材"Ph3"文件夹中的"16.psd"图像文件进行操作。

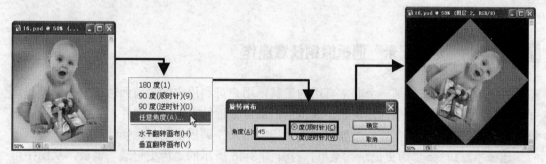

图 3-44　旋转画布

"旋转画布"命令与前面讲过的"变换"命令有所不同，前者是针对整个图像旋转，而后者只对当前图层或选区内的图像旋转。此外，旋转画布后，其留下来的空白区域将被当前背景色填充。

3.4　操作的重复与撤销

由于图像处理是一项实践性很强的工作，因此，用户在进行图像处理时，可能经常要撤销或重复已执行过的操作，本节将对撤销和重复操作的方法进行介绍。

3.4.1　利用"编辑"菜单撤销单步或多步操作

在 Photoshop 中，对图像执行操作前、操作后的编辑菜单变化情况如图 3-45 所示，用户可执行其中的相关命令来撤销单步、多步操作或重做撤销的操作。

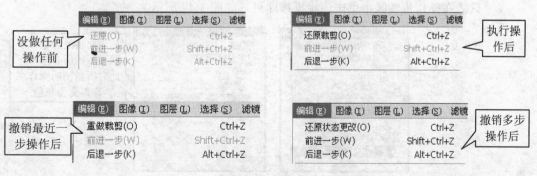

图 3-45　在编辑菜单中撤销单步或多步操作

> ➢ 单击"还原+操作名称"菜单或按【Ctrl+Z】组合键可撤销刚执行过的操作，此时菜单项变为"重做+操作名称"。
> ➢ 单击"重做+操作名称"菜单或按【Ctrl+Z】组合键则取消的操作又被恢复。
> ➢ 若要逐步撤销前面执行的多步操作，可选择"编辑"＞"后退一步"菜单，或按【Alt+Ctrl+Z】组合键。
> ➢ 若要逐步恢复被撤销的操作,可选择"编辑"＞"前进一步"菜单,或按【Shift+Ctrl+Z】组合键。

3.4.2 利用"历史记录"调板撤销任意操作

"历史记录"调板是一个非常有用的工具，用户可利用它撤销前面进行的任意操作，并可为当前图像处理结果创建快照，或将当前图像处理结果保存为文件，还可设置历史记录画笔的源。本节我们主要介绍如何利用"历史记录"调板撤销任意操作。

选择"窗口"＞"历史记录"菜单，打开图 3-46 所示的"历史记录"调板，从图中可知，调板操作列表中记录了打开图像后进行的所有操作：

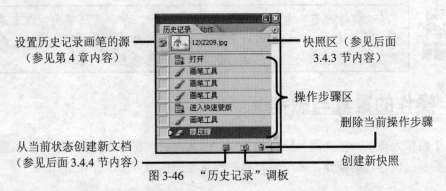

图 3-46 "历史记录"调板

> ➢ **撤销打开图像后的所有操作**：当用户打开一个图像文件后，系统将自动把该图像文件的初始状态记录在快照区中，用户只需单击该快照，即可撤销打开文件后所执行的全部操作。
> ➢ **撤销指定步骤后所执行的系列操作**：要撤销指定步骤后所执行的系列操作，用户只需在操作步骤区中单击该步操作即可，如图 3-47 所示。

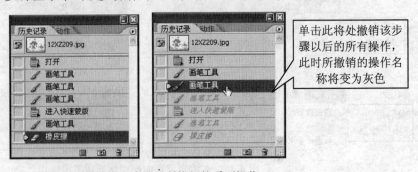

图 3-47 撤销指定步骤后所执行的系列操作

➤ **恢复被撤销的步骤：** 如果撤销了某些步骤，而且还未执行其他操作，则还可恢复被撤销的步骤，此时只需在操作步骤区单击要恢复的操作步骤即可。

3.4.3 利用"快照"暂存图像处理状态

由于在"历史记录"调板中最多只能保存 20 步操作，如果操作较多的话，将导致某些操作无法撤销。为此，可以利用"快照"功能将图像的当前处理状态暂存为快照。

Step 01 打开一幅图像，并执行多步操作，然后单击"历史记录"调板底部的"创建新快照"按钮📷，系统将创建"快照 1"，并将其放在"历史记录"调板上方的快照区，如图 3-48 所示。

Step 02 在对图像执行了其他操作后，如果希望将其恢复为创建快照时的状态，只需单击快照名称即可。

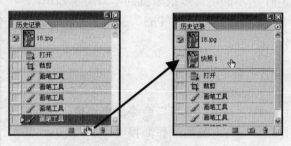

图 3-48　创建快照

3.4.4 为某个状态的图像创建新文件

由于快照只是保存在内存中，关闭文件后其便会消失。因此，如果希望永久保存图像的某些处理状态，可利用"历史记录"调板将其创建为新图像文件。

Step 01 在"历史记录"调板中选定某个操作步骤，单击调板中的"从当前状态创建新文档"按钮🗋（如图 3-49 左图所示），则系统将以该步骤的名称创建新图像文件，并打开一个新的图像窗口，如图 3-49 右图所示。

Step 02 用户可通过选择"文件"菜单中的"存储"或"存储为"命令，将创建的新图像文件保存起来备用。

3.4.5 从磁盘上恢复图像和清理内存

➤ **恢复图像：** 如果用户在处理图像时，中间曾经保存过图像，且其后又进行了其他处理，则选择"文件">"恢复"菜单，可让系统从磁盘上恢复最近保存的图像。

➤ **清理内存：** 由于 Photoshop 在处理图像时要保存大量的中间数据，所以会减慢计算机处理图像的速度。为此，可选择"编辑">"清理"菜单中的选项（如图 3-50 所示）来清理剪贴板中的数据、历史记录或全部操作。

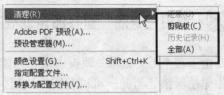

图 3-49　将图像的处理状态保存为新图像　　　　　　图 3-50　"清理"子菜单

综合实例——制作电影海报

下面通过制作图 3-51 所示的电影海报来巩固本章所学知识，本例最终效果文件请参考本书配套素材"Ph3"文件夹中的"电影海报.psd"图像文件。

制作思路

首先打开素材图片，然后利用"变形"命令变形图像，接着使用自由变换命令制作立体魔方，最后制作海报文字。

图 3-51　最终效果

制作步骤

Step 01　打开本书配套素材"Ph3"文件夹中的"19.jpg"和"20.jpg"图像文件，如图 3-52 所示。

Step 02　将"20.jpg"图像文件置为当前窗口，然后利用"移动工具" 将图像移至"19.jpg"图像窗口中，如图 3-53 所示。

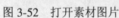

图 3-52　打开素材图片　　　　　　　　　　图 3-53　移动图像

Step 03　选择"编辑">"变换">"变形"菜单，显示变形网格，然后在工具属性栏中单击"变形"右侧的下拉按钮 ，从弹出的变形样式列表中选择"增加"，并设置"弯曲"为 90，"水平扭曲"（即 H）为 50，如图 3-54 所示。

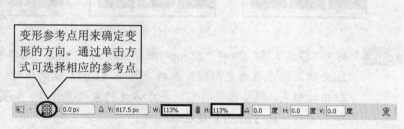

图 3-54　变形属性栏

Step 04　将光标放置在变形框内，然后按住鼠标左键并拖动，调整图像的位置，得到图 3-55 所示的效果。

Step 05　单击工具属性栏右侧的按钮，切换到变换状态，然后设置"参考点位置"为左下角，设置"水平缩放"和"垂直缩放"均为 113%，如图 3-56 所示。

变形参考点用来确定变形的方向。通过单击方式可选择相应的参考点

图 3-55　调整图像的位置　　　　　图 3-56　利用工具属性栏缩放图像

Step 06　对变形效果满意后，按【Enter】键确认操作，得到图 3-57 右图所示的效果。

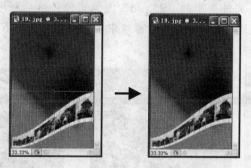

图 3-57　缩放图像

Step 07　打开"Ph3"文件夹中的"21.psd"图像文件，然后利用"移动工具"将其中的立方体图像拖至"19.jpg"图像窗口中，并放置于图 3-58 右图所示位置。

图 3-58　打开素材图片并移动图像

Step 08 打开 "Ph3" 文件夹中的 "22.jpg"、"23.jpg" 和 "24.jpg" 图像文件, 分别如图 3-59 所示。

 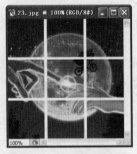 

图 3-59 打开素材图片

Step 09 利用 "移动工具" 将 "22.jpg" 图像拖拽到 "19.jpg" 图像窗口中, 按【Ctrl+T】组合键, 显示自由变形框, 然后在按住【Ctrl】键的同时, 拖拽变形框的四个拐角控制点, 调整图像的形状与立方体的左侧面相符, 如图 3-60 左图所示。调整满意后, 按【Enter】键确认操作。

Step 10 将 "23.jpg" 和 "24.jpg" 图像拖拽到 "19.jpg" 图像窗口中, 并分别执行扭曲变形操作, 将图像形状调整为与立方体的其他两面形状相符, 如图 3-60 右图所示。

Step 11 打开 "Ph3" 文件夹中的 "25.psd" 图像文件, 然后利用 "移动工具" 将其中的文字拖拽到 "19.jpg" 图像窗口中, 并放置于图 3-61 右图所示位置。至此, 一幅电影海报就制作完成了。

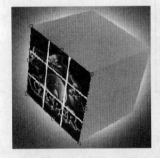   

图 3-60 扭曲变换图像   图 3-61 打开素材图片并组合图像

本章小结

本章重点介绍了图像的基本编辑方法, 如移动、复制、删除图像的方法, 以及 "合并拷贝" 和 "贴入" 命令的用法; 还介绍了图像和画布大小的调整方法以及撤销和还原图像编辑等操作。本章内容比较简单, 且均为 Photoshop 中最常用的功能, 因此, 用户需要熟练掌握它们, 才能更好地学习和理解后面的内容。

思考与练习

一、填空题

1．利用"移动工具" 移动图像时，按住_____键，可以使图像沿水平、垂直或 45°方向移动；移动的同时，按住_____键，可以快速复制图像。

2．在背景图层上移动选区内的图像时，图像的原位置将填充_____。

3．按_____组合键，可以将当前图层或选区内的图像复制到新图层。

4．利用"贴入"命令，只能将图像粘贴到_____内。

二、选择题

1．"合并拷贝"命令的作用是把选区内（　　　）的内容复制到剪贴板。

  A．所有图层　 B．当前图层　 C．链接图层　 D．所选图层

2．按（　　　）组合键，可以对选区内的图像或非背景层自由变形。

  A．【Alt+T】　 B．【Ctrl+T】　 C．【Ctrl+M】　 D．【Alt+M】

3．进行变形操作后，按住（　　　）组合键的同时，连续多次按（　　　）键即可旋转复制图像。

  A．【Ctrl+Shift+Alt】　 B．【Ctrl+T】　 C．【Ctrl+M】　 D．【T】

4．利用（　　　）命令，可通过拖动变形网格中的控制点和控制柄来改变图像的形状。

  A．变形　 B．自由变换　 C．自由变形　 D．变换

5．若要逐步撤销前面执行的多步操作，可按（　　　）组合键。

  A．【Alt+Ctrl+Z】　 B．【Alt+ Z】　 C．【Ctrl+Z】　 D．【Shift+Ctrl+Z】

三、操作题

打开本书配套素材"Ph3"文件夹中的"26.jpg"和"27.jpg"图像文件，将"27.jpg"图像拖入到"26.jpg"图像文件窗口中，并根据包装袋形状变形卡通图像，然后在"图层"调板中设置卡通图像所在图层的不透明度为90%，得到图3-62右图所示的效果。

图 3-62　更换背景效果

第4章

绘制与修饰图像

章前导读

　　Photoshop CS2 提供了大量的绘画与修饰工具，如"画笔工具"、"仿制图章工具"和"修复画笔工具"等，利用这些工具不仅可以绘制图形，还可以修饰或修复图像，从而制作出一些特殊的艺术效果或修复图像中存在的缺陷。

4.1　绘制图像与设置绘画工具的典型属性

　　利用 Photoshop 工具箱中的"画笔工具" 、"铅笔工具" 和"颜色替换工具" （参见图 4-1）等工具可以绘制出所需图像或替换图像颜色。此外，这些工具都拥有一些共同的属性，如笔刷选择、色彩混合模式和不透明度等，通过调整这些属性，可以使绘画效果更好。

图 4-1　图像绘制工具

4.1.1　使用画笔和铅笔工具——绘制卡通树

　　利用"画笔工具" 可以绘制出柔和的线条或图案，其使用方法也很有代表性，一般绘图和修图工具的用法都和它相似。利用"铅笔工具" 可以模拟铅笔的绘画风格，绘制一些无边缘发散效果的线条。下面以绘制卡通树为例说明这两个工具的使用方法。

Step 01　打开本书配套素材 "Ph4" 文件夹中的 "01.psd" 图像文件，如图 4-2 左图所示。

Step 02　首先绘制树头，设置前景色为深绿色（#2b893a），背景色为咖啡色（#82480f）。

选择工具箱中的"画笔工具" 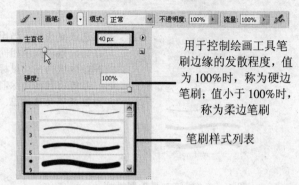，在工具属性栏中单击画笔右侧的下拉三角按钮 ，在弹出的"画笔预设"选取器设置笔刷"主直径"为40，"硬度"为100%，其他属性保持默认，如图4-2右图所示。

在文本框输入数值或拖动滑块可调整笔刷大小

用于控制绘画工具笔刷边缘的发散程度，值为100%时，称为硬边笔刷；值小于100%时，称为柔边笔刷

笔刷样式列表

图4-2 素材图片与"画笔工具"属性栏

- ➤ **画笔**：单击右侧的下拉三角按钮 ，可在"画笔预设"选取器中选择所需的笔刷样式，设置合适的笔刷硬度和大小。
- ➤ **模式**：该选项用于设置当前选定的绘画颜色如何与图像原有的底色进行混合。用户可在"模式"下拉列表中选择所需的模式。
- ➤ **不透明度**：单击其后的 按钮，通过拖动滑块或直接输入数值可设置画笔颜色的不透明度。数值越小，不透明度越低。
- ➤ **流量**：用于设置画笔的流动速度，值越小，所绘线条越细。
- ➤ **"喷枪"按钮**：按下该按钮，可使画笔具有喷涂功能。

Step 03 笔刷属性设置好后，将光标移至图像窗口中，按下鼠标左键并拖动，使用前景色绘画，释放鼠标后，得到图4-3左图所示的绘画效果。继续使用"画笔工具" 进行绘画，得到图4-3右图所示效果。

图4-3 利用"画笔工具"进行绘画

Step 04 下面绘制树干，按【X】键，切换前、背景色。选择"铅笔工具" ，在其工具属性栏中单击画笔右侧的下拉三角按钮 ，然后在"画笔预设"选取器中设置笔刷"主直径"为20，"硬度"为100%，其他属性保持默认，如图4-4所示。

Step 05 "铅笔工具" ✐ 工具的用法与 "画笔工具" ✎ 相似，将光标移至树头下方，按下鼠标左键并拖动鼠标，使用前景色绘制树干，如图 4-5 所示。

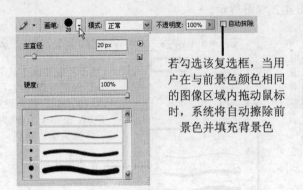

若勾选该复选框，当用户在与前景色颜色相同的图像区域内拖动鼠标时，系统将自动擦除前景色并填充背景色

图 4-4　"铅笔工具" 属性栏　　　　　　　　图 4-5　绘制树干

Step 06 继续使用 "铅笔工具" ✐ 绘制树枝，如图 4-6 所示。

Step 07 将前景色设置为浅绿色（#6eba2c），利用 "铅笔工具" ✐ 在树头上单击，绘制圆点作为果实，绘制时可设置不同的笔刷主直径，效果如图 4-7 所示。

图 4-6　绘制树枝　　　　　　　　　　　图 4-7　绘制果实

Step 08 按【F7】键，打开 "图层" 调板，按住【Ctrl】键的同时，单击 "图层 1" 的缩览图，生成大树的选区，然后将大树图像复制出两份，适当缩放并分别放置于图 4-8 右图所示位置。

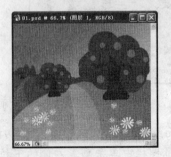

图 4-8　复制大树

使用"画笔工具" 和"铅笔工具" 绘制图像时应注意以下几点：

> 绘画时使用的颜色为前景色。

> 若单击鼠标确定绘制起点后，按住【Shift】键再拖动鼠标，可画出一条直线。

> 若按住【Shift】键反复单击，可自动画出首尾相连的折线。

> 按住【Ctrl】键，可暂时将这两个工具切换为"移动工具"。

> 按住【Alt】键，可暂时将这两个工具切换为吸管工具。

> 在英文输入法状态下分别按【[】和【]】键可减小或增大笔刷的主直径。

4.1.2　使用颜色替换工具——改变帽子颜色

利用"颜色替换工具"可以在保留图像纹理和阴影不变的情况下，快速改变图像任意区域的颜色。要使用该工具编辑图像，应先设置合适的前景色，然后在指定的图像区域进行涂抹即可。下面以改变儿童的帽子颜色为例进行说明。

Step 01　打开本书配套素材"Ph4"文件夹中的"02.jpg"图像文件，然后利用"磁性套索工具"制作帽子的选区，如图4-9所示。

Step 02　设置前景色为红色（#e60a0a），选择工具箱中的"颜色替换工具"，然后在工具属性栏中设置"画笔"大小为175，"模式"为"颜色"，"容差"为30%，其他属性保持默认，如图4-10所示。

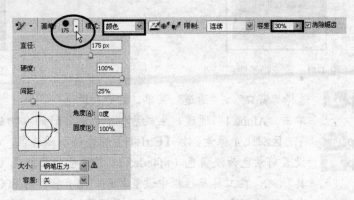

图4-9　制作帽子选区　　　　　　　　图4-10　"颜色替换工具"属性栏

> **"模式"**：该下拉列表包含"色相"、"饱和度"、"颜色"和"明度"4种混合模式供用户选择，默认为"颜色"。

> **取样按钮**：单击"连续"按钮可在拖动鼠标时连续对颜色取样；单击"一次"按钮表示只替换与第一次单击处颜色相似的区域；单击"背景色板"按钮表示只替换与当前背景色相似的颜色区域。

> **"限制"选项**：选择"连续"表示将替换与紧挨在光标下颜色相近的区域；选择"不连续"表示将替换出现在光标下任何位置的样本颜色；选择"查找边缘"表示将替换包含样本颜色的连接区域，同时更好地保留形状边缘的锐化程度。

➢ **"容差"选项:** 用户可通过在编辑框内输入数值,或拖动滑块来调整容差大小, 其范围为 1%~100%。其值越大,可替换的颜色范围就越大。

Step 03 参数设置好后,利用"颜色替换工具" 在选区内涂抹,操作完成后,按【Ctrl+D】 组合键取消选区。可看到帽子的颜色由蓝色变成了红色,如图 4-11 所示。

4.1.3 设置画笔混合模式和不透明度——美白皮肤

在利用绘画和修饰工具编辑图像时,通过设置笔刷的混合模式和不透明度,可以制作 一些特殊的图像效果,下面通过一个实例来进行说明。

Step 01 打开本书配套素材 "Ph4" 文件夹中的 "03.tif" 图像文件,如图 4-12 所示。下 面,我们将首先设置"画笔工具" 的混合模式和不透明度,然后利用"画笔 工具" 编辑人物图像,使人物的皮肤变白,并为人物涂上唇膏。

图 4-11 改变帽子颜色

图 4-12 打开素材图像

Step 02 选择"窗口">"通道"菜单,打开"通道"调板,然后按住【Ctrl】键的同时, 单击"Alpha 1"通道,生成素材中已制作好的人物皮肤选区,如图 4-13 所示。

Step 03 将选区羽化 1 像素,按【Ctrl+H】组合键隐藏选区,以方便查看美白皮肤效果。

Step 04 设置前景色为淡黄色(#f4ede5),背景色为品红色(#db5097)。选择"画笔工 具" ,在工具属性栏中设置笔刷"主直径"为 800 像素的柔边笔刷,在"模 式"下拉列表中选择"叠加",并设置"不透明度"为 25%,如图 4-14 所示。

图 4-13 利用"通道"调板制作人物皮肤选区

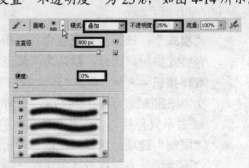

图 4-14 设置"画笔工具"属性

Step 05　笔刷属性设置好后，利用"画笔工具" 🖊 在人物皮肤上涂抹，使人物皮肤变白些，如图 4-15 右图所示。涂抹时，尽量一次性完成，不要反复涂抹。否则，人物的面部轮廓细节就会丢失，使图像失真。

Step 06　按住【Ctrl】键的同时，单击"通道"调板中的"Alpha 2"通道，生成素材中提供的人物嘴唇的选区(参见 4-16 左图)，然后将选区羽化 1 像素，并按【Ctrl+H】组合键隐藏选区。

Step 07　按【X】键，切换前、背景色。选择"画笔工具" 🖊，然后在人物的嘴唇上单击鼠标，得到图 4-16 右图所示效果。最后按【Ctrl+D】组合键取消选区，人物的嘴唇就被涂上了唇膏。

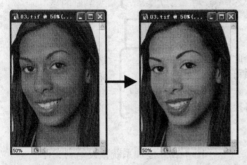

图 4-15　美白皮肤前后对比效果

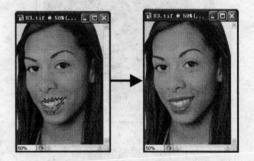

图 4-16　创建嘴唇选区并为其上色

4.1.4　笔刷的选择与设置——制作圣诞卡

利用绘画工具编辑图像时，我们除了可以利用工具属性栏选择笔刷样式，设置笔刷大小、混合模式、不透明度等基本属性外，还可以利用"画笔"调板设置笔刷的特殊属性，如形状动态、散布和纹理等。下面以制作圣诞卡为例进行说明。

Step 01　打开本书配套素材"Ph4"文件夹中的"04.psd"图像文件，如图 4-17 所示。

Step 02　首先制作雪花效果。分别将前景色和背景色设为白色和黄色(# fff100)。选择"画笔工具" 🖊，单击工具属性栏"画笔"右侧的下拉三角按钮 ▼，在弹出的"画笔预设"选取器中选择"绒毛球"样式，如图 4-18 所示。

图 4-17　打开素材图片

可向下拖动该滚动条显示更多的样式

图 4-18　"画笔工具"属性栏

Step 03　笔刷属性设置好后，在图像窗口的不同位置单击鼠标，绘制绒毛球图案，如图

4-19 所示。这里要注意，绘制不同线毛球图案时，需设置不同的笔刷大小。

Step 04 单击 "画笔预设" 选取器右上角的圆形三角按钮 ▶，在弹出的菜单中选择 "混合画笔"，如图 4-20 所示。此时将弹出图 4-21 所示的提示对话框，单击 "追加" 按钮，将 "混合画笔" 样式添加到 "画笔预设" 选取器笔刷样式列表的下方。

Step 05 在 "画笔预设" 选取器中的笔刷样式列表中选择 "星形-大"，如图 4-22 所示。

图 4-19　绘制绒毛球图案

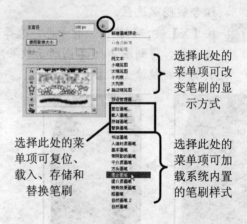

选择此处的菜单项可改变笔刷的显示方式

选择此处的菜单项可复位、载入、存储和替换笔刷

选择此处的菜单项可加载系统内置的笔刷样式

图 4-20　追加系统预设笔刷文件

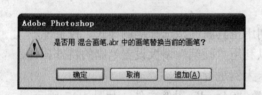

图 4-21　追加笔刷文件提示框

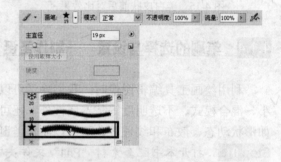

图 4-22　选择笔刷样式

Step 06 单击 "画笔工具" ✎ 属性栏右侧的 "切换画笔调板" 按钮 🗐，或按【F5】键，打开 "画笔" 调板。在调板左侧列表中单击 "画笔笔尖形状" 选项，然后在右侧参数设置区设置 "直径" 为 30 像素，"间距" 为 100%，如图 4-23 左图所示。

➢ **笔刷列表：** 从中可以选择需要的笔刷，与利用工具属性栏选择相同。

➢ **直径：** 用于定义笔刷的大小，其值在 1～2500 像素之间。

➢ **角度：** 用于设置笔刷的旋转角度。

➢ **圆度：** 用于控制笔刷的长短轴比例，以制作椭圆形笔刷。

➢ **硬度：** 用于控制笔刷边界的柔和程度。值越大，笔刷边缘越清晰；值越小，笔刷边缘越柔和。

➢ **间距：** 用于控制绘制线条时两个笔刷点之间的中心距离，取值范围为 1%～100%。值越大，线条断续效果越明显。

Step 07　单击"画笔"调板左侧列表中的"形状动态"，在右侧参数设置区中设置"大小抖动"为 50%，"最小直径"为 30%，"角度抖动"为 100%，并设置角度抖动"控制"为"渐隐"，渐隐值为 10，"圆度抖动"为 5%，"最小圆度"为 25%，其他参数保持默认，如图 4-23 中图所示。

> **大小抖动**：通过调整该参数，可绘制大小不一样的笔刷效果，0% 表示无变化。如果在其下方的"控制"下拉列表中选择"渐隐"，可设置笔刷的渐隐效果。
> **角度抖动**：通过调整该参数，可绘制旋转角度不一样的笔刷效果，0% 表示无变化。
> **圆度抖动**：通过调整该参数，可绘制长短轴比例不一样的笔刷效果。

Step 08　单击"画笔"调板左侧列表中的"散布"，在右侧参数设置区中勾选"两轴"复选框，并设置散布值为 400%，设置"控制"为"渐隐"，渐隐值为 25，设置"数量"为 1，设置"数量抖动"为 0%，其他参数保持默认，如图 4-23 右图所示。

> **散布**：用于控制绘制时笔刷的分布方式，值越大，分散效果越明显。当勾选"两轴"时，画笔笔尖同时在水平和垂直方向上分散。不勾选"两轴"，则画笔笔尖只在垂直于绘制的方向上发散。
> **数量**：用于控制笔刷的数量，值越大，笔刷之间的密度越大。
> **数量抖动**：通过调整该参数，可绘制密度不一样的笔刷效果。

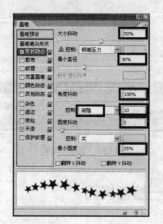

图 4-23　设置画笔笔尖形状、形状动态和散布属性

Step 09　单击"画笔"调板左侧列表中的"颜色动态"，在右侧参数设置区中将"前景/背景抖动"设置为 30%，"饱和度抖动"设置为 25%，"亮度抖动"设置为 40%，其他参数保持默认，如图 4-24 所示。

> **前景/背景抖动**：设置所绘图形的颜色是从前景色过渡到背景色，还是保持前景色不变，设置为 0% 时保持前景色不变。
> **其他抖动**：设置所绘图形的颜色在色相、饱和度、亮度、纯度方面的过渡效果。

Step 10　笔刷的属性设置好后，利用"画笔工具" ✎ 在图像窗口中拖动绘制星星，如图 4-25 所示。

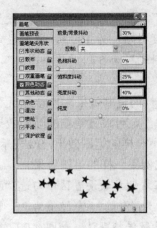

图 4-24 设置笔刷的颜色动态属性　　　　　　　图 4-25 绘制星星

Step 11　在"画笔预设"选取器中单击"从此画笔创建新的预设"按钮，打开"画笔名称"对话框，在对话框中输入画笔的名称，如图 4-26 中图所示。单击"确定"按钮，则新建的笔刷将被放在笔刷列表的最下面，如图 4-26 右图所示。

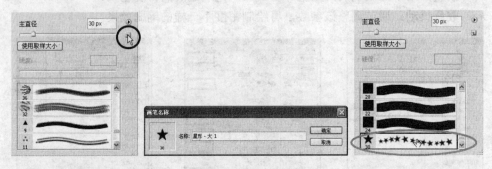

图 4-26 新建画笔

4.1.5 自定义和保存画笔——绘制梅花

　　在 Photoshop 中，用户可将任意形状的选区图像定义为笔刷。由于笔刷中不保存图像的色彩，因此，自定义的笔刷均为灰度图。下面以绘制梅花为例说明自定义画笔的方法。

Step 01　打开本书配套素材"Ph4"文件夹中的"05.psd"和"06.jpg"图像文件，将"06.jpg"图像文件置为当前窗口，并将准备自定义为笔刷的图案制作成选区，如图 4-27 所示。

Step 02　选择"编辑" > "定义画笔预设"菜单，打开"画笔名称"对话框，输入画笔的名称，如图 4-28 所示。单击"确定"按钮，自定义的画笔自动出现在笔刷列表的最下面，如图 4-29 所示。

Step 03　我们可像使用系统内置的笔刷一样使用自定义的笔刷。例如，将前景色设置为红色（#e60011），选择"画笔工具"，打开"画笔"调板并做图 4-30 所示设置，然后在"05.psd"图像中随意单击，绘制梅花图案，效果如图 4-31 所示。

  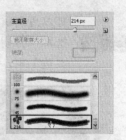

图 4-27　选中花朵　　　　图 4-28　"画笔名称"对话框　　　图 4-29　笔刷样式列表中的新画笔

图 4-30　设置画笔属性

4.2　修复与修补图像

Photoshop CS2 提供了一些用于修复与修补图像的工具，如"仿制图章工具"、"图案图章工具"、"修复画笔工具"、"污点修复画笔工具"、"修补工具"等，利用它们可以轻松地清除图像上的杂质、刮痕和褶皱，还可以制作艺术化效果。

梅花直径部分为30，部分为50

图 4-31　绘制梅花

4.2.1　使用图章工具组

图章工具组包括"仿制图章工具" 🖈和"图案图章工具" 🖈，下面分别介绍。

1.　仿制图章工具——去除相片中的多余文字

利用"仿制图章工具" 🖈可将一幅图像的全部或部分复制到同一幅图像或另一幅图像中。该工具通常用来去除照片中的污渍、杂点或进行图像合成等，下面以去除图片中多余的文字为例说明其用法。

Step 01　打开本书配套素材"Ph4"文件夹中的"07.jpg"图像文件，如图 4-32 左图所示，可以看到该图片上有多余的文字，本例的目标就是不留痕迹地去除这些文字。

Step 02 选择"仿制图章工具" ，在工具属性栏中设置笔刷"主直径"为 15 像素的柔边笔刷，其他参数保持默认，如图 4-32 右图所示。

默认状态下，该复选框被选中，表示在复制图像时，无论中间执行了什么操作，均可随时接着前面所复制的同一幅图像继续复制。若取消该复选框，表示将从初始取样点复制，而每次单击都被认为是另一次复制

选中该复选框表示将从所有可见图层中的图像进行取样；若取消选择该复选框，则只对当前图层中的图像进行取样

图 4-32　素材图像与"仿制图章工具"属性栏

Step 03 将图像放大显示，按住【Alt】键，将光标移至文字周围的区域，当其变成⊕状时单击鼠标确定参考点（取样点），然后文字上按住鼠标左键涂抹，此时参考点的图像被复制过来，并将文字覆盖了，如图 4-33 所示。

Step 04 使用同样的方法修复其他有文字的区域，最终效果如图 4-34 所示。要注意的是，在修复过程中，往往需要多次确定参考点进行复制，而且为了使修复结果自然，一定要在修复处边缘取参考点。此外，在修复时可根据需要按键盘上的【[】和【]】键调整笔刷大小。

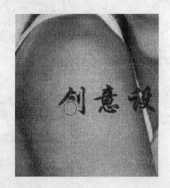

图 4-33　设置参考点并复制图像　　　　　　　图 4-34　修复好的图像效果

经验之谈

在复制图像时出现的十字指针"✚"用于指示当前复制的区域。此外，如果图像中定义了选区，则仅将图像复制到选区中。

2. 图案图章工具——更换人物背景

利用"图案图章工具" 可以将系统自带的或用户自己创建的图案复制到图像中，下面通过更换人物的背景来说明其使用方法。

Step 01 打开本书配套素材"Ph4"文件夹中的"09.jpg"图像文件，然后利用"魔棒工具" 制作背景图像的选区，如图 4-35 所示。

Step 02　打开本书配套素材 "Ph4" 文件夹中的 "10.jpg" 图像文件，按【Ctrl+A】组合键全选图像，如图 4-36 所示。下面，要将该图像作为 "10.jpg" 图像的背景。

图 4-35　打开素材图像并制作选区　　　　　　图 4-36　打开并全选图像

Step 03　选择 "编辑" > "定义图案" 菜单，打开 "图案名称" 对话框，在 "名称" 编辑框中输入 "背景" 作为图案的名称，单击 "确定" 按钮，将 "10.jpg" 文件定义成图案，如图 4-37 所示。

Step 04　选择工具箱中的 "图案图章工具" ，在工具属性栏中设置笔刷 "主直径" 为 100 像素的硬边笔刷，单击 "图案" 右侧的下拉三角按钮 ，在弹出的图案列表中选择前面自定义的 "背景" 图案，其他参数保持默认，如图 4-38 所示。

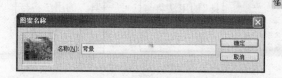

图 4-37　"图案名称" 对话框　　　　　　　　图 4-38　"图案图章工具" 属性

Step 05　将 "09.jpg" 图像切换为当前窗口。按【Ctrl+H】组合键隐藏选区边缘，然后在图像中拖动鼠标，用前面定义的风景图案填充选区，如图 4-39 左图所示。

Step 06　如果勾选 "图案图章工具" 属性栏中的 "印象派效果" 复选框，然后用 "图案图章工具" 在选区内涂抹，则所绘图像类似于印象派艺术画效果，如图 4-39 右图所示。

图 4-39　使用 "图案图章工具" 更换背景

4.2.2 使用修复工具组

修复画笔工具组包括"污点修复画笔工具" 、"修复画笔工具" 、"修补工具" 和"红眼工具" ，如图 4-40 所示。利用这些工具可修复图像中的缺陷，如：修复破损的图像、去除人物的皱纹、快速去除照片中的红眼等。

图 4-40　修复工具组

1. 修复画笔工具——清除脸部污点

利用"修复画笔工具" 可清除图像中的杂质、污点等。在修复图像时，"修复画笔工具" 与图章工具组一样，也是进行取样复制或使用图案进行填充，不同的是，"修复画笔工具" 能够将取样点的图像自然融入到目标位置，并保持其纹理、亮度和层次，使被修复的图像区域和周围的区域完美结合，下面以去除人物脸部污点为例进行说明。

Step 01 打开本书配套素材"Ph4"文件夹中的"11.jpg"图像文件，如图 4-41 左图所示。

Step 02 在工具箱中选择"修复画笔工具" ，在工具属性栏中设置笔刷"直径"为 20 像素，选中"取样"单选钮，其他参数保持默认，如图 4-41 右图所示。

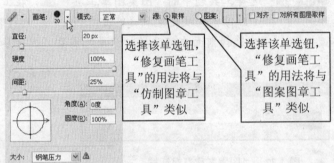

图 4-41　素材图像与"修复画笔工具"属性栏

Step 03 局部放大人物眼部图像，按住【Alt】键，在图 4-42 左图所示位置单击鼠标，设置复制参考点，然后释放鼠标和按键，将光标移至图像中的眼部的污点上，单击鼠标左键，即可使用参考点处的图像覆盖污点，如图 4-42 右图所示。

Step 04 继续使用"修复画笔工具" 清除图像中的其他污点，最终效果如图 4-43 所示。这里值得注意的是，在修复不同区域的图像时，用户需要根据污点所在位置来定义参考点，这样修复的图像才能更自然、真实。

2. 污点修复画笔工具——清除脸部斑点

利用"污点修复画笔工具" 可以快速移去照片中的污点和其他不理想部分，它的工作方式与"修复画笔工具" 相似，不同之处是："污点修复画笔工具" 可以自动从所修复区域的周围取样，而不需要定义参考点，下面以去除人物脸部斑点为例进行说明。

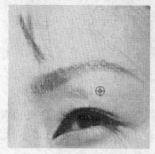 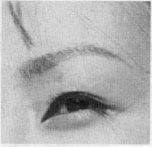 

图 4-42 设置参考点并修复图像   图 4-43 修复好的图像

Step 01 打开本书配套素材 "Ph4" 文件夹中的 "12.jpg" 图像文件，然后局部放大人物的脸部，如图 4-44 所示。从图中可知，人物面部有一些斑点，需要进行处理。

Step 02 在工具箱中选择 "污点修复画笔工具"，在其工具属性栏中设置笔刷属性，如图 4-45 所示。其属性栏各项参数的意义如下：

表示将使用周围图像来近似匹配要修复的区域

表示将使用选区中的所有像素创建一个用于修复该区域的纹理

设置笔刷直径时，将其设置得比要修复的区域稍大一点为宜，这样，用户只需点按一次即可覆盖整个区域

图 4-44 局部放大图像   图 4-45 "污点修复画笔工具" 属性栏

Step 03 属性设置好后，将光标移至图像窗口中的污点上，单击鼠标左键，污点即被清除，如图 4-46 左图和中图所示。使用相同的方法，继续将其他污点清除，其最终效果如图 4-46 右图所示。

图 4-46 用 "污点修复画笔工具" 修复图像

经验之谈

"污点修复画笔工具" 只适用于修复区域较小的图像，如果要修复大片区域或需要更大程度地控制取样来源，建议使用 "修复画笔工具"。

3. 修补工具——清除木门上的圆环和孔

"修补工具" 也是用来修复图像的，其作用、原理和效果与"修复画笔工具" 相似，但它们的使用方法有所区别："修补工具" 是基于选区修复图像的，在修复图像前，必须先制作选区，下面以去除木门上的圆环和孔为例进行说明。

Step 01 打开本书配套素材 "Ph4" 文件夹中的 "13.jpg" 图像文件，然后局部放大门锁区域的显示比例，如图 4-47 右图所示。下面，我们把木门上的孔和圆环去掉。

图 4-47　打开素材并放大图像显示比例

Step 02 选择工具箱中的"修补工具" ，保持属性栏中默认参数不变，如图 4-48 所示。

选中该单选钮后，如果将源图像选区拖至目标区，则源区域图像将被目标区域的图像覆盖　　选中该单选钮，表示将选定区域作为目标区，用其覆盖其他区域　　制作选区后，该按钮被激活，在右侧的图案下拉列表中选择一种预设或用户自定义图案，单击该按钮，可用选定的图案覆盖选定区域

图 4-48　"修补工具"属性栏

Step 03 使用拖动方式，在图 4-49 左图所示的小孔图像上创建一个选区作为源图像区域，然后将鼠标光标放在选区内，按住鼠标左键并向上拖动，至合适位置（拖动选区图像时，注意门的接缝对齐）释放鼠标，小孔图像被目标区的图像覆盖，如图 4-49 右图所示。

图 4-49　使用目标图像进行修复

Step 04 在"修补工具" 属性栏中选中"目标"单选钮，然后制作图 4-50 左图所示的

选区（作为目标区），再按住鼠标左键并向上拖动，使选区图像完全遮盖小孔和圆环，释放鼠标后，即可修复图像，如图 4-50 右图所示。

图 4-50 使用选定图像进行修复

4. 红眼工具——清除红眼现象

利用"红眼工具" 可以轻松地去除因使用闪光灯拍摄而造成的人物照片上的红眼。

Step 01 打开本书配套素材"Ph4"文件夹中的"14.jpg"图像文件，选择工具箱中的"红眼工具" ，其属性栏如图 4-51 所示。

增大或减小受红眼工具影响的区域

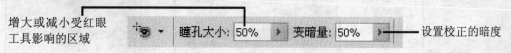

设置校正的暗度

图 4-51 "红眼工具"属性栏

Step 02 属性设置好后，在人物红眼处单击鼠标即可消除红眼，效果如图 4-52 右图所示。

图 4-52 利用"红眼工具"清除红眼现象

4.2.3 使用历史记录工具组

历史记录工具组包括"历史记录画笔工具" 和"历史记录艺术画笔工具" ，它们都属于恢复工具，通常配合"历史记录"调板使用。

1. 历史记录画笔工具——清除脸部雀斑

使用"历史记录画笔工具" 可以将图像局部还原到先前的某个编辑状态。下面通过去除脸部雀斑的例子说明该工具的用法。

Step 01 打开本书配套素材"Ph4"文件夹中的"15.jpg"图像文件，如图 4-53 所示。从图中可知，人物面部有许多雀斑，很不美观，可以对其进行处理。

Step 02 打开"历史记录"调板，单击调板底部的"创建新快照"按钮 ，将图像的当前状态存储为"快照 1"。单击选中"快照 1"，然后单击该快照左侧的空白区 ，将"历史记录画笔的源" 指定到该快照（参见图 4-54），这表示利用"历史记录画笔工具" 涂抹图像时，可以将图像恢复到该快照存储的图像状态。

Step 03 选择"滤镜" > "模糊" > "高斯模糊"菜单，打开图 4-55 所示的"高斯模糊"对话框，在其中设置"半径"为 8 像素，单击"确定"按钮，将图像高斯模糊。此时面部雀斑被模糊掉了，但眼睛、嘴唇等部位也模糊了。

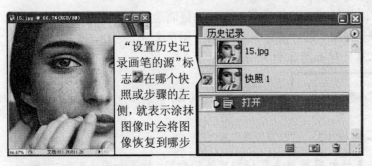
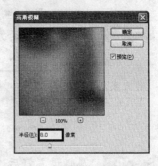

图 4-53 打开素材文件　　　　图 4-54 "历史记录"调板　　　图 4-55 "高斯模糊"对话框

Step 04 选择"历史记录画笔工具" ，在工具属性栏中设置主直径为 50 像素的柔边笔刷，其他参数设置如图 4-56 所示。

图 4-56 "历史记录画笔工具"属性栏

Step 05 属性设置好后，在人物的眼睛、嘴唇和面部以外的地方涂抹，使其恢复到"快照 1"存储的图像状态，如图 4-57 中图所示。

Step 06 适当降低笔刷的"不透明度"，并用适当大小的笔刷，在眉毛、鼻子、脸部轮廓的细微处涂抹，让去斑后的面部轮廓分明。这里值得注意的是，在涂抹皮肤时，切记要将"不透明度"设置得低一些，以免模糊掉的雀斑重新显示。最后，涂抹处的图像恢复到高斯模糊前的状态，如图 4-57 右图所示。

2. 历史记录艺术画笔工具——制作水彩画效果

利用"历史记录艺术画笔工具" 可以将图像编辑中的某个状态还原并做艺术化处理，其使用方法与"历史记录画笔工具" 完全相同，下面以制作水彩画效果为例进行说明。

图 4-57　使用"历史记录画笔工具"恢复图像

Step 01　打开本书配套素材"Ph4"文件夹中的"16.jpg"图像文件（如图 4-58 左下图所示），选择工具箱中的"历史记录艺术画笔工具" ，然后在其属性栏中设置画笔为主直径 10 像素的柔边笔刷，设置"模式"为"变亮"，"样式"为"绷紧中"，其他属性保持默认，如图 4-58 上图所示。

Step 02　属性设置好后，利用"历史记录艺术画笔工具"在图像中随意涂抹，得到图 4-58 中下图所示效果，然后在工具属性栏中设置"模式"为"变暗"，继续在图像中深色区域涂抹，最终效果如图 4-58 右下图所示。

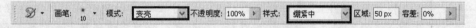

图 4-58　使用"历史记录艺术画笔工具"编辑图像

4.3　修饰图像

　　Photoshop 提供了很多图像修饰工具，如：模糊、锐化、加深和减淡工具等。利用它们可以对图像进行模糊、锐化、加深等处理。

4.3.1　使用模糊、锐化与涂抹工具

　　"模糊工具"和"锐化工具"可以分别使图像产生模糊和清晰的效果，"涂抹工具"的效果则类似于用手指搅拌颜色。它们的使用方法非常简单，首先选中相应的工具（参

图 4-59　模糊、锐化与
　　　涂抹工具

见图 4-59），然后在图像上反复拖动光标即可。

> **"模糊工具"** ：通过将突出的色彩打散，使得僵硬的图像变得柔和、颜色过渡变平缓，起到一种模糊图像的效果，如图 4-60 左二所示。

> **"锐化工具"** ：原理和模糊工具的原理正好相反，它可使图像的色彩变强烈，使图像柔和的边界变得清晰，如图 4-60 右二所示。

> **"涂抹工具"** ：可以将鼠标单击处的颜色抹开，其效果就像在一幅刚画好的还未干的画上用手指去擦拭，如图 4-60 右一所示。若在其工具属性栏中选中"手指绘画"复选框，表示将使用前景色进行涂抹。

图 4-60 图像的模糊、锐化及涂抹效果

和大多数绘图工具一样，在使用这 3 个工具时，也可在工具属性栏中选择合适的笔刷，或设置相关参数，如模式、强度（该值越大，效果越强）等。需要注意的是，使用模糊工具并不能将使用锐化工具锐化过的图像还原为模糊前的状态，反之亦然。

4.3.2 使用减淡、加深和海绵工具——美白牙齿

利用"减淡工具" 和"加深工具" （参见图 4-61）可以很容易地改变图像的曝光度，从而使图像变亮或变暗；利用"海绵工具" 则可调整图像的饱和度。下面以美白牙齿为例说明这几个工具的用法。

Step 01 打开本书配套素材"Ph4"文件夹中的"18.jpg"图像文件，局部放大人物的嘴巴显示比例，然后制作牙齿的选区，如图 4-62 右图所示。

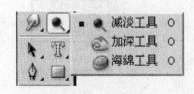

 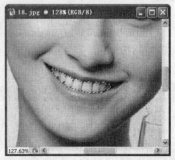

图 4-61 减淡、加深与海绵工具　　　　图 4-62 打开素材图像并制作牙齿选区

Step 02 选择工具箱中的"海绵工具" 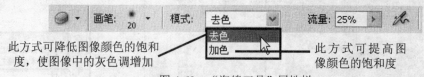，在其工具属性栏中设置画笔为主直径 20 像素的柔边笔刷，设置"模式"为"去色"，"流量"为 25%，如图 4-63 所示。

此方式可降低图像颜色的饱和度，使图像中的灰色调增加

此方式可提高图像颜色的饱和度

图 4-63　"海绵工具"属性栏

Step 03 按【Ctrl+H】组合键，隐藏牙齿选区边缘，然后选择"海绵工具" ，在牙齿上涂抹，减淡牙齿的黄色，如图 4-64 所示。

Step 04 选择工具箱中的"减淡工具" ，在其工具属性栏中设置画笔为主直径 40 像素的柔边笔刷，其他属性保持默认，如图 4-65 所示。

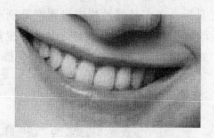

此选项表示减淡仅对图像暗部区域的像素起作用

此选项表示减淡仅对图像亮部区域像素起作用

此选项表示减淡仅对图像中间色调区域的像素起作用

图 4-64　使用"海绵工具"修饰牙齿　　　　图 4-65　"减淡工具"属性栏

Step 05 属性设置好后，在牙齿上涂抹，使牙齿更亮白一些，如图 4-66 所示，然后按【Ctrl+D】组合键，取消选区。

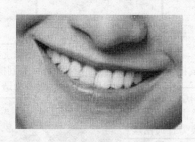

"加深工具" 和"减淡工具" 的作用相反，但它们的工具属性栏相同，其中，"范围"用于选择加深或减淡效果的范围；"曝光度"设置值越大，加深或减淡效果越明显。

图 4-66　使用"减淡工具"修饰牙齿

Step 06 选择"海绵工具" ，在其工具属性栏中设置"模式"为"加色"，然后在嘴唇上小心地涂抹，使嘴唇的颜色更鲜艳一些，如图 4-67 所示，最后效果如图 4-68 所示。

4.4　擦除图像

在 Photoshop 中，利用"橡皮擦工具" 、"背景橡皮擦工具" 和"魔术橡皮擦工具" （参见图 4-69），可以清除图像中不需要的部分。

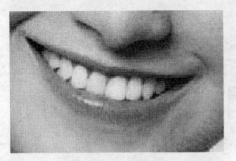

图 4-67 使用"海绵工具"修饰嘴唇　　　图 4-68 最终效果　　　图 4-69 擦除图像工具

4.4.1 使用橡皮擦工具

橡皮擦工具的使用方法非常简单，选择该工具后，在工具属性栏中设置好笔刷和其他属性（参见图 4-70 右图），然后在图像窗口中拖动鼠标即可擦除图像。其中，若在背景层上擦除，将使用当前背景色填充被擦除的区域，如图 4-71 所示；若在普通图层上擦除，则被擦除的区域将变成透明，如图 4-72 所示。

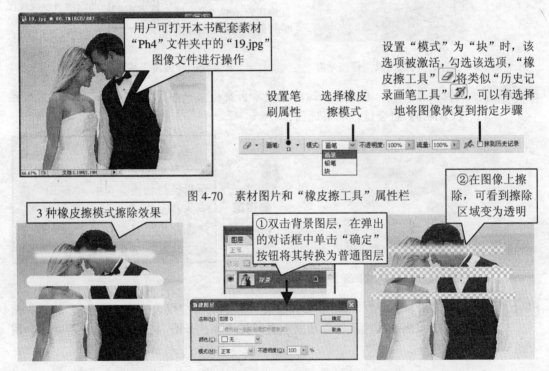

图 4-70 素材图片和"橡皮擦工具"属性栏

图 4-71 在"背景"图层擦除图像　　　图 4-72 在普通层上擦除图像

4.4.2 使用背景橡皮擦工具——抠取白纱少女

利用"背景橡皮擦工具"可以有选择地将指定区域擦除成透明效果，通常用于抠取反差较大的图像。下面以从背景图像中抠取人物为例，介绍该工具的使用方法。

Step 01 打开本书配套素材 "Ph4" 文件夹中的 "20.jpg" 图像文件，如图 4-73 所示。

Step 02 选择工具箱中的 "吸管工具" ，将光标移至图像窗口中，在图 4-74 左图所示位置单击鼠标，将单击处的颜色设置为前景色；按住【Alt】键，在图 4-74 右图所示位置单击，将单击处的颜色设置为背景色。

图 4-73 打开素材图片　　　　　　图 4-74 设置前、背景色

Step 03 选择工具箱中的 "背景橡皮擦工具" ，在其工具属性栏中设置画笔为主直径 50 像素的硬边笔刷，单击 "背景色板" 按钮，勾选 "保护前景色" 复选框，其他选项保持默认，如图 4-75 所示。

图 4-75 "背景橡皮擦工具" 属性栏

- **取样** ：包括 3 种取样选项，默认为 "连续" ，表示擦除时连续取样；若选择 "一次" ，表示仅取样单击鼠标时光标所在位置的颜色，并将该颜色设置为基准颜色；若选择 "背景色板" ，表示将背景色设置为基准颜色。
- **限制**：利用该下拉列表可设置画笔限制类型，分别为 "不连续"、"连续" 与 "查找边缘"。
- **容差**：用于设置擦除颜色的范围。值越小，被擦除的图像颜色与取样颜色越接近。
- **保护前景色**：选中该复选框可以防止与前景色相同的图像区域被擦除。

Step 04 在背景图像上单击并拖动，光标拖移过的背景图像区域（与 Setp 2 中设置的背景色相似的颜色）被擦除成透明，如图 4-76 左图所示。此时，系统自动将 "背景" 图层转换为普通图层。

Step 05 在 "背景橡皮擦工具" 属性栏中单击 "连续" 按钮，然后继续擦除图像，效果如图 4-76 中图所示。由于我们在工具属性栏中勾选了 "保护前景色"（人物胳膊和头发颜色），所以即便在人物的胳膊和头发上涂抹，其也不受影响。

Step 06 打开 "Ph4" 文件夹中的 "21.jpg" 图像文件，利用 "移动工具" 将人物图像拖至 "21.jpg" 图像窗口中，得到图 4-76 右图所示效果。

图 4-76　擦除背景并组合图像

4.4.3　使用魔术橡皮擦工具——抠取圣诞小孩

利用"魔术橡皮擦工具"  可以将图像中颜色相近的区域擦除。它与魔棒工具 有些类似，也具有自动分析的功能。下面以从背景图像中抠取人物为例，介绍该工具的使用方法。

Step 01　打开本书配套素材 "Ph4" 文件夹中的 "22.jpg" 和 "23.jpg" 图像文件。

Step 02　将 "23.jpg" 文件置为当前窗口。选择工具箱中的 "魔术橡皮擦工具" ，在其属性栏中设置 "容差" 为 50，其他选项保持默认，如图 4-77 所示。

勾选该复选框，表示只删除与光标单击处颜色相近且相连的图像区域；
取消勾选该复选框，表示删除图像中所有与光标单击处颜色相近的区域

图 4-77　"魔术橡皮擦工具" 属性栏

Step 03　属性设置好后，将光标移至如图 4-78 左图所示位置，单击鼠标左键，即可清除与光标单击处颜色相近且相连的图像区域，如图 4-78 右图所示。

图 4-78　清除与光标单击处颜色相近且相连的区域

Step 04　在 "魔术橡皮擦工具" 属性栏中取消勾先 "连续" 复选框，然后在图像中深蓝色的背景上单击鼠标，清除图像中所有与光标单击处颜色相近的图像区域，

如图 4-79 左图所示。

Step 05 利用"橡皮擦工具" 擦除其他不需要的图像,如图 4-79 右图所示。利用"移动工具" 将剩余图像拖拽到"22.jpg"图像窗口中,最终效果如图 4-80 所示。

<table>
<tr><td>图 4-79 擦除不需要的图像</td><td>图 4-80 组合图像</td></tr>
</table>

4.5 为图像上色

在 Photoshop 中,利用"油漆桶工具" 可以填充图像或选区中颜色相近的区域;利用"渐变工具" 可以编辑并填充渐变图案。

4.5.1 使用油漆桶工具——填充卡通画

选择"油漆桶工具" 后,在选区内或图像上单击即可填充前景色或图案,下面以填充卡通画为例进行说明。

Step 01 打开本书配套素材"Ph4"文件夹中的"24.psd"图像文件,如图 4-81 所示。

Step 02 将前景色设置为红色(#ed0e0e),背景色设置为黄色(#f2cc19)。选择工具箱中的"油漆桶工具" ,在工具属性栏中的"设置填充区域的源"下拉列表中选择"前景",其他选项保持默认,如图 4-82 所示。

图 4-81 打开素材文件 图 4-82 "油漆桶工具"属性栏

Step 03 将光标分别移至图像窗口需要填充颜色的位置,单击鼠标左键,即可使用前景色填充与光标单击处颜色相近的图像区域,如图 4-83 左图所示。

Step 04 按【X】键,切换前、背景色,然后继续用"油漆桶工具" 填充图像,如图 4-83 右图所示。

图 4-83　使用前景色填充图像

Step 05　在"油漆桶工具" 🪣 属性栏中的"设置填充区域的源"下拉列表中选择"图案"，然后在右侧的图案下拉列表中选择一种填充图像，如图 4-84 左图所示。

Step 06　分别在需要填充图案的图像区域单击，可以使用图案填充与光标单击处颜色相近的图像区域，如图 4-84 右图所示。

图 4-84　使用图案填充图像

4.5.2　使用渐变工具——制作彩虹和渐变背景

利用"渐变工具" 🔲 可以为图像填充渐变图案。所谓渐变图案，实质上是指具有多种过渡颜色的混合色，该混合色可以是前景色到背景色的过渡，也可以是背景色到前景色的过渡，或其他颜色间的过渡。下面以制作彩虹和渐变背景为例进行说明。

Step 01　打开本书配套素材"Ph4"文件夹中的"25.psd"图像文件，然后利用"矩形选框工具"在图 4-85 所示位置绘制矩形选区。

Step 02　选择工具箱中的"渐变工具" 🔲，在属性栏中单击"线性渐变"按钮 🔲，单击 🔽 按钮，打开"渐变"拾色器，然后从渐变图案列表中选择"透明彩虹"，其他选项保持默认，如图 4-86 所示。渐变工具属性栏中各选项的意义如下。

➤ 渐变填充方式按钮 🔲🔲🔲🔲🔲：从左至右依次为"线性渐变"按钮 🔲、"径向渐变"按钮 🔲、"角度渐变"按钮 🔲、"对称渐变"按钮 🔲 和"菱形渐变"按钮 🔲，其效果如图 4-87 所示，图中箭头表示制作渐变图案时，鼠标拖动的方向。

➤ **模式：**用于设置填充的渐变颜色与它下面的图像如何进行混合，各选项与图层混合模式的作用相同（详见第 6 章内容）。

单击可编辑渐变图案

单击可打开"渐变"拾色器

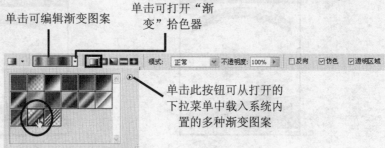

单击此按钮可从打开的
下拉菜单中载入系统内
置的多种渐变图案

图 4-85 绘制选区   图 4-86 "渐变工具"属性栏

 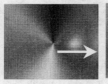

线性渐变   径向渐变   角度渐变   对称渐变   菱形渐变

图 4-87 渐变方式

> **反向**：选中该复选框可以将渐变图案反向。
> **仿色**：勾选该复选框可使渐变的色彩过渡更加柔和、平滑。
> **透明区域**：该复选框用于关闭或打开渐变图案的透明度设置。

Step 03 属性设置好后，将光标移至图像选区的上边缘，按住鼠标左键并向下拖动鼠标，至选区下边缘时，释放鼠标即可使用系统预设渐变图案填充选区，如图 4-88 所示。

Step 04 选择"编辑">"变换">"变形"菜单，显示
变形网格，然后在工具属性栏中的"变形"下

图 4-88 使用渐变色填充选区

拉列表中选择"拱形"，并设置"弯曲"为 38，其他选项保持默认，如图 4-89
所示。按【Enter】键确认变形操作，得到图 4-90 左图所示效果。

图 4-89 变形工具属性栏

Step 05 按【Ctrl+D】组合键取消选区。选择"橡皮擦工具" ，在其工具属性栏中设置"模式"为"画笔"，设置画笔为 125 像素的柔边笔刷，设置"不透明度"为 20%，然后将渐变图案的两端擦除，使其呈现渐隐效果，如图 4-90 右图所示。

图4-90　变形选区图像与擦除图像

利用"渐变工具" ▣填充图像时，鼠标单击位置、拖动方向，以及鼠标拖动的长短不同，所产生的渐变效果也不相同。

Step 06 根据操作需要，用户可以自定义渐变图案。按【F7】键，打开"图层"调板，然后单击"图层2"，将其置为当前图层，如图4-91所示。

Step 07 将前景色设置为湖蓝色（#a1cbed），背景色设置为黄色（#f6ad3c）。选择"渐变工具" ▣，在工具属性栏中选中"线性渐变"按钮▣，单击"点按可编辑渐变"图标▣▣▣，打开"渐变编辑器"对话框，在对话框预设区中单击选择"前景到背景"渐变图案，如图4-92所示。

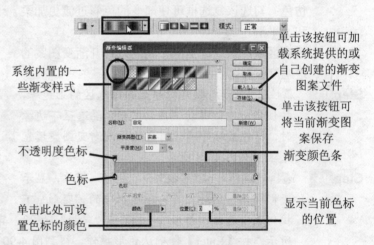

单击该按钮可加载系统提供的或自己创建的渐变图案文件

系统内置的一些渐变样式

单击该按钮可将当前渐变图案保存

渐变颜色条

不透明度色标

色标

单击此处可设置色标的颜色

显示当前色标的位置

图4-91　选择图层　　　　　　　　图4-92　"渐变编辑编辑器"对话框

Step 08 将鼠标光标移至渐变颜色条的下方，当其变成♡状时单击两次鼠标左键，增加两个色标，如图4-93所示。

色标用来设置渐变图案中的各颜色和颜色的位置。要设置色标颜色，可双击色标，打开"拾色器"对话框进行设置，或单击选中色标，然后利用"色标"设置区的"颜色"下拉列表进行设置；要移动色标，只需单击色标并按住鼠标左键拖动即可；要删除某个色标，只需将该色标拖出对话框，或在选中色标后，单击"色标"设置区的"删除"按钮。

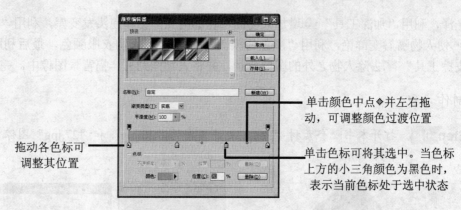

图 4-93 添加新色标

单击颜色中点◆并左右拖动，可调整颜色过渡位置

单击色标可将其选中。当色标上方的小三角颜色为黑色时，表示当前色标处于选中状态

拖动各色标可调整其位置

Step 09 分别双击新添加的色标，在打开的"拾色器"对话框中设置色标的颜色，如图 4-94 所示。设置完成后，单击"确定"按钮，关闭"渐变编辑器"对话框。

a1cbed

f6ad3c

d3edfb

ed6d34

图 4-94 设置色标的颜色

Step 10 将光标移至彩虹图像的下方，单击鼠标左键并向下拖动，至合适位置时释放鼠标，即可使用自定义渐变图案填充图像，如图 4-95 所示。

图 4-95 绘制渐变背景

综合实例——制作去皱霜广告

下面通过制作图 4-96 所示的去皱霜广告来巩固本章所学内容，本例最终效果文件请参考本书配套素材"Ph4"文件夹中的"去皱霜广告.psd"图像文件。

制作思路

首先使用"仿制图章工具" 🔲 修复人物的皱纹，然后利用"减淡工具" 🔍 使皮肤有光泽，利用"加深工具" 增加人物面部轮廓的立体感和使头发变黑，利用"画笔工具" 使人物嘴唇变鲜艳，利用"颜色替换工具" 改变人物衣服颜色，最后利用"魔术橡皮擦工具" 去除人物之外的图像背景，并将人物拖到另一幅背景图像中，完成实例。

制作步骤

Step 01 打开本书配套素材"Ph4"文件夹中的"26.jpg"和"27.jpg"图像文件，如图 4-97 所示。

图 4-96　广告效果图

图 4-97　打开素材图片

Step 02 将"26.jpg"图像置为当前窗口，首先修复面部皱纹。使用"缩放工具" 局部放大人物面部图像，选择"仿制图章工具" ，在其工具属性栏中设置画笔为主直径 30 像素的柔边笔刷，设置"不透明度"为 40%，如图 4-98 所示。

图 4-98　"仿制图章工具"属性栏

Step 03 按住【Alt】键，在没有皱纹的皮肤上单击鼠标左键定义参考点，松开【Alt】键，在有皱纹的地方涂抹，直至皱纹消失，如图 4-99 所示。

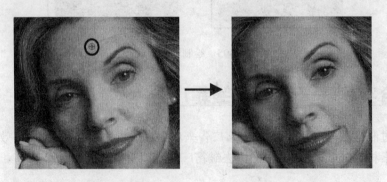
图 4-99　用"仿制图章工具"去除皱纹

Step 04 下面提亮肤色。选择工具箱中的"减淡工具" ，在其属性栏中设置画笔为主直径为 200 像素的柔边笔刷，"范围"为"中间调"，"曝光度"为 20%，图 4-100 所示。

图 4-100 "减淡工具"属性栏

Step 05 属性设置好后，在人物皮肤上涂抹，稍微提亮肤色，如图 4-101 所示。在涂抹时，注意不要在同一位置反复涂抹。

Step 06 选择"加深工具"，在其工具属性栏中设置画笔为主直径 40 像素的柔边笔刷，设置"曝光度"为 15%，如图 4-102 所示。

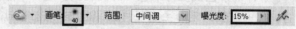

图 4-101 提亮肤色　　　　　　　　图 4-102 "加深工具"属性栏

Step 07 属性设置好后，将光标移至人物面部，然后分别在人物的眼睛、鼻翼处小心涂抹，增强人物面部轮廓的立体感；在人物的头发上涂抹，使花白的头发变得黑一点，如图 4-103 所示。

Step 08 利用"多边形套索工具"制作人物嘴唇的选区，然后将选区羽化 1 像素，如图 4-104 所示。

图 4-103 加深头发　　　　　　　图 4-104 制作嘴唇的选区

Step 09 按【Ctrl+H】组合键隐藏选区，然后将前景色设置为玫红色（#e73278）。选择"画笔工具"，在其工具属性栏中设置画笔为主直径 30 像素的柔边笔刷，设置"模式"为"柔光"，"不透明度"为 50%，如图 4-105 所示。

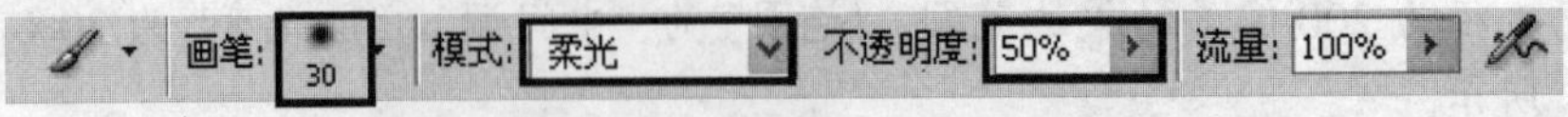

画笔: 30 　模式: 柔光　不透明度: 50%　流量: 100%

图 4-105　"画笔工具"属性栏

Step 10 属性设置好后，在人物嘴唇上涂抹，使唇彩颜色更鲜，如图 4-106 所示。

Step 11 利用"魔棒工具" 和"多边形套索工具" 制作人物衣服的选区，然后将选区羽化 1 像素，如图 4-107 所示。

图 4-106　为人物上唇彩

图 4-107　制作人物衣服选区

Step 12 将前景色设置为红色（#e60011）。选择"颜色替换工具" ，在其工具属性栏中设置画笔为主直径 125 像素的硬边笔刷，设置"模式"为"颜色"，其他选项保持默认，如图 4-108 所示。

画笔: 125　模式: 颜色　限制: 连续　容差: 30%　☑消除锯齿

图 4-108　"颜色替换工具"属性栏

Step 13 属性设置好后，将光标移至衣服选区内，按下鼠标左键并拖动，改变衣服颜色。按【Ctrl+D】组合键取消选区，得到图 4-109 所示效果。

Step 14 选择"魔术橡皮擦工具" ，在其工具属性栏中设置"容差"为 50，勾选"连续"复选框，其他选项保持默认，如图 4-110 所示。

容差: 50　☑消除锯齿　☑连续　□对所有图层取样　不透明度: 100%

图 4-109　改变衣服颜色 　　　　图 4-110　"魔术橡皮擦工具"属性栏

Step 15　属性设置好后，利用"魔术橡皮擦工具" 将人物的背景图像擦除，效果如图 4-111 所示。

Step 16　利用"移动工具" 将人物图像直接拖拽到"27.jpg"图像窗口中，并放置于 图 4-112 所示位置。

图 4-111　擦除背景图像

图 4-112　组合图像

本章小结

本章介绍了图像的绘制和修饰方法。学完本章内容后，用户除了需要掌握各绘图工具的使用方法外，还应注意以下几个方面。

➢ 所有绘制和修饰工具都有一些共同的属性，如笔刷选择、色彩混合模式和不透明度等，通过调整这些属性，可以使绘画效果更好。

➢ "仿制图章工具" 、"修复画笔工具" 和"污点修复画笔工具" 通常用来去除图片中的瑕疵。其中，"仿制图章工具" 是将参考点中的图像复制到修复区域；"修复画笔工具" 可以将参考点中的图像自然融入修复区域；"污点修复画笔工具" 不需要定义参考点，只需在修复区域单击即可。

➢ 使用"历史记录画笔工具" 时，需要先设置"历史记录画笔的源"，然后可涂抹图像并将涂抹过的区域恢复到"历史记录画笔的源"状态。

思考与练习

一、填空题

1. 要使用前景色绘制边缘较柔和的线条，应该选择_____工具。

2. 要使用"画笔工具" 或"铅笔工具" 绘制直线，可以在拖动鼠标的同时，按住_____键。

3. 在英文输入法状态下，按_____或_____键，可快速设置绘画工具的笔刷大小。

4. 利用"仿制图章工具" 和"修复画笔工具" 修复图像时，按_____键可定义参考点。

5. "历史记录画笔工具" 和"历史记录艺术画笔工具" 通常需要配合_____调板使用。

6. 利用"修补工具" 修复图像时，需要先创建_____，再进行修复操作。

7. 用"橡皮擦工具" 在背景层上擦除图像时，被擦除区域将使用_____填充；在普通层上擦除图像时，则被擦除的区域将变成_____。

8. 用"模糊工具" 可对图像进行_____处理；用"锐化工具" 可对图像进行_____。

9. 在编辑图像时，用_____工具相当于用手指蘸着前景色在图像上涂抹绘画。

10. 用_____工具可以快速加深或降低图像的饱和度。

二、选择题

1. 在背景图层上绘图时，下列哪个工具使用的是背景色（   ）。

    A. 画笔工具   B. 橡皮擦工具   C. 铅笔工具   D. 油漆桶工具

2. 利用（   ）工具可以在保留图像纹理和阴影不变的情况下，快速改变图像任意区域的颜色。

    A. 颜色替换工具   B. 油漆桶工具   C. 仿制图章工具   D. 画笔工具

3. 下列说法中错误的是（   ）。

    A. 模糊工具和锐化工具可以分别使图像产生模糊和清晰的效果

    B. 使用污点修复画笔工具时需要定义参看点

    C. 可以设置笔刷的混合模式和不透明度

    D. 可将任意形状的选区图像定义为笔刷

4. 下列关于渐变图案的说法中错误的是（   ）。

    A. 渐变图案可以是背景色到前景色的过渡

    B. 填充渐变图案时，鼠标拖动的长短不同，所产生的渐变效果也不相同

    C. 色标用来设置渐变图案中的各颜色和颜色的位置

    D. 无法设置渐变图案的透明度

三、操作题

1. 打开本书配套素材"Ph4"文件夹中的"28.jpg"图像文件，利用"颜色替换工具" 将帽子颜色改变成蓝色，如图 4-113 所示。

图 4-113   更换帽子颜色

2. 打开本书配套素材 "Ph4" 文件夹中的 "29.jpg" 图像文件, 利用 "修补工具" 将前景中的羊图像再复制一只, 如图 4-114 所示。

图 4-114　复制羊图像

3. 打开本书配套素材 "Ph4" 文件夹中的 "30.jpg" 图像文件, 利用 "仿制图章工具" 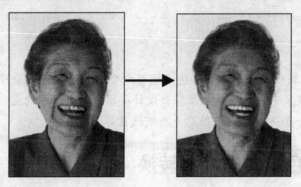去除人物面部的皱纹, 然后利用 "减淡工具" 美白牙齿, 如图 4-115 所示。

图 4-115　为人物美容

第 5 章

图像色彩处理

章前导读

　　Photoshop 提供了很多色彩和色调调整命令，利用这些命令可以轻松地改变一幅图像的色调及色彩，从而使图像符合设计要求。需要注意的是，大多数图像色彩和色调调整命令都是针对当前图层或当前选区进行的。

5.1　不同颜色模式的相互转换

　　通过第 1 章的学习我们知道图像有多种不同的颜色模式，各颜色模式都有自己的特点和用途。例如，在 Photoshop 中编辑图像时，通常使用 RGB 印刷模式，如果希望将编辑好的图片用于印刷，则还需要将其转换为 CMYK 模式。下面是转换图像颜色模式的方法。

Step 01　打开本书配套素材 "Ph5" 文件夹中的 "01.jpg" 图像文件，该图像的颜色模式为 RGB，如图 5-1 所示，下面我们将其转换为 CMYK 模式。

Step 02　选择 "图像" > "模式" 菜单，从弹出的子菜单中选择所需的颜色模式，如选择 "CMYK 颜色"（参见图 5-2），稍等片刻，系统自动将图像由 RGB 颜色模式转换为 CMYK 颜色模式，如图 5-3 所示。

> 　　要将图像的颜色模式转换为 "双色调" 或 "位图" 模式，必须先将其转换为 "灰度" 模式，然后才能在 "模式" 菜单中选择相应的命令进行转换。另外，由于 Lab 颜色模式是包含色彩范围最广的颜色模式，能毫无偏差地在不同系统和平台之间进行交换，因此，在不同系统或平台之间转换颜色模式时，可先将原颜色模式转换成 Lab 模式，然后再转换成目标颜色模式。

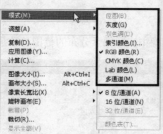

图 5-1　打开素材图片　　　　图 5-2　"模式"子菜单　　　　图 5-3　转换效果

5.2　图像色调调整命令详解

图像色调调整主要是指调整图像的明暗程度，相关的命令有"色阶"、"曲线"、"色彩平衡"、"亮度/对比度"等，它们都位于 Photoshop 的"图像">"调整"子菜单中。

5.2.1　色阶——增强图像的清晰度

利用"色阶"命令可以通过调整图像的暗调、中间调和高光的强度级别来校正图像。

Step 01　打开本书配套素材"Ph5"文件夹中的"02.jpg"图像文件，如图 5-4 所示。从图中可知，照片色调偏灰没有层次，需要进行处理。

Step 02　选择"图像">"调整">"色阶"菜单，或者按【Ctrl+L】组合键，打开"色阶"对话框，如图 5-5 所示。从"色阶"直方图可以看出，这幅照片的像素基本上分布在中等亮度区域，而最暗和最亮的地方没有像素，这就是这张照片偏灰的真正原因。

图 5-4　打开素材图片

➢ **通道：**用于选择要调整色调的颜色通道。

➢ **输入色阶：**该项目包括 3 个编辑框，分别用于设置图像的暗部色调、中间色调和亮部色调。用户也可直接拖动对应的滑块进行调整。

➢ **输出色阶：**用于限定图像的亮度范围，其值为 0～255。其中两个文本框分别用于提高图像的暗部色调和降低图像的亮度。

➢ **直方图：**对话框的中间部分称为直方图，其横轴代表亮度范围（从左到右为由全黑过渡到全白），纵轴代表处于某个亮度范围内的像素数量。显然，当大部分像素集中于黑色区域时，图像的整体色调较暗；当大部分像素集中于白色区域时，图像的整体色调偏亮。

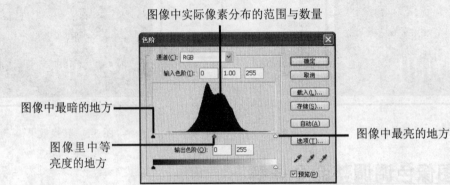

图5-5 "色阶"对话框

> ➤ **"自动"**：单击该按钮，Photoshop 将以 0.5%的比例调整图像的亮度，把最亮的像素变为白色，把最暗的像素变为黑色，其效果与"自动色阶"命令相同。

> ➤ **"选项"按钮**：单击该按钮可打开"自动颜色校正选项"对话框，利用该对话框可设置阴影、中间调和高光的切换颜色，以及设置自动颜色校正的算法。

> ➤ **"预览"复选框**：勾选该复选框，在原图像窗口中可预览图像调整后的效果。

> ➤ **"吸管工具"** 🖋🖋🖋：用于在图像中单击选择颜色。从左至右分别："设置黑场"按钮🖋，用它在图像中单击，图像中所有像素的亮度值都会减去单击处像素的亮度值，使图像变暗；"设置灰场"按钮🖋，用它在图像中单击，系统将用单击处像素的亮度来调整图像所有像素的亮度；"设置白场"按钮🖋，用它在图像中单击，图像中所有像素的亮度值都会加上单击处像素的亮度值，使图像变亮。

Step 03 将"输入色阶"左侧的黑色滑块▲稍向右拖动，可以看到照片变暗了。这是因为黑色滑块表示图像中最暗的地方，现在黑色滑块所在的位置是原来灰色滑块所在的位置，这里对应的像素原来是中等亮度的，现在被换成最暗的黑色，所以图像就变暗了，如图 5-6 所示。

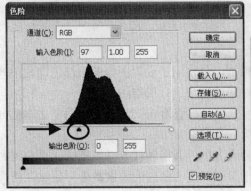

图 5-6 调整黑色滑块的位置

Step 04 按住【Alt】键，"色阶"对话框中的"取消"按钮变成"复位"按钮，单击"复位"按钮，使各项参数恢复到初始状态。

Step 05 用鼠标将"输入色阶"最右边的白色滑块移至中间，可以看到照片变亮了。这是因为白色滑块表示图像中最亮的地方，现在白色滑块所在的位置是原来灰色滑块所在的位置，这里对应的像素原来是中等亮度的，现在被换为最亮的白色，所以照片变亮了，如图5-7所示。

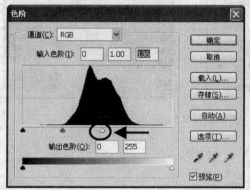

图 5-7 调整白色滑块的位置

Step 06 将各项参数恢复到初始状态。将中间灰色滑块向右拖动，可以看到图像变暗了。这是因为灰色滑块当前所在的点原来的像素是很亮的，现在这些像素被指定为中等亮度的像素，所以照片变暗了，如图5-8所示。同样道理，如果将灰色滑块向左拖动，可以看到图像变亮了。

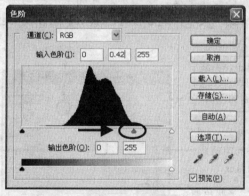

图 5-8 向右拖动灰色滑块

Step 07 按照上述步骤调整滑块的位置后，得到的图像效果都不是我们想要的。下面我们来学习正确设定照片黑白场的方法。

Step 08 再次将参数恢复到默认状态。将"输入色阶"的黑色滑块稍向右拖动一点，确定这里为图像最暗的点，也称为"黑场"；将白色滑块稍向左拖动一点，确定该点为图像最亮的点，也称为"白场"；将灰色滑块稍向右移动，降低图像的中间亮度，如图5-9左图所示。

Step 09 图像有了最暗和最亮的像素，色调就基本正常了，如图 5-9 右图所示。最后单击"确定"按钮关闭对话框。

图 5-9 正确设置黑白场

5.2.2 曲线——增强图像的层次感

"曲线"命令可以精确调整图像，赋予那些原本应当报废的图片新的生命力。该命令是用来改善图像质量的首选工具，它不但可调整图像整体或单独通道的亮度、对比度和色彩，还可调节图像任意局部的亮度。

Step 01 打开本书配套素材"Ph5"文件夹中的"03.jpg"图片文件，如图 5-10 所示。由图可知，该照片灰蒙蒙的没有任何层次感。下面我们就来利用"曲线"命令综合调整照片的亮度、对比度和色彩饱和度，以增加照片的层次感与质感。

Step 02 选择"图像" > "调整" > "曲线"菜单，或者按【Ctrl+M】组合键，打开"曲线"对话框，如图 5-11 所示。

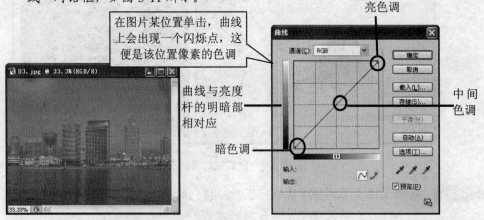

图 5-10 打开素材图片   图 5-11 "曲线"对话框

> "曲线"对话框中表格的横坐标代表了原图像的色调，纵坐标代表了图像调整后的色调，其变化范围均在 0~255 之间。在曲线上单击可创建一个或多个节点，拖动节点可调整节点的位置和曲线的形状，从而达到调整图像明暗程度的目的。

> ➤ **"通道"**：单击其右侧的下拉三角按钮▾，从弹出的下拉列表中选择单色通道，可对单一的颜色进行调整。

> ➤ ：该按钮默认为打开状态，表示可以通过拖动曲线上的节点来调整图像。

> ➤ ：单击该按钮，将光标放置在曲线表格中，当光标变成画笔形状时，可以绘制需要的任意色调曲线。

> ➤ **"吸管工具"** ：用于在图像中单击选择颜色，其作用与前面介绍的"色阶"对话框中的三个吸管工具相同。

Step 03 将光标移至曲线下部并单击，创建一个节点，并将其稍向下拖动，到适当位置后松开鼠标，如图 5-12 左图所示。这样操作的结果是降低了图像的亮度，尤其是降低了图像重偏暗像素的亮度，如图 5-12 右图所示。

图 5-12 调整图像的暗部区域

Step 04 将光标移至曲线的上部单击，再创建一个节点，然后将该节点稍向上拖动，到适当位置后松开鼠标。这样操作的结果是增加了图像的亮度，尤其是增加了图像偏亮像素的亮度，如图 5-13 所示。此时，曲线呈 S 型，这种 S 型曲线可以同时扩大图像的亮部和暗部的像素范围，对于增强照片的反差和层次很有效。

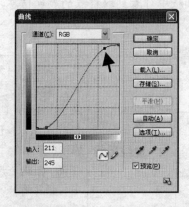

图 5-13 调整图像的亮部区域

Step 05 下面我们对曲线的形状做进一步调整。在曲线的中部单击增加节点，并稍向下拖动该节点，到适当位置后松开鼠标，将中间亮度的像素调暗，如图 5-14 所示。此时，图像层次感增强，看上去焕然一新。最后单击"确定"按钮关闭对话框。

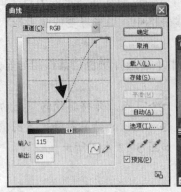

图 5-14 调整图像的中间亮度

5.2.3 色彩平衡——校正偏色照片

利用"色彩平衡"命令可以快速调整偏色的图片。它可以单独调整图像的暗调、中间调和高光的色彩，使图像恢复正常的色彩平衡关系。

Step 01 打开本书配套素材"Ph5"文件夹中的"04.jpg"图像文件，可以看到照片有一定程度的偏色即色彩不平衡。

Step 02 选择"窗口" > "信息"菜单，打开"信息"调板，然后将光标移至图像窗口中并不停移动，会发现"信息"调板上的颜色参数等信息在不断变化，这是光标所在位置的像素的颜色信息。

Step 03 在工具箱中选择"颜色取样器工具" 🖋，在图像中查找原本应该为黑白灰的地方，如头发、衣服、水泥台阶，将光标放在这些地方并单击，创建颜色取样点，如图 5-15 左图所示。在"信息"调板中可看到取样点的颜色信息，如图 5-15 右图所示。

由图 5-15 右图可知，本应该是黑、白、灰色的地方（即 RGB 值应是 R=G=B），现在在 RGB 参数中 B 值却较高，也就是说蓝色较多，照片有点偏蓝，需要校正。

图 5-15 在图像中设置颜色取样点

Step 04 选择"图像" > "调整" > "色彩平衡"菜单，或者按【Ctrl+B】组合键，打开

"色彩平衡"对话框，选中"中间调"单选钮，然后将第 1 个滑块向右拖动，将第 3 个滑块向左拖动，此时图像效果如图 5-16 右图所示。

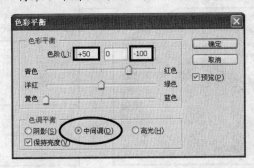

图 5-16　调整图像的中等亮度区域

➤ **"色彩平衡"设置区**：选择要调整的色调后，在"色阶"右侧的文本框中输入数值可调整 RGB 三原色的值，也可直接拖动其下方的 3 个滑块来进行调整。当 3 个数值均为 0 时，图像色彩无变化。

➤ **"色调平衡"设置区**：用于选择需要进行调整的色调，包括"阴影"、"中间调"、"高光"。此外，选中"保持亮度"复选框，有助于在调整时保持色彩的平衡。

Step 05　选中"高光"单选钮，然后将第 1 个滑块稍向右拖动，将第 3 个滑块稍向左拖动，调整图像的亮度区域，参数设置及效果如图 5-17 所示。设置完成后，单击"确定"按钮，关闭对话框。

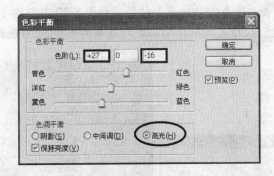

图 5-17　调整图像亮度区域像素

Step 06　由图 5-17 右图可知，照片人物的肤色有点偏红，我们可利用"色阶"或"曲线"命令进一步做细致的调整。按【Ctrl+L】组合键，打开"色阶"对话框，在"通道"下拉列表中选择"红"，然后稍向右拖动中间滑块，如图 5-18 左图所示。

Step 07　调整至满意效果后，单击"确定"按钮关闭对话框，其效果如图 5-18 右图所示。此时，观察"信息"调板中 3 个取样点的 R、G、B 值，发现其几乎相等（参见图 5-19），这说明照片的色调基本正常。

图 5-18　调整图像色阶　　　　　　　　　　图 5-19　"信息"调板

5.2.4　亮度/对比度

"亮度/对比度"命令是调整图像色调的最简单方法。与"曲线"和"色阶"命令不同，"亮度/对比度"命令是一次性调整图像中的所有像素（包括高光、暗调和中间调）。

Step 01　打开本书配套素材"Ph5"文件夹中的"07.jpg"图像文件，如图 5-20 左图所示，可以看到此张照片的整体色彩偏暗、对比度不强。

Step 02　选择"图像">"调整">"亮度/对比度"菜单，打开"亮度/对比度"对话框，分别拖动滑块增加或降低"亮度"和"对比度"的值，如图 5-20 中图所示。调整效果满意后，单击"确定"按钮关闭对话框，最终效果如图 5-20 右图所示。

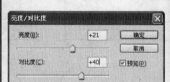

图 5-20　调整图像的亮度/对比度

5.2.5　自动色阶与自动对比度

选择"图像">"调整">"自动色阶"菜单，可以自动将图像每个通道中最亮和最暗的像素定义为白色和黑色，并按比例重新分配中间像素值来自动调整图像的色调。该命令不设对话框，功能与"色阶"对话框中的"自动"按钮完全相同。

选择"图像">"调整">"自动对比度"菜单，可以将图像中的最亮和最暗像素映射为白色和黑色，使高光显得更亮而暗调显得更暗，从而使图像显得更有质感。

5.3　图像色彩调整命令详解

Photoshop 还提供了多种用于调整图像色彩的命令，如"色彩平衡"、"色相/饱和度"和"替换颜色"等。用户可根据当前图像的情况和希望得到的效果，选择合适的命令。

5.3.1　色相/饱和度——调整荷花色彩

利用"色相/饱和度"命令可以调整整个颜色成分或单个颜色成分的"色相"、"饱和度"和"明度"，从而改变图像的颜色，或为黑白图片上色等。

Step 01 打开本书配套素材"Ph5"文件夹中的"08.jpg"图像文件，如图 5-21所示。从图中可知，荷花的色彩不够鲜艳，下面我们利用"色相/饱和度"命令对其进行调整。

Step 02 选择"图像">"调整">"色相/饱和度"菜单，或者按【Ctrl+U】组合键，打开"色相/饱和度"对话框，如图 5-22 左图所示。我们首先在"编辑"下拉列表中选择"全图"，

图 5-21　打开素材图片

然后调整图像的饱和度，可以看到虽然荷花变得鲜艳了，但荷叶变化极不自然，如图 5-22 右图所示。

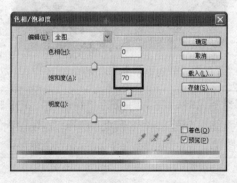

图 5-22　调整图像的整体饱和度

➢ **编辑：**在其右侧的下拉列表中可以选择要调整的颜色。其中，选择"全图"可一次性调整所有颜色。如果选择其他单色，则调整参数时，只对所选的颜色起作用。

➢ **色相：**在"色相"编辑框中输入数值或左右拖动滑块可调整图像的颜色。

➢ **饱和度**：也就是颜色的纯度。饱和度越高，颜色越纯，图像越鲜艳，否则相反。
➢ **明度**：也就是图像的明暗度。
➢ **"着色"复选框**：若选中该复选框，可使灰色或彩色图像变为单一颜色的图像。

Step 03 按【Alt】键，单击对话框中的"复位"按钮将参数恢复到默认状态，然后在"编辑"下拉列表中选择"红色"，并将"饱和度"设为 80，如图 5-23 左图所示，此时可以看到荷花变得鲜艳，而荷叶没有任何变化，如图 5-23 右图所示。

图 5-23 单独调整图像中"红色"成分的饱和度

Step 04 在"编辑"下拉列表中选择"绿色"，并将"饱和度"设为 40，此时可以看到叶子变得更绿，最后单击"确定"按钮，完成设置，如图 5-24 所示。

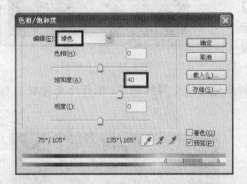

图 5-24 单独调整图像中"绿色"成分的饱和度

利用"色相/饱和度"命令调整图像时，提高图像的"饱和度"是有限度的，要根据图像的实际情况来调整。如果把"饱和度"调至最高，不但不能改善图像质量，反而会破坏图像。

5.3.2 替换颜色——改变衣服的颜色

利用"替换颜色"命令可以使用其他颜色替换图像中特定范围内的颜色。

Step 01 打开本书配套素材"Ph5"文件夹中的"09.jpg"图像文件，使用选区制作工具大致选中人物的蓝色衣服，以确定要调整的范围，如图 5-25 左图所示。

Step 02 选择"图像">"调整">"替换颜色"菜单，打开"替换颜色"对话框，如图5-25中图所示。

> 🖋🖌🖍：这3个吸管工具用于采样需要替换的颜色，其中，🖋工具用于在预览图像窗口中单击取样颜色，🖌和🖍工具分别用于增加和减少选择的颜色范围。

> **颜色容差：** 用于调整与采样点相似的颜色范围，值越大，采样的图像区域越大。

> **"替换"设置区：** 用于调整或替换采样出来的颜色的色相、饱和度和明度值，设置的颜色将显示在"结果"颜色块中，也可以直接单击颜色块选择替换色。

Step 03 在对话框中选择"吸管工具"🖋，在人物的衣服上单击确定取样点。取样后，可以在对话框的预览框中看到与取样点相似的颜色变为白色，表示这些颜色已被选中，即将被替换。

Step 04 若衣服颜色没有全被选中，则在对话框预览框中的衣服会有未变白区域，此时可选择"添加到取样"按钮🖌，在图像窗口中单击未选取的颜色，或拖动滑块将"颜色容差"调整得大一些，例如调整为200，直到预览框中的衣服全变为白色为止，如图5-25中图所示。

Step 05 继续在"替换颜色"对话框中，将"色相"设为123，"饱和度"设为45，其他选项保持默认，如图5-25中图所示。单击"确定"按钮，人物的衣服由蓝色变成了红色，而且保持纹理不变，如图5-25右图所示。

为使替换结果更精确，可先使用选区工具将要替换颜色的区域大致创建为选区。当然，也可以不用创建选区

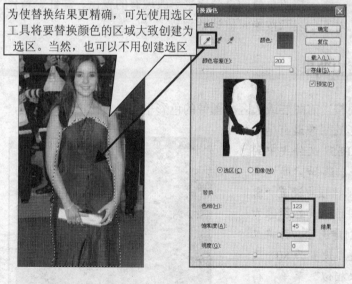

图 5-25　替换人物的衣服颜色

5.3.3　可选颜色——改变照片的季节

利用"可选颜色"命令可以有选择地修改任何主要颜色中的印刷色数量，而不会影响其他主要颜色。

Step 01 打开本书配套素材"Ph5"文件夹中的"10.jpg"图像文件，如图5-26所示。

Step 02 选择"图像">"调整">"可选颜色"菜单,打开"可选颜色"对话框,在"颜色"下拉列表中选择要调整的颜色为"黄色",然后减少青色成分,增加洋红和黄色成分,单击"确定"按钮,画中的秋意显得更浓了,如图 5-27 所示。

图 5-26　打开素材图片　　　　　　　图 5-27　让图片中的秋意更浓

> **颜色:** 在其右侧的下拉列表中可以选择要调整的颜色。
> **青色、洋红、黄色、黑色:** 先在"颜色"下拉列表中选择某种颜色,然后通过拖动滑块或在右侧的编辑框中输入数值来调整所选颜色的成分。
> **方法:** 若选中"相对",表示按照总量的百分比来更改现有的青色、洋红、黄色和黑色量;若选中"绝对",表示按绝对值调整颜色。

5.3.4　变化——制作太阳落山效果

"变化"命令用于可视地调整当前图层或选区内图像的色彩平衡、对比度和饱和度,该命令对于不需要精确调整色彩的图像最有用。

Step 01 打开本书配套素材"Ph5"文件夹中的
"11.jpg"图像文件,选择"魔棒工具" ,在其工具属性栏中设置"容差"为 32,然后利用该工具在图像右侧的黑色区域单击创建选区,再将工具属性栏中的"容差"设置为 80,选择"选择">"选取相似"菜单,得到图 5-28 所示选区。

图 5-28　创建选区

Step 02 选择"选择">"反向"菜单,将选区反向,然后选择"选择">"羽化"菜单,在弹出的对话框中将选区羽化 50 像素,再按【Ctrl+H】组合键隐藏选区。

Step 03 选择"图像">"调整">"变化"菜单,在打开的"变化"对话框中分别单击5 次"加深黄色"缩览图、5 次"加深红色"缩览图、3 次"加深洋红"缩览图和 3 次"较暗"缩览图，如图 5-29 所示。参数设置好后，单击"确定"按钮关闭对话框，得到图 5-30 所示效果。

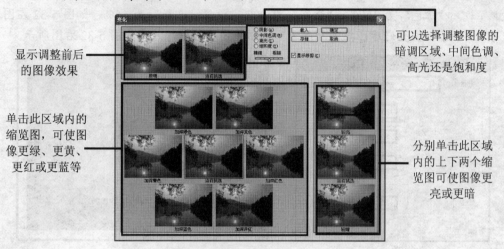

显示调整前后的图像效果

单击此区域内的缩览图，可使图像更绿、更黄、更红或更蓝等

可以选择调整图像的暗调区域、中间色调、高光还是饱和度

分别单击此区域内的上下两个缩览图可使图像更亮或更暗

图 5-29　"变化"对话框

5.3.5　自动颜色

利用"自动颜色"命令可以通过搜索图像中的明暗像素来自动调整图像的暗调、中间调和高光，来自动调整图像颜色。要使用该命令，只需选择"图像">"调整">"自动颜色"命令，或按【Shift+Ctrl+B】组合键即可。

5.3.6　通道混合器——制作古香灯笼

利用"通道混合器"命令可使用当前颜色通道的混合值来修改颜色通道，从而改变图像特定范围内的颜色，并能制作出一些特殊的效果。

Step 01　打开本书配套素材"Ph5"文件夹中的"12.jpg"图片文件，可以看到照片中红色的灯光过于昏暗，节日气氛不够浓厚，如图 5-31 所示。

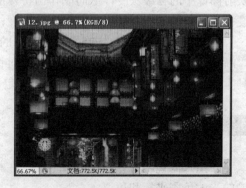

图 5-30　使用"变化"命令调整图像后的效果　　　　图 5-31　打开素材图片

Step 02　选择"图像">"调整">"通道混合器"菜单，打开"通道混合器"对话框，设置"输出通道"为"红"，然后分别设置"源通道"中的"红色"为200%，"绿色"为150%，"蓝色"为-90%，设置"常数"为15%，如图5-32左图所示，设置好后，单击"确定"按钮关闭对话框，效果如图5-32右图所示。

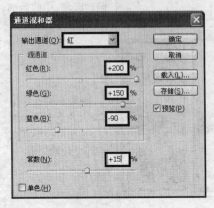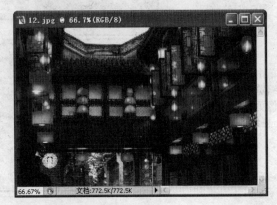

图 5-32　利用"通道混合器"调整图像

> **输出通道：**在其下拉列表中可以选择要调整的颜色通道。
> **源通道：**拖动滑杆上的滑块或直接输入数值，可以调整源通道在输出通道中所占的百分比。
> **常数：**拖动滑块可调整通道的不透明度。其中，负值使通道颜色偏向黑色，正值使通道颜色偏向白色。
> **"单色"复选框：**如果选中该复选框，表示对所有输出通道应用相同的设置，此时将会把图像转换为灰色图像。

5.3.7　渐变映射——制作梦幻相片

利用"渐变映射"命令可为图像添加各种渐变颜色效果。与前面讲述的使用"渐变工具" 不同的是，渐变映射首先把图像转换为灰度，然后再用渐变条中显示的不同颜色来映射图像中的各级灰度，从而制作出特殊的图像效果。渐变条的最左边可以映射最暗的灰度；渐变条的最右边可以映射最亮的灰度；渐变条的中间色可以映射中间色调。

打开本书配套素材"Ph5"文件夹中的"13.jpg"图像文件，选择"图像">"调整">"渐变映射"菜单，打开"渐变映射"对话框，选择或设置好合适的渐变色（与"渐变工具" 的设置方法相同）后，单击"确定"按钮即可，如图5-33所示。

5.3.8　照片滤镜——更改图像色调

"照片滤镜"命令模仿以下方法：在相机镜头前面加彩色滤镜，以便调整通过镜头传输的光的色彩平衡和色温。

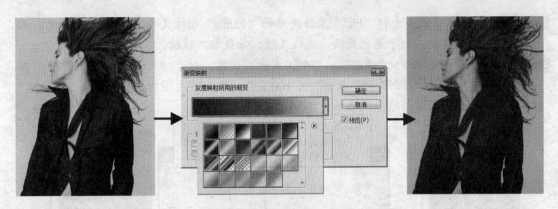

图 5-33　使用"渐变映射"命令制作特殊图像效果

Step 01　打开本书配套素材"Ph5"文件夹中的"14.jpg"图像文件，然后利用"魔棒工具"制作天空图像的选区，再利用"羽化"命令将选区羽化 3 像素，如图 5-34 左图所示。

Step 02　按【Ctrl+H】组合键隐藏选区边缘。选择"图像">"调整">"照片滤镜"菜单，打开"照片滤镜"对话框，选中"颜色"单选钮，然后单击右侧的色块，在打开的"选择滤镜颜色"对话框中选择紫色（#b044af），单击"确定"按钮返回"照片滤镜"对话框，设置"浓度"为100%，勾选"保留亮度"复选框，如图 5-34 中图所示，最后单击"确定"按钮，效果如图 5-34 右图所示。

 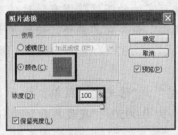 

图 5-34　利用"照片滤镜"命令调整图像效果

➤ **滤镜"单选钮：** 选中该单选钮，可在其右侧的下拉列表中可以选择一种系统预设的滤镜（颜色）来对图像进行调整。

➤ **"颜色"单选钮：** 选中该单选钮，然后单击右侧的色块，可在打开的"选择滤镜颜色"对话框中自定义颜色来对图像进行调整。

➤ **浓度：** 用于调整应用于图像的颜色数量，值越大，颜色调整幅度越大。

5.3.9　阴影/高光——调整偏暗的相片

"阴影/高光"命令适用于校正因强逆光而形成剪影的照片，或者校正由于太接近相机闪光灯而有些发白的照片。

Step 01　打开本书配套素材"Ph5"文件夹中的"15.jpg"图像文件，如图 5-35 所示。从图中可知，由于逆光拍摄，光线又暗，导致相片较暗。

Step 02　选择"图像">"调整">"阴影/高光"菜单，打开"阴影/高光"对话框，在其中设置"阴影"的"数量"为 100%，如图 5-36 左图所示，然后单击"确定"按钮关闭对话框，效果如图 5-36 右图所示。

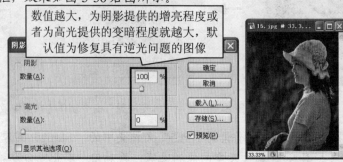

> 数值越大，为阴影提供的增亮程度或者为高光提供的变暗程度就越大，默认值为修复具有逆光问题的图像

图 5-35　打开素材图片　　　　　　图 5-36　利用"阴影/高度"命令调整图像

5.3.10　曝光度——调整相片局部亮度

利用"曝光度"命令可以模拟照相机的"曝光"效果。与"亮度"命令不同的是，"亮度"命令是修正整幅图片的光亮程度，而"曝光度"命令主要是提高图像局部的亮度。

Step 01　打开本书配套素材"Ph5"文件夹中的"16.jpg"图像文件，如图 5-37 所示，可以看到由于一般照片可容纳的亮度范围有限致使房间内部的家具暗黑不清。下面我们就利用"曝光度"命令对其调整，使照片更接近于现实的视觉效果。

Step 02　选择"图像">"模式">"32 位/通道"菜单（曝光只在 32 位起作用），转换原图像模式。

Step 03　选择"图像">"调整">"曝光度"菜单，打开"曝光度"对话框，设置"曝光度"为 3，"位移"为-0.0050，"灰度系数"为 0.90，如图 5-38 左图所示。

Step 04　参数设置好后，单击"确定"按钮，得到图 5-38 右图所示效果。从图中可知，原图中屋内较暗的区域变亮了。

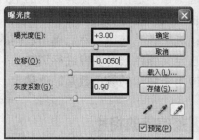

图 5-37　素材图片　　　　　　图 5-38　调整"曝光度"参数及效果

➤　**曝光度：**用于调整色调范围的高光端，对极限阴影的影响很轻微。

➢ **位移：**使阴影和中间调变暗或变亮，对高光的影响很轻微。

➢ **灰度系数校正：**使用简单的乘方函数调整图像的灰度系数。

➢ **"吸管工具"：**分别单击"在图像中取样以设置黑场"按钮 ![icon]、"在图像中取样以设置灰场"按钮 ![icon] 和"在图像中取样以设置白场"按钮 ![icon]，然后在图像中最亮、中间亮度或最暗的位置单击鼠标，可使图像整体变暗或变亮。

5.3.11　匹配颜色——匹配照片色调

利用"匹配颜色"命令可以将当前图像文件或当前图层中图像的颜色与其他图像文件或其他图层中的图像相匹配，从而改变当前图像的主色调。此外还可在源图像和目标图像中建立要匹配的选区，匹配特定区域的图像。该命令仅适用于 RGB 模式的图像。

Step 01　打开本书配套素材"Ph5"文件夹中的"17.jpg"和"18.jpg"图像文件，如图 5-39 所示。本例将把"17.jpg"图像(源图像)的颜色匹配给"18.jpg"图像(目标图像)。

Step 02　将"18.jpg"图像设置为当前图像。选择"图像" > "调整" > "匹配颜色"菜单，打开"匹配颜色"对话框，在"源"下拉列表中选择"17.jpg"，然后在"图像选项"设置区设置相关参数，如图 5-40 所示。

图 5-39　素材图片

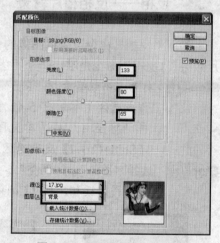

图 5-40　"匹配颜色"对话框

Step 03　单击"确定"按钮，此时"18.jpg"的颜色效果如图 5-41 所示。

➢ **"图像选项"设置区：**用于调整目标图像的亮度、饱和度，以及应用于目标图像的调整量。选中"中和"复选框表示匹配颜色时自动移去目标图层中的色痕。

➢ **"图像统计"设置区：**用于设置匹配颜色的图像来源和所在的图层。在"源"下拉列表中可以选

图 5-41　匹配颜色效果

择用于匹配颜色的源图像文件。如果用于匹配的图像含有多个图层，可在"图层"下拉列表框中指定用于匹配颜色的图像所在的图层。

5.4 特殊用途的色彩调整命令

Photoshop 还提供了一组特殊用途的色彩调整命令，如去色、反相、色调均化、阈值和色调分离等。这些命令通常用于增强颜色或产生特殊效果，而不用于校正颜色。

5.4.1 去色

利用"去色"命令可以去除整幅图像或选区内图像的彩色，从而将其转换为灰色图像。其用法很简单，只需在打开图像后，选择"图像">"调整">"去色"菜单，或者按【Shift+Ctrl+U】组合键即可。

> 要注意的是，虽然"去色"命令和将图像转换成"灰度"模式都能制作黑白图像，但"去色"命令不更改图像的颜色模式。

5.4.2 反相——反相相片背景

利用"反相"命令可以将图像的色彩进行反相，以原图像的补色显示，常用于制作胶片效果。"反相"命令是唯一一个不丢失颜色信息的命令，再次执行该命令可恢复原图像。

Step 01 打开本书配套素材"Ph5"文件夹中的"20.psd"图像文件，将图像中的背景制作成选区（参见图 5-42 左图），或打开"路径"调板，然后按住【Ctrl】键单击"路径 1"层（参见图 5-42 中图），生成素材中提供的人物选区，并按【Shift+Ctrl+I】反选选区。

Step 02 选择"图像">"调整">"反相"菜单，或者按【Ctrl+I】组合键，即可将选区内的图像反相。按【Ctrl+D】组合键取消选区，得到图 5-42 右图所示效果。

图 5-42　选中相片背景并执行反相操作

5.4.3　阈值——制作黑白版画图像

选择"图像">"调整">"阈值"菜单，可将灰度或彩色图像转换为高对比度的黑白图像。此命令允许用户将某个色阶指定为阈值，所有比该阈值亮的像素会被转换为白色，所有比该阈值暗的像素会被转换为黑色。如图 5-43 所示。用户可打开本书配套素材"Ph5"文件夹中的"21.psd"图像文件进行操作。

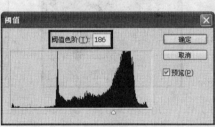

图 5-43　对图像执行阈值命令

5.4.4　色调均化

选择"图像">"调整">"色调均化"菜单可均匀地调整图像的色调，将图像中最亮的像素转换为白色，将最暗的像素转换为黑色，其余的像素也相应地进行调整，如图 5-44 所示。

图 5-44　利用"色调均化"命令调整图像的色调

5.4.5　色调分离

利用"色调分离"命令可调整图像中的色调亮度，减少并分离图像的色调。选择"图像">"调整">"色调分离"菜单执行该命令时，系统将打开"色调分离"对话框，用户可通过设置色阶值决定图像变化的剧烈程度。其值越小，图像变化越剧烈；其值越大，图像变化越轻微，效果如图 5-45 所示。

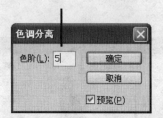

用于决定图像变化的剧烈程度，值越小，图像变化越剧烈反之，图像变化越轻微

图 5-45　利用"色调分离"命令调整图像

> 　　利用色调和色彩调整命令调整图像时，如果要单独对图像中的某个区域进行调整，可以先创建选区（有必要时还可对选区进行羽化），再进行调整。另外，在调整对话框中设置参数时，如果要取消更改但不关闭对话框，可按住【Alt】键，将"取消"按钮转换为"复位"按钮，然后单击，将参数设置恢复到刚打开对话框时的状态。

综合实例——制作艺术化婚纱照片

下面通过制作图 5-46 所示的艺术化婚纱照片来巩固本章所学知识，本例最终效果文件请参考本书配套素材"Ph5"文件夹中的"艺术化婚纱照片.psd"图像文件。

制作思路

首先制作要修饰图像的选区，然后利用"色阶"、"曲线"、"色相/饱和度"命令调整选区图像，最后利用"横排文字蒙版工具"制作文字选区，利用"画笔工具"绘制装饰图案。

制作步骤

Step 01 打开本书配套素材"Ph5"文件夹中的"24.jpg"图像文件，然后利用"套索工具"制作图 5-47 左图所示的树花选区。

Step 02 按【Alt+Ctrl+D】组合键，打开"羽化选区"对话框，在其中设置"羽化半径"为 50 像素，单击"确定"按钮将选区羽化，如图 5-47 右图所示。

图 5-46　效果图　　　　　　　　　　图 5-47　制作选区并羽化

Step 03 按【Ctrl+H】组合键隐藏选区边缘。按【Ctrl+U】组合键打开"色相/饱和度"对话框，设置"色相"为-35，"饱和度"为 40，单击"确定"按钮，从而调整树花的颜色和饱和度，如图 5-48 左图所示。

Step 04 按【Ctrl+M】组合键，打开"曲线"对话框，然后参照如图 5-48 中图所示效果调整曲线形状，增强图像的明暗对比度，此时图像效果如图 5-48 右图所示。

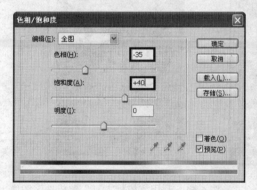

图 5-48　利用"色相/饱和度"和"曲线"命令调整图像

Step 05 按【Shift+Ctrl+I】组合键将选区反选，如图 5-49 左图所示，然后单击工具箱中的"以快速蒙版模式编辑"按钮，进入快速蒙版编辑状态。利用"橡皮擦工具"在人物图像和栏杆之内的区域涂抹，清除这些蒙版区（目的是清除人物图像和栏杆之内的选区），如图 5-49 中图所示。

Step 06 单击工具箱中的"以标准模式编辑"按钮返回到正常编辑模式，得到图 5-49右图所示的选区，然后利用"羽化"命令将选区羽化 5 像素。

图 5-49 重新设置选区

Step 07 按【Ctrl+H】组合键隐藏选区边缘。按【Ctrl+M】组合键打开"曲线"对话框，然后参照图 5-50 左图所示效果调整曲线形状，图像效果如图 5-50 右图所示。

Step 08 选择"模糊工具" ，在工具属性栏中设置画笔为主直径 200 像素的柔边笔刷，其他选项保持默认，然后在选区图像上涂抹，将图像模糊，如图 5-51 所示。

图 5-50 利用"曲线"命令调整图像　　　图 5-51 利用"模糊工具"编辑选区图像

Step 09 按【Ctrl+U】组合键打开"色相/饱和度"对话框，勾选"着色"复选框，设置"色相"为 180，"饱和度"为 40，单击"确定"按钮，得到图 5-52 右图所示效果。

Step 10 按【Shift+Ctrl+I】组合键将选区反选，然后按住【Alt】键的同时，利用"套索工具" 将上半部分选区（树花部分）取消，效果如图 5-53 所示，之后利用"羽化"命令将选区羽化。

图 5-52　利用"色相/饱和度"命令为图像着色　　　　图 5-53　反向并减少选区

Step 11　按【Ctrl+H】组合键隐藏选区边缘。按【Ctrl+M】组合键打开"曲线"对话框，然后参照图 5-54 左图所示效果调整曲线形状，图像效果如图 5-54 右图所示。

Step 12　利用"椭圆选框工具" 在图 5-55 所示位置绘制一个正圆选区，然后按【Ctrl+H】组合键隐藏选区边缘。

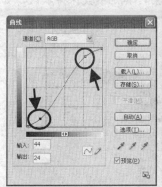  

图 5-54　利用"曲线"命令编辑图像　　　　图 5-55　绘制正圆选区

Step 13　按【Ctrl+L】组合键，打开"色阶"对话框，然后将中间灰色滑块向左拖动（参见 5-56 左图），调亮选区图像。

Step 14　选择"编辑">"描边"菜单，打开"描边"对话框，在其中设置"宽度"为 4px，"颜色"为白色，选中"居外"单选钮，其他选项保持默认，单击"确定"按钮（参见图 5-56 中图），对椭圆选区进行描边，此时图像效果如图 5-56 右图所示。

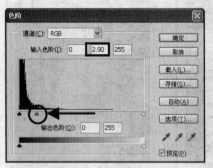

图 5-56 利用"色阶"命令调整选区图像和为选区描边

Step 15　将背景色设置为白色。选择"横排文字蒙版工具"，在其工具属性栏中设置字体为"方正美黑简体"（或别的字体），字号为 102 点，如图 5-57 左图所示。

Step 16　在图像中的圆形区域内创建"爱"字的选区，然后按【Delete】键删除选区内的图像。参照相同的方法，继续用"横排文字蒙版工具"在图像中制作"似"、"繁花"文字选区，制作时需要在工具属性栏中修改字号大小，此时图像效果如图 5-57 右图所示。制作完成后，按【Ctrl+D】组合键取消文字选区。

Step 17　将前景色设置为淡黄色（#f6e6b0），背景色为红色（#fa6d6d）。选择"画笔工具"，单击"画笔"后的▼按钮，在弹出的"画笔预设"选取器的笔刷列表中选择"绒毛球"，然后将笔刷"主直径"设置为 50 像素，其他参数保持默认，如图 5-58 所示。

图 5-57　制作文字选区并删除选区图像　　　　图 5-58　"画笔工具"属性栏

Step 18　按【F5】键打开"画笔"调板，单击调板左侧列表中的"画笔笔尖形状"选项，然后在调板右侧参数区域设置"间距"为 120%；勾选调板左侧列表中的"散布"选项，然后在右侧参数区域设置"散布"为 200%，"数量"为 7，其他参数保持默认；再分别勾选"形状动态"和"颜色动态"选项，参数保持默认，如图 5-59 左图和中图所示。

Step 19 笔刷属性设置好后，利用"画笔工具"  在文字区域涂抹，绘制绒毛球图案，
如图 5-59 右图所示。

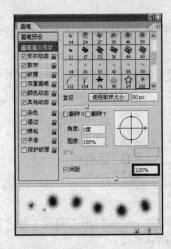  

图 5-59 设置画笔属性并绘制图案

Step 20 在"画笔工具"  属性栏中设置画笔为主直径 200 像素的柔边笔刷，设置"模
式"为"柔光"，然后利用"画笔工具"  在图像的适当区域涂抹，增加一些
柔和的光感，如图 5-60 所示。至此，本例就制作完成了。

本章小结

　　图像的色调和色彩调整是平面设计中的一项重要
工作，通过本章学习，读者应了解各种色调、色彩调
整命令的特点与用法，学会使用这些命令来纠正过亮、
过暗、过饱和或偏色的图像，以及能根据需要熟练地
调整图像的明暗度、对比度或颜色。对于在实际工作
中很常用的几个命令，如曲线、色阶、色相/饱和度、
色彩平衡更应重点掌握。

思考与练习

图 5-60 利用"画笔工具"编辑图像

一、填空题

1. 对图像进行色调调整的命令主要包括：＿＿＿＿、＿＿＿＿、＿＿＿＿、＿＿＿＿、
＿＿＿＿。

2. 对图像进行色彩调整的命令主要包括：＿＿＿＿、＿＿＿＿、＿＿＿＿、
＿＿＿＿、＿＿＿＿、＿＿＿＿、＿＿＿＿、＿＿＿＿。

3. 对图像进行特殊调整的命令有：＿＿＿＿、＿＿＿＿、＿＿＿＿和＿＿＿＿。

4. 要单独对图像中某个区域进行色调或色彩调整时，可以先_____，然后进行相应调整即可。

二、选择题

1. 按住（　　）键，可将图像色彩调整对话框中的"取消"按钮转换为"复位"按钮。

　　A.【Alt】　　　　　B.【Ctrl】　　　　C.【Shift】　　　　D.【Alt+Shift】

2. 利用（　　）命令可调整图像整体或单独通道的亮度、对比度和色彩，还可调节图像任意局部的亮度。

　　A. 色彩平衡　　　B. 色阶　　　　　C. 曲线　　　　　D. 匹配颜色

3. 利用"替换颜色"命令时，可通过设置（　　）来扩大或减小选取范围。

　　A. 颜色饱和度　　B. 颜色容差　　C. 创建选区　　D. 颜色纯度

三、操作题

1. 打开本书配套素材"Ph5"文件夹中的"25.jpg"图像文件，分别利用"曲线"和"色相/饱和度"命令调整图像，调整前后的对比效果如图 5-61 所示。

图 5-61　调整图像色彩

提示： 首先制作天空和小河的选区，然后反选选区并羽化，并依次利用"曲线"和"色相/饱和度"命令调整草地和山图像；接着将选区再次反选以选中天空和小河，然后分别利用"曲线"和"色相/饱和度"命令调整图像。

2. 打开本书配套素材"Ph5"文件夹中的"26.jpg"图像文件，然后利用"可选颜色"命令将图像中绿色的草地颜色改成金黄色，调整前后的对比效果如图 5-62 所示。

图 5-62　改变照片中的季节

第6章

图层应用（上）

章前导读

  图层是 Photoshop 中最为重要和常用的功能之一。Photoshop 强大而灵活的图像处理功能，在很大程度上都源自它的图层功能。通过前面章节的学习，我们对图层已有一定的了解，本章将系统介绍图层的基本知识，如"图层"调板的组成，图层的类型及创建方法，图层的选择、移动、复制、删除、链接和合并等。

6.1   认识图层调板

  在 Photoshop 中，系统对图层的管理主要依靠"图层"调板和"图层"菜单来完成，用户可借助它们创建、删除、重命名图层，调整图层顺序，创建图层组、图层蒙版，为图层添加效果等。

  打开本书配套素材"Ph6"文件夹中的"01.psd"图像文件，选择"窗口">"图层"菜单，或者按【F7】键，打开"图层"调板，可看到该图像文件由多个图层组成，图 6-1 显示了"图层"调板中各组成元素的意义（我们将在后面陆续讲解各组成元素的具体应用）。

6.2   图层的类型与创建

  在 Photoshop 中，用户可根据需要创建多种类型的图层，如普通图层、文字图层、调整图层等。下面，我们将具体介绍这些图层的创建方法及特点。

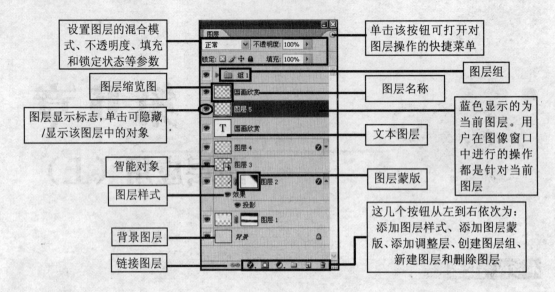

图 6-1 "图层"调板

6.2.1 背景层的特点

新建的图像或不包含其他图层信息的图像，通常只有一个图层，那就是背景图层，如图 6-2 所示。背景图层的特点如下。

> 背景图层永远都在最下层。
> 在背景图层上可用画笔、铅笔、图章、渐变、油漆桶等绘画和修饰工具进行绘画。
> 无法对背景图层添加图层样式和图层蒙版；背景默认为锁定状态，无法移动其上的图像（选区内的图像除外）。要进行这些操作，可参考 6.3.1 节内容将背景层转换为普通图层。

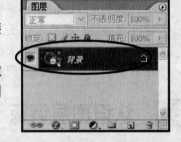

图 6-2 背景层

> 背景图层中不能包含透明区。
> 当用户清除背景图层中的选定区域时，该区域将以当前设置的背景色填充，而对于其他图层而言，被清除的区域将成为透明区。

6.2.2 创建普通层——圣诞老人

普通图层是 Photoshop 中最基本的图层。为方便编辑图像，常常需要创建普通图层，并将图像的不同部分放置在不同的图层中。下面是创建和应用普通图层的方法。

Step 01 打开本书配套素材"Ph6"文件夹中的"03.jpg"图像文件，按【F7】键打开"图层"调板，单击调板下方的"创建新图层"按钮，或按【Shift+Alt+Ctrl+N】组合键可创建一个完全透明的空图层，如图 6-3 左图所示。

选择"图层" > "新建" > "图层"菜单或按【Shift+Ctrl+N】组合键，也可创建新层。此时系统将打开"新建图层"对话框，如图 6-3 右图所示。通过该对话框可设置图层名称、基本颜色、不透明度和色彩混合模式等。

选择该复选框，表示该层与其上一层可组成一个剪辑组（参考 7.4 节内容）

设置图层左侧方框的颜色以区分图层

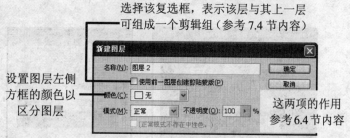

这两项的作用参考6.4节内容

图 6-3 新建图层

Step 02 打开"Ph6"文件夹中的"04.jpg"图像文件，选中除白色背景外的所有图像（参见图 6-4 左图），将其拖拽到"03.jpg"图像窗口中（参见图 6-4 中图），可以看到该图像位于新建的图层中，如图 6-4 右图所示。

图 6-4 应用图层

用户在使用图层时还应注意以下技巧：（1）在图像窗口中进行的操作（如填充选区，移动图像等）都是针对当前图层，要将某图层设为当前图层，只需单击该图层即可；（2）复制图像时将自动创建普通图层；（3）新建的图层总位于当前图层之上，并自动成为当前层；（4）当图层很多时，为便于管理图层，可根据图层内容命名图层，双击图层名称可重命名图层。

6.2.3 创建调整层——爱的茶花

在 Photoshop 中可以将使用"色阶"、"曲线"等命令制作的效果单独放在一个图层中，这个图层就是调整图层。与普通色彩调整命令不同的是，调整层对图像的调整属于非破坏性，不真正改变源图像；此外，调整图层将影响位于其下方的所有图层，而使用色彩调整命令只能调整当前图层中的图像。下面通过一个实例介绍调整层的特点与创建方法。

Step 01 打开本书配套素材"Ph6"文件夹中的"05.psd"图像文件，按【F7】键打开"图层"调板，单击"背景"图层，将其置为当前图层，如图 6-5 右图所示。

Step 02 单击调板底部的"创建新的填充或调整图层"按钮，从弹出的下拉菜单中可以选择"色阶"、"曲线"、"色相/饱和度"等选项，此处选择"色相/饱和度"，如图 6-6 所示。

图 6-5　打开素材图片并设置当前图层　　　　图 6-6　选择"色相/饱和度"选项

Step 03 在打开的"色相/饱和度"对话框中勾选"着色"复选框，设置"饱和度"为 35，如图 6-7 左图所示，单击"确定"按钮，即可在"背景"图层之上新建一个"色相/饱和度"调整图层，如图 6-7 中图所示。此时，图像效果如图 6-7 右图所示，可以看到，调整图层只影响"背景"图层，而"图层 1"、"图层 2"不受影响。

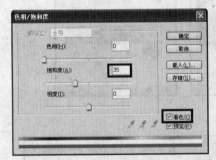

图 6-7　创建调整图层

　　　　新建的调整图层将自动添加到当前图层的上面，它是一个带蒙版的图层。因此，用户可通过编辑其蒙版来控制调整图层所影响的区域（有关蒙版的特点和用法，参见第 7 章内容）。

Step 04 将光标移至新建的调整图层上面，按住鼠标左键并向上拖动，至"图层 2"上方时释放鼠标，将调整图层移至所有图层的上方，此时可看到调整图层下方的所有图层都受其影响，如图 6-8 所示。

　　　　如果对调整图层的效果不满意，可以双击调整图层的缩览图，在打开的设置对话框中重新调整参数；要撤销对所有图层的调整效果，可在"图层"调板中单击该调整层左侧的图标关闭图层；要删除调整图层，只需将其拖至调板底部的"删除图层"按钮上即可，如图 6-9 所示

双击可重新设置调整层参数

单击可关闭或
开启调整层

要删除调整
层，可将其拖
至该按钮上

图 6-8　设置调整图层的位置　　　　　　　图 6-9　编辑、关闭或删除调整层

6.2.4　创建填充层——海边女郎

填充图层也是一种带蒙版的图层，其内容可为纯色、渐变色或图案。填充图层主要有如下特点：可随时更换其内容，可将其转换为调整层，可通过编辑蒙版制作融合效果。下面通过一个实例介绍填充层的特点与创建方法。

Step 01　打开本书配套素材 "Ph6" 文件夹中的 "06.jpg" 图像文件，然后利用前面所学知识制作天空图像的选区，如图 6-10 所示。

Step 02　将前景色设置为橙色（# f59916）。按【F7】键，打开 "图层" 调板，然后单击调板底部的 "创建新的填充或调整图层" 按钮 ，从弹出的下拉菜单中可以选择 "纯色"、"渐变"、"图案" 选项，本例选择 "渐变" 选项，如图 6-11 所示。

Step 03　在打开的 "渐变填充" 对话框中单击 "渐变" 右侧的 按钮，打开 "渐变" 编辑器，并从中选择 "前景到透明" 渐变样式，然后勾选 "反向"，其他选项保持默认，如图 6-12 所示。

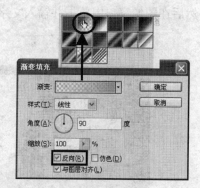

图 6-10　打开素材图像并制作选区　　图 6-11　选择 "渐变" 命令　　　图 6-12　选择渐变色

Step 04　单击 "确定" 按钮关闭对话框，即可在 "背景" 图层之上创建一个渐变填充图层，如图 6-13 左图所示。此时，图像效果如图 6-13 右图所示。

填充图层的作用范围、关闭和删除方法与调整图层相同，下面介绍填充图层的其他一些使用技巧。

➤ 选择"图层">"更改图层内容"菜单中的相关命令，可以改变填充图层的内容或将其转换为调整图层。

图 6-13 添加渐变填充图层的效果

➤ 要编辑填充图层，可选择"图层">"图层内容"菜单或双击"图层"调板中的填充图层缩览图，在打开的对话框中进行设置。

➤ 用户可以更改填充图层的内容，而不能在其上进行绘画。因此，如果希望将填充图层转换为带蒙版的普通图层（此时可在图层上绘画），可选择"图层">"栅格化">"填充内容"或"图层"菜单。

➤ 通过编辑填充图层的蒙版可得到许多图像特效，具体请参考第 7 章内容。

6.2.5 创建文字层——春意

文本图层是编辑文字信息的图层。要创建文字图层，只需选择"横排文字工具" T 或"直排文字工具" IT，并在工具属性栏中设置文字大小、颜色等属性（参见第 9 章内容），然后在图像窗口中单击并输入文字，并按【Ctrl+Enter】组合键进行确认，如图 6-14 所示。

图 6-14 创建文字图层

温馨提示　　用户可随时输入或编辑文字图层中的文字，但是 Photoshop 提供的大部分绘图工具和图像编辑功能不能用于文字图层，除非将文字图层栅格化为普通图层（操作方法详见第 9 章）内容。

6.2.6 创建形状层——修改圣诞老人图像

在 Photoshop CS2 中，用户可使用路径和形状工具绘制路径、形状或填充区。其中，绘制形状时，系统将自动创建一个形状图层，并且形状被保存在图层蒙版中。用户以后可根据需要随时编辑形状，或改变形状图层的内容。下面通过一个实例介绍形状层的特点与用法。

Step 01 打开本书配套素材 "Ph6" 文件夹中的 "03.psd" 图像文件，如图 6-15 所示。

Step 02 将前景色设置为绿色。选择工具箱中的 "自定形状工具" ，在其工具属性栏中按下 "形状图层" 按钮，单击 "形状" 右侧的下拉三角按钮，在弹出的 "自定形状" 拾色器中选择 "草 2" 形状，如图 6-16 所示。

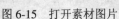

图 6-15　打开素材图片　　　图 6-16　选择 "自定形状工具" 并设置其属性

Step 03 将光标移至图像窗口中，单击并拖动鼠标绘制草图形，如图 6-17 左图所示。此时，在 "图层" 调板中新建了一个形状图层，由于当前前景色为绿色，因此，形状层的填充内容为青色，如图 6-17 中图所示。用户可使用同样的方法继续绘制其他草图形，效果如图 6-17 右图所示。

图 6-17　创建形状图层

本书第 8 章会专门讲解形状的绘制和编辑方法，下面是使用形状图层时应注意的地方。

➢ 与调整图层、填充图层蒙版不同的是，由于形状被保存在了蒙版中，因此，用户无法编辑形状图层的蒙版内容，而只能利用形状编辑工具调整形状的外观。

➢ 选择 "图层" > "栅格化" > "形状" 或 "图层" 菜单，可以将形状图层转换为不带蒙版的普通层。

> 选择"图层">"栅格化">"填充内容"菜单，可将形状图层转换为带形状蒙版的普通图层，此时可在图层上绘画。

> 选择"图层">"更改图层内容"菜单中的"色阶"、"曲线"等菜单项，可将形状图层转换为带形状蒙版的调整图层。

> 选择"图层">"栅格化">"矢量蒙版"菜单，可将形状蒙版转换为普通蒙版。

6.2.7 创建智能对象

智能对象实际上是一个指向其他 Photoshop 或 Illustrator 文件的指针，当我们更新源文件时，这种变化会自动反映到当前文件中。下面将通过一个实例介绍智能对象的创建方法。

Step 01 打开本书配套素材"Ph6"文件夹中的"06.psd"图像文件，选择"文件">"置入"菜单，打开图 6-18 左图所示的"置入"对话框，从中选择本书配套素材"Ph6"文件夹中的"08.eps"文件，单击"置入"按钮，置入选中的图像。

Step 02 此时置入的文件四周会出现一个矩形控制框，将光标移至控制框内，按下鼠标左键并拖动，可以调整对象的位置；用鼠标拖动控制框的控制柄，可以调整置入对象的大小，如图 6-18 中图所示。

Step 03 调整好置入对象的大小和位置后，按【Enter】键确认调整操作。此时，在"图层"调板中会出现一个智能对象图层，其图层缩览图右下角带有一个智能标记 ⬛，如图 6-18 右图所示。

图 6-18　创建智能对象

Step 04 双击智能对象图层的缩览图，或者选择"图层">"智能对象">"编辑内容"菜单，可以启动相关应用程序编辑置入的文件。编辑结束后保存文件，更改的内容将即时反馈到当前文件中。

> 对于 Illustrator 图形来说，我们还可通过复制、粘贴方法在 Photoshop 中创建智能对象。此外，用户还可通过选择"图层">"智能对象">"编组到新建智能对象图层中"菜单，将一个或多个图层转换为智能对象。

6.3 图层的基本操作

图层的基本操作主要包括转换图层、调整图层的叠放顺序、删除与复制图层、链接与合并图层、对齐与分布图层、锁定图层等。

6.3.1 背景层与普通层之间的转换

在 Photoshop 中，系统允许用户将背景图层转换为普通图层，以便对其设置图层样式、不透明度和蒙版等；同样，我们也可以将普通图层转换为背景图层。

Step 01 打开本书配套素材 "Ph6" 文件夹中的 "09.psd" 图像文件，并按【F7】键打开其 "图层" 调板，单击选中 "背景" 图层，如图 6-19 所示。

Step 02 选择 "图层" > "新建" > "图层" 菜单，或者双击 "背景" 图层，打开图 6-20 左图所示 "新建图层" 对话框，其中各项参数保持默认，单击 "确定" 按钮，即可将 "背景" 图层转换为普通图层，并命名为 "图层 0"，如图 6-20 右图所示。

图 6-19 "图层" 调板　　　图 6-20 "新建图层" 对话框与 "图层" 调板

Step 03 在对 "图层 0" 进行了相关设置（如改变不透明度，参见图 6-21）后，将该图层选中，然后选择 "图层" > "新建" > "图层背景" 菜单，可以将 "图层 0" 转换为 "背景" 图层，如图 6-22 所示。

按住【Alt】键，在 "图层" 调板中双击 "背景" 图层可以快速将其转换为普通图层。

图 6-21 设置图层的不透明度　　图 6-22 将普通图层转换为背景图层

6.3.2 调整图层的叠放次序——牛奶广告

图层是自上而下依次排列的，即位于 "图层" 调板中最上面的图层在图像窗口中也位于最上层。因此，在编辑图像时，通过调整图层的叠放顺序可获得不同的图像效果。下面通过实例介绍调整图层叠放次序的方法。

Step 01 打开本书配套素材"Ph6"文件夹中的"10.psd"图像文件，按【F7】键打开"图层"调板，如图 6-23 所示。从图中可知，"人物"图层位于调板的最上层，因此人物图像也位于图像窗口的最上层，并遮盖了位于其下方的图像。

图 6-23　打开素材文件与"图层"调板

Step 02 单击选中"人物"图层，然后按住鼠标不放并向下拖动，当到达"牛奶"图层，并在"牛奶"图层下方出现一个虚线框时，释放鼠标即可"人物"图层移至"牛奶"图层下方，如图 6-24 中图所示。此时，画面效果如图 6-24 右图所示。

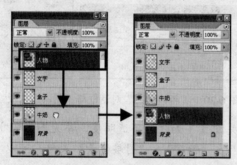

图 6-24　调整图层的叠放顺序及图像效果

在"图层"调板中选中图层后，利用"图层">"排列"菜单中的命令也可调整图层顺序，如图 6-25 所示。

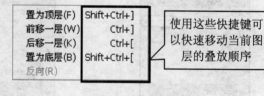

置为顶层(F)	Shift+Ctrl+]
前移一层(W)	Ctrl+]
后移一层(K)	Ctrl+[
置为底层(B)	Shift+Ctrl+[
反向(R)	

使用这些快捷键可以快速移动当前图层的叠放顺序

图 6-25　"排列"子菜单

6.3.3　删除与复制图层

要删除不需要的图层，可执行以下操作之一。

➢ 在"图层"调板中选中要删除的图层，将其拖至调板下方的"删除图层"按钮 🗑 上。

- 在"图层"调板中选中要删除的图层，然后单击"删除图层"按钮，并在弹出的对话框中单击"是"按钮。
- 在"图层"调板中选中要删除的图层，选择"图层"＞"删除"＞"图层"菜单。
- 在"图层"调板中右击要删除的图层，从弹出的快捷菜单中选择"删除图层"。
- 在"移动工具"被选中的状态下，按【Delete】键也可删除当前图层。

要复制图层，可执行如下操作之一：

- 选中要复制的层，然后将其拖至"创建新图层"按钮上。
- 在"图层"调板中选中要复制的图层，选择"图层"主菜单或"图层"调板快捷菜单中的"复制图层"项，打开图 6-26 所示的对话框，设置好相关参数后，单击"确定"按钮。

可在该下拉框中选择要复制到的目标图像文件（此处列出了当前所打开的所有图像文件，默认是复制到当前图像中）。若选择"新建"，表示将选定层复制到新图像文件中，此时用户可在"名称"编辑框中输入新图像名称

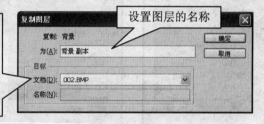

图 6-26 "复制图层"对话框

- 如果制作了选区，则可以在选区中单击鼠标右键，在弹出的快捷菜单中选择"通过拷贝的图层"（也可直接按【Ctrl+J】组合键）或"通过剪切的图层"项，此时系统将会把选区内的图像创建为新图层，如图 6-27 所示。

图 6-27 通过复制或剪切选区图像制作新层

打开本书配套素材"Ph6"文件夹中的"11.psd"图像文件，利用复制图层功能复制大树图像，并适当缩放，放置在不同位置，如图 6-28 所示。

图 6-28 利用复制图层功能复制大树图像

6.3.4 图层的隐藏与显示——恭贺新春

当一幅图像包含多个图层时，通过隐藏一些图层，可以方便查看其他图层上的内容。

Step 01 打开本书配套素材 "Ph6" 文件夹中的 "12.psd" 图像文件，如图 6-29 所示。

Step 02 要隐藏画面中的 "恭贺新春" 文字，就要隐藏文字所在图层。将光标移至文字所在 "图层 2" 的左侧眼睛图标处，单击鼠标，眼睛图标消失，此时画面中的文字被隐藏，如图 6-29 中图和右图所示。

Step 03 单击 "图层 2" 左边的，重新显示眼睛图标，可重新显示隐藏的文字。

图 6-29 图层的隐藏与显示

> 按住【Alt】键的同时，在 "图层" 调板中单击某图层名称前面的图标，可以隐藏该图层之外的所有图层。

6.3.5 图层的链接与合并——好运天使

在编辑图像时，利用图层的链接功能，可以同时对多个图层中的图像进行移动或变形等操作；利用图层的合并功能，可以将多个图层合并为一个图层，以便对其进行统一处理。下面通过一个实例介绍图层的链接与合并方法。

Step 01 打开本书配套素材 "Ph6" 文件夹中的 "13.psd" 图像文件，如图 6-30 所示。

Step 02 在 "图层" 调板中，按住【Ctrl】键的同时，依次单击 "图层 1"、"图层 2" 和 "图层 2 副本" 图层，同时选中这三个图层，然后单击调板底部的 "链接图层" 按钮，此时在选中的图层间将生成链接关系，如图 6-31 所示。

> 按住【Ctrl】键单击选择图层时，不要单击图层缩览图，而要单击图层的名称，否则会载入图层的选区，而不是选中该图层。另外，按住【Shift】键，单击首尾两个图层，可以选中多个连续的图层；选择 "选择" > "所有图层" 菜单，或者按【Alt+Ctrl+A】组合键，可以选中所有普通图层。

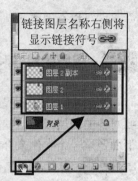

链接图层名称右侧将显示链接符号

图 6-30　打开素材图片　　　　　　　　　　　图 6-31　创建链接图层

Step 03　在"图层"调板中选中"图层 1"，然后按【Ctrl+T】组合键，对链接图层的图像同时进行缩小操作，如图 6-32 所示；按【Enter】键确认操作，然后利用"移动工具" 调整链接图层中图像的位置，此时画面效果如图 6-33 所示。

图 6-32　对链接图层对象执行缩小操作　　　　　图 6-33　移动链接图层的图像

Step 04　在"图层"调板中，同时选中"图层 1"、"图层 2"和"图层 2 副本"图层，单击调板底部的"链接图层"按钮，可取消这几个图层之间的链接。

Step 05　在"图层"调板中，同时选中"图层 2"和"图层 2 副本"图层，然后选择"图层" > "合并图层"菜单，或者按【Ctrl+E】组合键，将两者合并为一个图层，如图 6-34 所示。

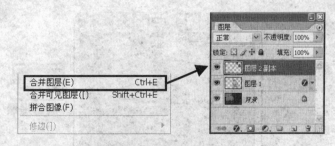

图 6-34　合并图层

➢ **合并图层：** 选择该命令可以合并选中的图层。如果只选择一个图层，该命令显示为"向下合并"，选择它可以将当前图层与其下方的一个图层合并。

➢ **合并可见图层：** 合并图像中的所有可见图层（"图层"调板中带有 图标的图层）。

➢ **拼合图像：**选择该命令，可以合并所有图层，并在合并过程中丢弃隐藏的图层。

6.3.6 图层的对齐和分布——鲜花相框

利用 Photoshop 提供的"对齐"与"分布"命令可以将位于不同图层中（需同时选中要对齐的图层或在这些图层之间建立链接）的图像在水平或垂直方向上对齐，或均匀分布。下面通过一个实例来介绍图层的对齐与分布方法。

Step 01 打开本书配套素材"Ph6"文件夹中的"14.psd"图像文件，按【F7】键打开"图层"调板，然后同时选中"图层 1"至"图层 6" 6 个图层（图像窗口中上边的 6 朵花位于这几个图层中），如图 6-35 右图所示。

Step 02 选择"移动工具" ，然后依次单击工具属性栏中的"垂直居中对齐"按钮和"水平居中分布"按钮 。此时，图像对齐与分布效果如图 6-36 所示。

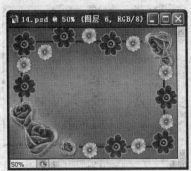  

图 6-35 打开素材文件并选中图层　　　　图 6-36 对齐与分布上边的 6 朵花图像

Step 03 在"图层"调板中同时选中"图层 2"、"图层 7"和"图层 8"（参见图 6-37 左图），然后依次单击"移动工具" 属性栏中的"水平居中对齐"按钮和"垂直居中分布"按钮 ，此时画面效果如图 6-37 右图所示。

用户还可选择"图层">"对齐"或"分布"菜单中的相关命令来进行对齐或分布操作。在进行对齐操作时，必须先选中 2 个或 2 个以上的图层；在进行分布操作时，必须选中 3 个或 3 个以上的图层；若在图像中定义了选区，则所选图层将与选区对齐。

图 6-37 对齐与分布左边的 6 朵花图像

Step 04 参考前面的方法，按照图 6-38 左图和右图所示对齐"图层"调板中选中的图层，图像效果如图 6-38 中图所示。

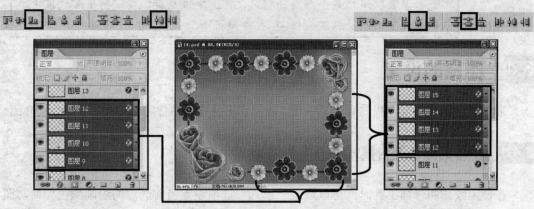

图 6-38　对齐与分布下边和右边的 6 朵花图像

6.3.7　图层的锁定

在使用 Photoshop 编辑图像时，为避免某些图层上的图像受到影响，可选中这些图层，然后单击"图层"调板中的四种锁定方式按钮 ▨ ✐ ✛ ⬤ 将其锁定，如图 6-39 中图所示。

➢ **锁定透明像素** ▨：表示禁止在锁定层的透明区绘画。

➢ **锁定图像像素** ✐：表示禁止编辑锁定层，如禁止使用画笔工具在该图层绘画，但可以移动该图层中的图像。

➢ **锁定位置** ✛：表示禁止移动该图层中的图像，但可以编辑图层内容。

➢ **锁定全部** ⬤：表示禁止对锁定层进行任何操作。

　　打开本书配套素材"Ph6"文件夹中的"17.psd"文件（参见图 6-39 左图），选中"图层 1"，单击"锁定透明像素" ▨，然后使用"画笔工具" ✐ 在图像窗口四周绘制圆点。由于该图层透明区已被锁定，因此绘制的圆点只出现在黄色边框上，如图 6-39 右图所示。用户可继续对该图像进行操作，练习其他几个图层锁定按钮的用法。

图 6-39　锁定图层的透明区域

6.4　图层的设置

通过设置图层的混合模式和不透明度，能制作出特殊的图像融合效果。下面分别介绍。

6.4.1　图层的颜色混合模式——电影海报

在使用绘图和修饰工具时，可以通过"模式"选项设置当前选定的绘画颜色如何与图像原有的底色进行混合，以得到一些特殊效果。对于图层来说，用户也可设置当前图层如何与下方图层进行颜色混合，从而制作出一些特殊的图像效果。下面以实例来进行说明。

Step 01 打开本书配套素材 "Ph6" 文件夹中的 "15.psd" 图像文件，如图 6-40 所示，下面通过设置图层混合模式，来改变该图像的显示效果。

Step 02 在"图层"调板中，单击选中"图层1"，然后单击图层混合模式右侧的 ∨ 按钮，从弹出的下拉列表中选择"亮度"模式，如图 6-41 所示。

Step 03 选中"图层"调板中的"图层2"，然后设置该图层的混合模式为"差值"，如图 6-42 所示。

图 6-40　打开素材图片

图 6-41　设置"图层1"的混合模式　　　图 6-42　设置"图层2"的混合模式

下面我们来了解一下 Photoshop 中各种颜色混合模式的意义。

➢ **正常：**这是 Photoshop 中默认的色彩混合模式，此时新绘制的图像将完全覆盖原来的图像，或选定图层完全覆盖下面的图层（透明区域除外）。

➢ **溶解：**在这种模式下，系统将混合颜色随机取代基色，以达到溶解的效果。

➢ **变暗：**查看每个通道的颜色信息，混合时比较混合颜色与基色，将其中较暗的颜色作为结果颜色。也就是说，比混合色亮的像素被取代，而比混合色暗的像素不变。

➢ **正片叠底：**将基色与混合色复合，结果颜色通常比原色深。任何颜色与黑色复合产生黑色，任何颜色与白色复合保持不变。当用黑色或白色以外的颜色绘画时，与原图像相叠的部分将产生逐渐变暗的颜色。

➢ **颜色加深：**查看每个通道的颜色信息，通过增加对比度使基色变暗。其中，与白色混合时不改变基色。

➢ **线性加深：**通过降低亮度使基色变暗。其中，与白色混合时不改变基色。

➢ **变亮：**混合时比较混合颜色与基色，将其中较亮的颜色作为结果颜色。比混合色暗的像素被取代，而比混合色亮的像素不变。

➢ **滤色：**选择此模式时，系统将混合色与基色相乘，再转为互补色。利用这种模式得到的结果颜色通常为亮色。

➢ **颜色减淡：**通过降低对比度来加亮基色。其中，与黑色混合时色彩不变。

➢ **线性减淡：**通过增加亮度来加亮基色。其中，与黑色混合时色彩不变。

➢ **叠加：**将混合色与基色叠加，并保持基色的亮度。此时基色不会被代替，但会与混合色混合，以反映原色的明暗度。

➢ **柔光：**根据混合色使图像变亮或变暗。其中，当混合色灰度大于 50%时，图像变亮；反之，当混合色灰度小于 50%时，图像变暗。用纯黑色或纯白色绘画会产生明显较暗或较亮的区域，但不会产生纯黑色或纯白色。

➢ **强光：**根据混合色的不同，使像素变亮或变暗。其中，如果混合色大于 50%灰度，图像变亮，这对于向图像中添加高光非常有用。反之，如果混合色小于 50%灰度，图像变暗。这种模式特别适于为图像增加暗调，用纯黑色或纯白色绘画会产生纯黑色或纯白色。

➢ **亮光：**通过增加或减小对比度来加深或减淡颜色，具体效果取决于混合色。如果混合色比 50% 灰色亮，则通过减小对比度使图像变亮；如果混合色比 50% 灰色暗，则通过增加对比度使图像变暗。

➢ **线性光：**通过减小或增加亮度来加深或减淡颜色，具体效果取决于混合色。如果混合色比 50% 灰色亮，则通过增加亮度使图像变亮；如果混合色比 50% 灰色暗，则通过减小亮度使图像变暗。

➢ **点光：**替换颜色，具体效果取决于混合色。如果混合色比 50% 灰色亮，则替换比混合色暗的像素，而不改变比混合色亮的像素；如果混合色比 50% 灰色暗，则替换比混合色亮的像素，而不改变比混合色暗的像素。

➢ **实色混合：**图像混合后，图像的颜色被分离成红、黄、绿、蓝等 8 种极端颜色，其效果类似于应用"色调分离"命令。

➤ **差值**：以绘图颜色和基色中较亮颜色的亮度减去较暗颜色的亮度。因此，当混合色为白色时使基色反相，而混合色为黑色时原图不变。

➤ **排除**：与差值类似，但更柔和。

➤ **色相**：用基色的亮度、饱和度以及混合色的色相创建结果色。

➤ **饱和度**：用基色的亮度、色相以及混合色的饱和度创建结果色。在无饱和度（灰色）的区域用此模式绘画不会产生变化。

➤ **颜色**：用基色的亮度以及混合色的色相、饱和度创建结果色。这样可以保留图像中的灰阶，并且对于给单色图像上色和给彩色图像着色都非常有用。

➤ **亮度**：用基色的色相、饱和度以及混合色的亮度创建结果色。此模式创建与"颜色"模式相反的效果。

若想快速在各图层混合模式间切换，可先选中要混合的图层，然后按【Shift+ +】或【Shift+ -】组合键。注意该方式需要在事先没选中任何混合模式的前提下才有效。

6.4.2 图层的不透明度——中国文化

通过修改图层的不透明度也可改变图像的显示效果。在 Photoshop 中，用户可改变图层的两种不透明度设置：一是图层整体的不透明度，二是图层内容的不透明度即填充不透明度。下面以实例来说明设置图层不透明度的方法。

Step 01 打开本书配套素材"Ph6"文件夹中的"16.psd"图像文件，如图 6-43 所示。从图中可知，素材中为文字图层添加了描边和外发光效果。

图 6-43 打开素材图片

Step 02 打开"图层"调板，单击选中文字图层，然后设置"不透明度"为 50%，此时，文字图层的描边和外发光效果都受到了影响，如图 6-44 所示。

Step 03 在"图层"调板中，将文字图层的不透明度恢复为 100%，然后设置"填充"为 20%。这时，只有文字本身的填充颜色发生了改变，其描边和外发光效果未受影响，如图 6-45 所示。

图 6-44 设置文字图层的整体不透明度　　　　图 6-45 设置图层的填充不透明度

综合实例——制作水彩画

下面通过制作图 6-46 所示的水彩画来巩固本章所学内容，本例最终效果文件请参考本书配套素材"Ph6"文件夹中的"水彩画.psd"图像文件。

制作思路

首先打开素材图片并复制图层；然后分别对副本图层执行"木刻"、"干画笔"和"中间值"滤镜，并分别更改副本图层的混合模式，从而制作出水彩画效果；接着添加一个"曲线"调整图层以增加水彩画的质感；最后置入破损墙面图像，并设置该图层的混合模式。

制作步骤

Step 01 打开本书配套素材"Ph6"文件夹中的"18.jpg"图像文件，按【F7】键打开"图层"调板，然后按3次【Ctrl+J】组合键，将"背景"图层分别复制为"图层1"、"图层1副本"和"图层1副本2"，如图 6-47 右图所示。

图 6-46 水彩画效果　　　　　图 6-47 打开素材图片并复制图层

Step 02 在"图层"调板中，单击选中"图层1"，然后依次单击"图层1副本"和"图层1副本2"左侧的眼睛图标，隐藏这两个图层，如图 6-48 所示。

Step 03 选择"滤镜">"艺术效果">"木刻"菜单，打开"木刻"对话框，然后参照图 6-49 所示设置相关参数，单击"确定"按钮，关闭对话框。

 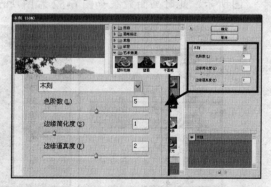

图 6-48 隐藏图层　　　　　图 6-49 "木刻"对话框

Step 04 在"图层"调板中，设置"图层1"的混合模式为"强光"，如图6-50左图所示，此时画面效果如图6-50右图所示。

图6-50　设置"图层1"的混合模式

Step 05 在"图层"调板中单击选中"图层1副本"，并重新显示该图层，如图6-51左图所示。选择"滤镜" > "艺术效果" > "干画笔"菜单，打开"干画笔"对话框，然后参照图6-51右图所示设置相关参数，单击"确定"按钮，关闭对话框。

图6-51　"图层"调板与"干画笔"对话框

Step 06 在"图层"调板中，设置"图层1副本"的混合模式为"强光"，如图6-52左图所示，此时画面效果如图6-52右图所示。

图6-52　设置"图层1副本"的混合模式

Step 07 在"图层"调板中单击选中"图层 1 副本 2"，并重新显示该图层。选择"滤镜" >"杂色">"中间值"菜单，打开"中间值"对话框，然后参照图 6-53 所示设置相关参数，单击"确定"按钮，关闭对话框。

Step 08 在"图层"调板中，设置"图层 1 副本 2"的混合模式为"柔光"，如图 6-54 左图所示，此时画面效果如图 6-54 右图所示。

图 6-53 "中间值"对话框　　　　　图 6-54 设置"图层 1 副本 2"的混合模式

Step 09 由图 6-54 右图可知，画面的右上角有点亮，需要调整一下。利用"套索工具"制作图 6-55 所示的选区，然后按【Alt+Ctrl+D】组合键，并利用"羽化"命令将选区羽化 30 像素。

Step 10 单击"图层"调板底部的"创建新的填充或调整图层"按钮，从弹出的下拉菜单中选择"曲线"，打开"曲线"对话框，然后将曲线的亮部稍向下拖动（参见图 6-56 左图），降低选区图像的亮度，单击"确定"按钮，得到一个曲线调整图层。此时，画面效果如图 6-56 右图所示。

 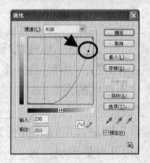 

图 6-55 制作选区并设置羽化效果　　　　　图 6-56 创建曲线调整图层

Step 11 打开本书配套素材"Ph6"文件夹中的"19.jpg"图像文件（参见图 6-57 左图），然后将破损的墙面图像复制到"18.jpg"图像窗口中，并适当调整其大小。此时，自动生成"图层 2"。

Step 12 在"图层"调板中，设置"图层 2"的混合模式为"线性加深"，其画面效果如图 6-57 右图所示。至此，水彩画效果就制作完成了。

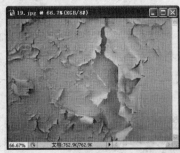

图 6-57 复制图层并设置图层混合模式

本章小结

本章主要介绍了各类图层的特点和创建方法、图层的基本操作，以及如何设置图层混合模式和不透明度等知识。图层是 Photoshop 最重要的一个功能，学习完本章内容，用户应该对相关知识有一定的领会，并且能举一反三，制作出自己的作品来。

另外，从实用性来讲，设置图层混合模式是很常用的操作，但其原理较难理解，对于初学者来说，会觉得难以捉摸，所以应多动脑、多尝试。

思考与练习

一、填空题

1. 图层的类型分为＿＿＿＿、＿＿＿＿、＿＿＿＿、＿＿＿＿、＿＿＿＿、＿＿＿＿和＿＿＿＿＿。调整图层的优点是＿＿＿＿＿＿＿＿＿＿＿＿＿＿＿＿＿＿＿＿＿＿＿＿＿＿＿。

2. 在"图层"调板中，单击＿＿＿＿＿图标可隐藏/显示图层。

3. 按住＿＿＿＿＿键并依次单击图层，可同时选中多个连续的图层，按住＿＿＿＿＿键单击首位两个图层，可同时选中多个不连续的图层。

4. 将"背景"图层转换为普通图层，可选择＿＿＿＿＿＞＿＿＿＿＿＞＿＿＿＿＿菜单；按住＿＿＿＿＿键的同时，双击"背景"图层，可以直接将其转换为普通图层。

5. 按＿＿＿＿＿组合键，可以合并可见图层；按＿＿＿＿＿组合键，可以向下合并图层。

二、选择题

1. 下列关于背景图层的说法错误的是（　　　　）。
   A. 背景图层永远都在最下层　　　　　　　B. 可以移动背景图层上的图像
   C. 背景图层中不能包含透明区　　　　　　D. 可以在背景层上绘画

2. 按（　　　）组合键，可把选区内的图像创建为新图层。
   A.【Ctrl+B】　　　　B.【Ctrl+J】　　　　C.【Alt+J】　　　　D.【Alt+B】

3. 要禁止使用画笔工具在某图层绘画，需单击（　　　）按钮。
   A. 锁定位置　　　B. 锁定图像像素　　　C. 锁定透明像素　　　D. 锁定绘画

4. 如果希望对一组图层进行统一的移动、变形等操作，最好的办法是（　　）。

    A. 在这些图层之间建立链接　　　　　B. 同时选中这些图层

    C. 合并图层　　　　　　　　　　　　D. 合并可见图层

5.（　　）是当前图层下方图层的颜色。

    A. 基色　　　　B. 混合色　　　　C. 结果色　　　　D. 标准色

三、操作题

1. 打开本书配套素材"Ph6"文件夹中的"20.jpg"图像文件，通过创建"色相/饱和度"和"曲线"调整图层来调整图像，如 6-58 所示。

图 6-58　创建调整层调整图像色彩

2. 打开本书配套素材"Ph6"文件夹中的"21.psd"图像文件，利用本章所学知识将图像处理成图 6-59 右图所示效果。

图 6-59　设置图层混合模式与不透明度

提示：

（1）制作"图层 1"的选区，然后将选区从中心成比例放大。

（2）在"图层 1"下方创建一个渐变映射调整图层。

（3）复制出"图层 2 副本"并移到"图层 2"下方，然后垂直翻转婴儿图像并稍向下移动，并设置该图层的混合模式为"强光"，"不透明度"为 60%，作为婴儿倒影。

（4）设置文字图层的"填充"不透明度为 0%。

第7章

图层应用（下）

章前导读

上一章我们介绍了图层的基本功能和操作，但被誉为 Photoshop 灵魂的图层，它的功能远不止这些。本章我们便来介绍图层的更多应用。例如，利用图层样式快速制作一些特殊的图像效果，利用图层蒙版选取图像或制作图像的融合效果，利用图层组对图层进行统一管理等。

7.1 图层样式的设置

利用 Photoshop 的图层样式功能可方便快捷地制作出很多特殊图像效果。单击"图层"调板中的"添加图层样式"按钮 ，从弹出的菜单中选择相应命令，便可为图层设置各种样式，如投影、发光、浮雕等；另外，我们还可利用"样式"调板快速设置系统内置样式。

7.1.1 投影样式与内阴影样式——制作立体邮票

通过为图像添加投影或内阴影样式，可以使图像产生立体或透视效果。

Step 01 打开本书配套素材 "Ph7" 文件夹中的 "01.psd" 图像文件，如图 7-1 所示。

Step 02 首先为邮票白色锯齿背景所在的 "图层 1" 添加投影效果。在"图层"调板中单击选中"图层 1"，然后单击调板底部的"添加图层样式"按钮 ，从弹出的菜单中选择"投影"，如图 7-2 所示。此时，系统将打开"图层样式"对话框。

双击图层名称外的空白处也可打开"图层样式"对话框。但使用此方式时，需要在"图层样式"对话框左侧的列表中选择需要添加的图层样式。

图7-1 打开素材

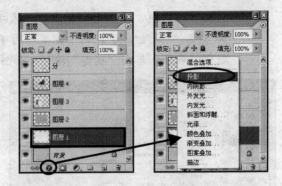

图7-2 选中图层并选择"投影"菜单

Step 03 在"图层样式"对话框中设置"不透明度"为86%，"角度"为134，"距离"为5，"扩展"为0，"大小"为5，其他参数保持默认不变，如图7-3所示。参数设置好后，单击"确定"按钮，此时画面效果如图7-4所示。

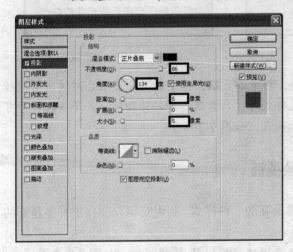

图7-3 设置投影参数

图7-4 添加投影后的效果

➢ **混合模式：** 在其下拉列表中可以选择所加阴影与该图层图像的混合模式。若单击其右侧的色块，可在弹出的"拾色器"对话框中设置阴影的颜色。

➢ **不透明度：** 用于设置投影的不透明度。

➢ **"使用全局光"：** 若选中该复选框，表示为同一图像中的所有层使用相同的光照角度。

➢ **距离：** 用于设置阴影的偏移程度。

➢ **扩展：** 用于设置阴影的扩散程度。

➢ **大小：** 用于设置阴影的模糊程度。

➢ **等高线：** 单击其右侧的▾按钮，可在"等高线"拾色器中选择阴影的轮廓。

➢ **杂色：** 用于设置是否使用杂点对阴影进行填充。

➢ **图层挖空投影：** 选中该复选框可设置层的外部投影效果。

Step 04 在"图层"调板中双击邮票粉红色背景所在的"图层2"空白处，打开"图层样式"对话框，单击对话框左侧列表中的"内阴影"，然后设置"不透明度"为 32%，"角度"为 134，"距离"为 1，"阻塞"为 0，"大小"为 16，其他参数保持默认，单击"确定"按钮，如图 7-5 所示。此时画面效果如图 7-6 所示。

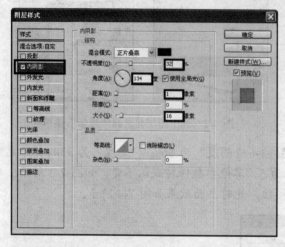

图 7-5　设置内阴影参数　　　　　　　　　图 7-6　添加内阴影效果

Step 05　添加样式的图层右侧将显示两个符号 ✔ 和 ▼。其中 ✔ 符号表明已对该图层执行了样式处理，用户以后要修改样式时，只需双击 ✔ 符号即可，而单击 ▼ 符号可打开或关闭该图层样式的下拉列表，如图 7-7 所示。

7.1.2　斜面和浮雕样式——制作玉坠项链

斜面和浮雕是 Photoshop 中使用频率最高的一种样式，利用它可以制作出许多精彩的效果，下面以制作玉坠项链为例进行说明。

Step 01　打开本书配套素材"Ph7"文件夹中的"02.psd"图像文件，如图 7-8 左图所示。

Step 02　打开"图层"调板，双击玉坠所在的"图层 2"空白处（参见图 7-8 右图），打开"图层样式"对话框。

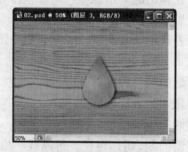

图 7-7　添加样式后的图层　　　　　　图 7-8　打开素材文件和"图层 2"缩览图

Step 03　单击"图层样式"对话框左侧列表中的"斜面和浮雕"，然后在对话框右侧设置

"样式"为"内斜面"，"深度"为201%，"大小"为21，"角度"为135，"高度"为69，"高光模式"下的"不透明度"为100%，"阴影模式"下的"不透明度"为15%，其他参数保持不变（参见图 7-9 左图），单击"确定"按钮，得到图 7-9 右图所示的效果。

> **样式：** 在其下拉列表中可选择斜面和浮雕的样式，其中有"外斜面"、"内斜面"、"浮雕效果"、"枕状浮雕"和"描边浮雕"选项。虽然每一项中所包含的设置选项相同，但制作出的效果却大相径庭。
> **方法：** 在其下拉列表中可选择浮雕的平滑特性。
> **深度：** 用于设置斜面和浮雕效果的深浅程度。
> **方向：** 用于切换亮部和暗部的方向。
> **软化：** 用于设置效果的柔和度。
> **光泽等高线：** 用于选择光线的轮廓。
> **高光模式和阴影模式：** 分别用于设置高光区域的模式和暗部的模式。

选中"斜面和浮雕"下的"等高线"复选框，可设置等高线效果；选中"纹理"复选框，可设置"纹理"效果，如图 7-10 所示。

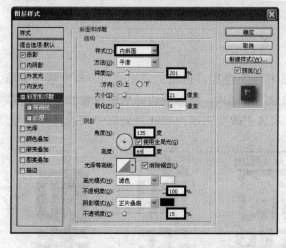  

图 7-9　为"图层 2"添加斜面和浮雕效果　　　图 7-10　"纹理"效果

Step 04 为使玉坠立体感更强，我们可参考 7.1.1 节介绍的方法为其设置阴影效果。最后在"图层"调板中恢复"图层 3"和"图层 4"的显示状态。此时，画面效果如图 7-11 右图所示。

 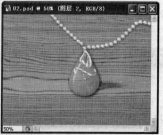

图 7-11　显示"图层 3"和"图层 4"后的效果

> 在 Photoshop 中，我们可以为一个图层添加多种样式，但无法为"背景"层添加任何样式。

7.1.3 发光样式与光泽样式

从图层样式列表中选择"外发光"、"内发光"或"光泽"选项，用户还可为图像添加加外发光、内发光或类似光泽的效果，如图 7-12 所示。

图 7-12 为 7.1.2 节制作的玉坠增加外发光、内发光和光泽样式后的效果

7.1.4 叠加样式与描边样式

叠加样式有三种：颜色叠加、渐变叠加和图案叠加，也就是使用颜色、渐变或图案填充图像；描边是使用颜色、渐变或图案在图像的边缘内、外侧或边缘居中位置添加一个边，如图 7-13 所示。添加叠加或描边效果后，并未真正改变图层内容并可随时关闭或打开效果，因此它比实际的填充和描边操作更为方便。

图 7-13 叠加样式与描边样式

7.1.5 利用"样式"调板快速设置图层样式

Photoshop CS2 的"样式"调板列出了一组内置样式，利用该调板，用户可以非常方便地为图层设置各种特殊效果。选择"窗口">"样式"菜单，可显示（或隐藏）"样式"调板。要应用某种样式，只需在选中图层后单击所需样式即可，如图 7-14 所示（用户可打开本书配套素材"Ph7"文件夹中的"05.psd"图像文件进行操作）。

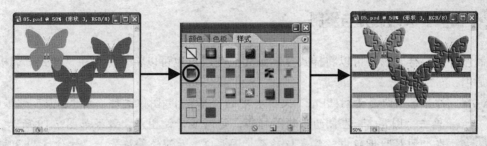

图 7-14　应用系统内置的样式

若单击"样式"调板右上角的⊙按
钮，在弹出的"样式"调板控制菜单
中可进行复位、加载、保存或替换样
式等操作，如图 7-15 所示。

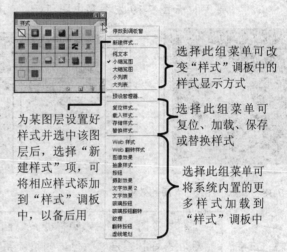

选择此组菜单可改
变"样式"调板中的
样式显示方式

选择此组菜单可
复位、加载、保存
或替换样式

为某图层设置好
样式并选中该图
层后，选择"新
建样式"项，可
将相应样式添加
到"样式"调板
中，以备后用

选择此组菜单可
将系统内置的更
多样式加载到
"样式"调板中

7.2　图层样式操作进阶

添加图层样式后，用户还可以方
便地对样式进行开关、清除、复制与
保存等操作。

7.2.1　图层样式的隐藏与清除

图 7-15　"样式"调板菜单

要隐藏、显示或清除图层样式，可执行以下操作。

Step 01　打开本书配套素材"Ph7"文件夹中的"06.psd"图像文件，如图 7-16 左图所示。

Step 02　在"图层"调板中，单击样式效果列表左侧的眼睛图标 可将相应的样式隐藏，
如图 7-16 右图所示；再次单击会重新显示图层样式。

Step 03　将不需要的样式拖拽到"图层"调板底部的"删除图层" 按钮上，释放鼠标
后即可清除样式，如图 7-17 所示。另外，右键单击添加样式的图层，在弹出的
快捷菜单中选择"清除图层样式"项，也可以清除图层的所有样式。

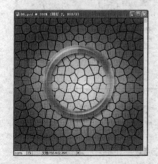

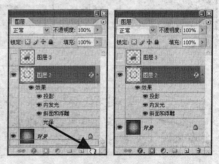

图 7-16　隐藏或显示图层样式　　　　　　　图 7-17　清除图层样式

7.2.2 图层样式的保存与复制

制作好图层样式后，可以将样式复制到其他图层，也可以将其保存在"样式"调板中以备后用。

Step 01 打开本书配套素材"Ph7"文件夹中的"06.psd"图像文件，在"图层"调板中，单击"图层3"左侧的眼睛图标 👁，重新显示该图层，效果如图7-18所示。

Step 02 在"图层"调板中，将光标移至"图层2"右侧的 ƒ 符号上，按住【Alt】键，当光标呈 ▶ 形状时，向"图层3"拖动，释放鼠标后，即可将样式复制到"图层3"，如图7-19左图和中图所示。此时，画面效果如图7-19右图所示。

图 7-18　显示"图层3"后的效果　　　　　　　　图 7-19　复制图层样式

　　右击源图层右侧的 ƒ 符号，从弹出的快捷菜单中选择"拷贝图层样式"，然后右击目标图层，从弹出的快捷菜单中选择"粘贴图层样式"，也可复制样式。

Step 03 要将自定义的图层样式保存在"样式"调板中，可选中添加样式的图层，然后将光标移至"样式"调板的空白处，当光标呈油漆桶 ◇ 形状时单击，在打开的"新建样式"对话框中输入样式名称并选择相关设置项目，单击"确定"按钮，如图7-20所示。

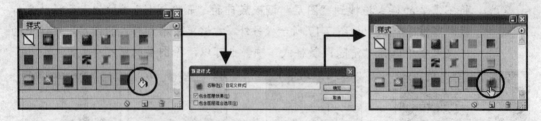

图 7-20　保存图层样式

　　利用上述方法保存的样式，在重装 Photoshop 软件后将会消失。若想长久保存样式，可以在"样式"调板控制菜单中选择存储样式，将其保存成文件。

7.3 图层蒙版的建立与使用

图层蒙版是 Photoshop 里的一项方便实用的功能，它是建立在当前图层上的一个遮罩，用于遮盖当前图层中不需要的图像，从而控制图像的显示范围或制作图像融合效果。

在 Photoshop 中，图层蒙版分为两类，一类为普通图层蒙版，一类为矢量蒙版。本节除了介绍这两类蒙版的创建和编辑方法外，还将介绍删除、应用和停用蒙版，以及将蒙版转换为选区的方法。

7.3.1 创建与编辑普通图层蒙版——艺术照片

对于普通图层蒙版而言，它实际上是一幅 256 色的灰度图像，其白色区域为完全透明区，黑色区域为完全不透明区，其他灰色区域为半透明区，下面通过一个实例说明其创建与编辑方法。

Step 01 打开本书配套素材 "Ph7" 文件夹中的 "07.psd" 图像文件，如图 7-21 所示。该文件包含 4 个图层。下面，我们要为 "图层 1" 添加图层蒙版。

Step 02 在 "图层" 调板中，将 "图层 1" 置为当前图层，然后单击调板底部的 "添加图层蒙版" 按钮◻，系统将为当前层创建一个全白蒙版，如图 7-22 所示。我们还可利用以下几种方法添加图层蒙版。

➤ 按住【Alt】键，单击 "图层" 调板底部的 "添加图层蒙版" 按钮◻，可创建一个全黑的蒙版。此时，当前图层中的图像全部被遮挡，并完全显示下层的图像。

➤ 选中图层后，选择 "图层" > "图层蒙版" 菜单中的子菜单项也可以创建图层蒙版，如图 7-23 所示。

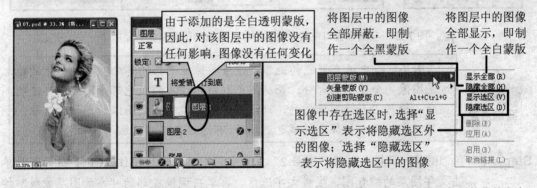

图 7-21 素材图片 图 7-22 添加全白图层蒙版 图 7-23 创建图层蒙版的菜单命令

Step 03 添加图层蒙版后，其将自动被选中，此时我们可使用各种绘图工具编辑图层蒙版，从而遮挡图层中不需要的区域以显示下层图像，或制作图像融合效果等。本例我们将前景色设为黑色，选择 "画笔工具" ◢并设置合适的笔刷属性，然后在人物图像周围的区域涂抹以遮挡人物背景，将人物抠取出来，如图 7-24 所示。

图 7-24　编辑图层蒙版

单击图层缩览图可返回正常的图像编辑状态；单击图层蒙版缩览图可重新将其选中（周围会出现一个边框）。此外，按住【Alt】键单击图层蒙版缩览图，图像窗口将单独显示蒙版图像，此时可将别的图像拷贝到图层蒙版中，以制作图像融合效果，如图 7-25 所示；按住【Alt】键再次单击蒙版缩览图，可重新回到正常图像显示状态。

图 7-25　在图像窗口中显示蒙版图像并将别的图像复制到蒙版中

图层蒙版中填充黑色的地方是该层图像被遮挡的部分；填充白色的地方是图像完全显示的部分；而从黑色到白色过渡的灰色部分图像以半透明显示。进行 Step 03 操作时，可适当调整画笔笔刷大小以做到精细选取；如果不小心将人物部分区域也遮挡了，可通过在这些区域涂抹白色来恢复。

Step 04　在"图层"调板中，将"图层 2"置为当前图层，然后按住【Ctrl】键的同时单击文字图层的缩览图，生成文字选区，再单击调板底部的"添加图层蒙版"按钮，为该图层创建图层蒙版，此时画面效果如图 7-26 右图所示。

当前图层中存在选区时，单击"图层"调板底部的"添加图层蒙版"按钮将创建一个仅显示选区图像的蒙版（与第 4 章介绍的"贴入"命令功能相同）。因此，当我们在 Step 04 中执行添加图层蒙版的操作后，在该图层中将只显示文字选区内的图像，从而出现图 7-26 右图所示效果。

图 7-26　为文字选区创建图层蒙版

7.3.2　创建与编辑矢量蒙版——浪漫情侣

矢量蒙版的内容为一个矢量图形，可通过两种方法创建：一种是直接绘制形状，创建带矢量蒙版的形状图层；另一种首先绘制路径，然后将其转为矢量蒙版。采用第二种方式时，可隐藏当前图层中路径之外的区域，显示下层图像。下面通过一个实例说明矢量蒙版的创建与编辑方法。

Step 01　打开本书配套素材"Ph7"文件夹中的"08.psd"图像文件，在"图层"调板中选中"图层 1"，然后选择"窗口">"路径"菜单，打开"路径"调板，单击在素材中已绘制好的"路径 1"，在图像窗口中显示该路径，如图 7-27 所示。关于路径的绘制和编辑方法，请参考本书第 8 章内容。

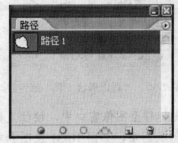

图 7-27　打开素材文件并显示路径

Step 02　按住【Ctrl】键，单击"图层"调板底部的"添加图层蒙版"按钮，或选择"图层">"矢量蒙版">"当前路径"菜单，即可将路径创建为矢量蒙版，如图 7-28 所示，此时，可看到当前图层中路径之外的区域被隐藏。

　　与普通的图层蒙版相比，由于矢量蒙版中保存的是矢量图形，因此，它只能控制图像的透明与不透明，而不能制作半透明效果，并且用户无法使用"渐变"、"画笔"等工具编辑矢量蒙版。矢量蒙版的优点是用户可以随时利用"直接选择工具"、"钢笔工具"等路径编辑工具来调整矢量蒙版的形状，如图 7-29 所示。

单击此缩览图可以隐藏蒙版轮廓显示,并退出矢量蒙版编辑状态;再次单击将重新进入蒙版编辑状态

图 7-28　用当前路径创建矢量蒙版

图 7-29　编辑矢量蒙版

　　用户还可以选择"图层">"矢量蒙版"菜单下的"显示全部"子菜单,创建一个全白的透明矢量蒙版,或选择"隐藏全部"子菜单,创建一个全黑的矢量蒙版。

Step 03 　隐藏蒙版的轮廓显示,然后将前景色设为粉红色,并在工具箱中选择"自定形状工具" ，在属性栏中按下"形状"按钮，在"自定形状"拾色器中选择"蝴蝶"形状,如图 7-30 所示。

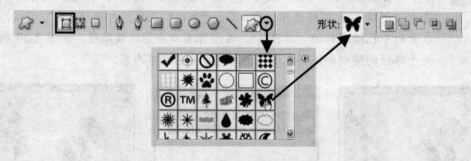

图 7-30　"自定形状工具"属性栏

Step 04 　属性设置好后,将光标移至图像窗口中,按住鼠标左键并拖动绘制蝴蝶形状,创建带矢量蒙版的形状图层,如图 10-31 左图和中图所示。用户可以对矢量蒙版图像进行自由旋转,得到图 7-31 右图所示效果。

图 7-31　通过绘制形状创建矢量蒙版

Step 05 为使画面显示效果更好，我们可为背景层之外的图层添加"外发光"样式，效果如图 7-32 所示。

在 Photoshop CS2 中，图层中可同时包含普通图层蒙版与矢量蒙版。例如，在本例中，我们可以为"图层 1"添加一个普通图层蒙版，并利用"画笔工具" 在人物图像的边缘涂抹，制作半透明效果，如图 7-33 所示。通过在"图层"调板中单击不同的蒙版缩览图，可分别对其进行编辑。

图 7-32　改变矢量蒙版的形状　　　　图 7-33　在同一图层中添加普通与矢量蒙版

为图层创建图层蒙版后，在图层缩览图和蒙版缩览图之间会看到一个链接符号，它表示用户在移动该图层的图像或对其进行变形时，蒙版将随之执行相应的变化。单击符号可解除链接，这样对图层原图进行处理时，图层蒙版不受影响。若要重新链接，则再次在该位置单击即可。

7.3.3　删除、应用和停用蒙版

用户为某一图层创建蒙版后，通过右击图层蒙版缩览图，在弹出的菜单中选择相应命令，可以删除、应用、停用或启用蒙版，如图 7-34 左图所示。

➢ **停用图层蒙版：**若选择该命令，在图层蒙版上会出现一个红色的"×"号，表示蒙版被禁用，如图 10-34 右图所示；要重新打开蒙版，可在该快捷菜单中选择"启用图层蒙版"，或从主菜单中选择"图层" > "启用图层蒙版"。

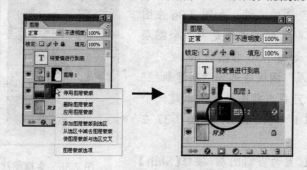

图 7-34　停用图层蒙版

> **删除图层蒙版：**若选择该命令，可将当前图层的蒙版删除。
> **应用图层蒙版：**若选择该命令，可将当前图层蒙版的效果应用到该层图像。

7.3.4 将蒙版转换为选区

在 Photoshop 中，用户可以方便地将图层蒙版转换为选区，其操作方法如下：

> 若是普通图层蒙版，按住【Ctrl】键的同时，单击蒙版缩览图，即可将其转换成选区。

> 若是矢量图层蒙版，在"图层"调板中单击选中矢量蒙版缩览图，在图像窗口中显

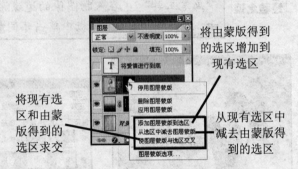

将现有选区和由蒙版得到的选区求交

将由蒙版得到的选区增加到现有选区

从现有选区中减去由蒙版得到的选区

图 7-35 将蒙版转换为选区

示矢量蒙版的路径轮廓，按【Ctrl+Enter】组合键，即可将蒙版转换为选区。

> 在"图层"调板中，通过右键单击图层蒙版，从弹出的快捷菜单中选择相应命令，也可将蒙版转换为选区，如图 7-35 所示。

7.4 图层组与剪辑组的应用

Photoshop 中的图层组主要用来管理图层，剪辑组主要用来制作一些特殊图像效果。

7.4.1 图层组的创建与应用

图层组是多个图层的组合，利用它可以方便地对众多的图层进行管理，并对组中的所有层进行统一的设置，如不透明度和颜色混合模式等，下面以一个例子进行说明。

Step 01　打开本书配套素材"Ph7"文件夹中的"09.psd"图像文件，如图 7-36 左图所示。可以看到该文件是由多个图层组成的，如图 7-36 右图所示。

Step 02　单击"图层"调板底部的"创建新组"按钮 ▢，可在当前图层之上创建一个名为"组 1"的图层组，如图 7-37 左图所示。

Step 03　将"图层1"置为当前图层,按住【Shift】键，单击"图层12"，选中图 7-37 中

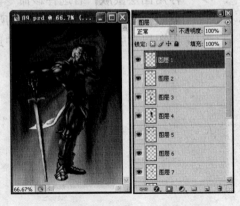

图 7-36 素材图片与"图层"调板

图所示图层，然后按住鼠标左键并拖动，将选中的图层拖到"组1"图层组上，释放鼠标即可将这些图层放置在"组1"图层组中，如图7-37右图所示。

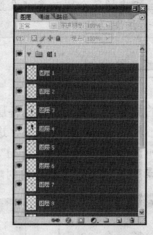

图7-37　创建图层组并将相应图层拖到图层组中

选中要编组的一个或多个图层，然后按住【Shift】键的同时，单击"创建新组"按钮□，可以将选中的图层直接编组而无需拖动。

按【Alt+Shift】组合键，单击"创建新组"按钮□，可以在打开的"从图层新建组"对话框中设置组名称、颜色、混合模式和不透明度属性。

Step 04 双击"组1"名称，可以为其重命名。单击"组1"名称左侧的▼按钮，可以将图层组中包含的图层折叠起来，扩大"图层"调板空间，如图7-38左图所示。此时，▼按钮转变为▶按钮，再次单击▶按钮，可以重新展开图层组。

Step 05 在"图层"调板中，设置"组1"图层组的"混合模式"为"亮度"，"不透明度"为50%，如图7-38中图所示。此时，图层组中的所有子图层均会发生变化，如图7-38右图所示。

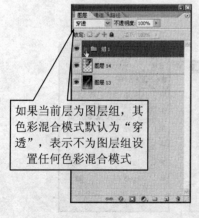

如果当前层为图层组，其色彩混合模式默认为"穿透"，表示不为图层组设置任何色彩混合模式

图7-38　折叠图层组并更改其混合模式与不透明度

経验之谈

> 用户可以创建多个图层组，并可对图层组进行移动、复制、设置透明度和混合模式等操作，其操作方法与操作图层类似。
>
> 如果已经为图层组中的某个图层单独设置了混合模式或不透明度，则 Photoshop 会优先显示该图层的效果。

7.4.2 剪辑组的创建与应用——花仙子

创建剪辑组是为了使用组中的最底层来剪切上面的各层，以制作出一些特殊效果。为使用户更容易理解剪辑组的概念，我们通过制作图像文字进行说明，其操作如下。

Step 01 打开本书配套素材 "Ph7" 文件夹中的 "10.psd" 图片文件，下面我们要在 "花瓣" 与 "蝴蝶"、"风景" 与 "文字" 图层间创建剪辑组，如图 7-39 所示。

图 7-39 素材图片与其 "图层" 调板

Step 02 在 "图层" 调板中，将 "花瓣" 图层置为当前图层，将光标移至 "花瓣" 与 "蝴蝶" 图层之间的分界线上，按住【Alt】键，待光标呈 形状时单击鼠标，如图 7-40 左图所示。

Step 03 此时翅膀图像显示出来，且翅膀中显示 "花瓣" 图层的内容，如图 7-40 中图所示。在 "图层" 调板中，"翅膀" 图层的名称下增加了一条下划线（翅膀），"花瓣" 图层缩览图的左侧显示剪贴蒙版图标，如图 7-40 右图所示。这样便在 "花瓣" 图层和 "翅膀" 图层之间建立了剪辑组。

图 7-40　利用快捷键创建剪辑组

Step 04　在"图层"调板中，将"风景"置为当前图层。选择"图层" > "创建剪贴蒙版"菜单，或者按【Alt+Ctrl+G】组合键，可以在"风景"与"文字"图层间创建剪辑组，此时画面效果如图 7-41 右图所示。

图 7-41　利用菜单命令创建剪辑组

Step 05　要取消剪辑组，首先在"图层"调板中选择基底图层上方的第一个图层（如"花瓣"和"风景"图层），按【Alt+Ctrl+G】组合键，或按住【Alt】键时单击两图层的分界线即可。

> 　　从以上实例可以看出，剪辑组是使用某个图层（即基底图层）中的内容来遮盖其上方图层中的内容，其遮盖效果是下方图层中有像素的区域显示上方图层中的图像，而下方图层中的透明区域遮盖上方图层中的图像。创建的剪辑组中可以包含多个图层，但它们必须是连续的图层。

综合实例——制作电影海报

　　下面通过制作图 7-42 所示的电影海报来巩固本章所学知识。本例最终效果文件请参考本书配套素材"Ph7"文件夹中的"电影海报.psd"图像文件。

图 7-42　电影海报效果

制作思路

　　本例首先为背景添加"渐变"填充层，然后添加图层蒙版，并设置图层混合模式及不透明度，再利用"贴入"命令制作蒙版，添加图层样式，最后输入其他文字完成制作。

制作步骤

Step 01 将前景色设置为橙色（#dd4f03）。打开本书配套素材"Ph7"文件夹中的"11.jpg"图片文件，如图7-43左图所示。

Step 02 单击"图层"调板底部的"创建新的填充或调整图层"按钮 ，在弹出的列表中选择"渐变"，打开"渐变填充"对话框，在该对话框中设置"渐变"为"前景到透明"样式，其他参数如图7-43右图所示。

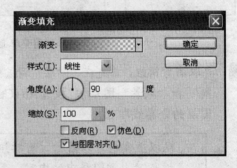

图7-43　素材图片与"渐变填充"对话框

Step 03 参数设置好后，单击"确定"按钮关闭对话框，然后在"图层"调板中将填充层的"混合模式"设置为"线性光"，如图7-44所示。

图7-44　添加渐变填充图层

Step 04 打开本书配套素材"Ph7"文件夹中的"12.jpg"图片文件，使用"移动工具" 将其拖到"11.jpg"图像窗口中，放置在窗口左上角位置。此时在"图层"调板中，系统自动生成"图层1"，这里我们将"图层1"的"混合模式"设置为"柔光"，"不透明度"设置为60%，效果如图7-45中图所示。

图 7-45　移动图像并设置图形属性

Step 05　单击"图层"调板底部的"添加图层蒙版"按钮，为"图层 1"添加一个空白蒙版，然后选择工具箱中的"画笔工具"，在其工具属性栏中设置图 7-46 所示属性。

图 7-46　"画笔工具"属性栏

Step 06　将前景色设置为黑色，然后在飞机四周的背景图像上涂抹，将飞机图像的背景隐藏，如图 7-47 所示。

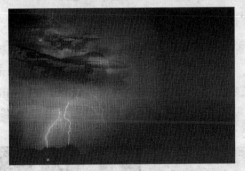

图 7-47　添加图层蒙版并编辑

Step 07　打开本书配套素材"Ph7"文件夹中的"13.jpg"图片文件，使用"移动工具"将其拖到"11.jpg"图像窗口中，并放置在窗口的右侧。然后为该图像所在的"图层 2"添加图层蒙版，并利用"画笔工具"编辑蒙版，隐藏该人物图像的背景，最后将该图层的"不透明度"设置为 70%，如图 7-48 所示。

图 7-48　素材图片与添加图层蒙版

Step 08　打开本书配套素材 "Ph7" 文件夹中的 "14.psd"、"15.jpg" 图片文件，使用 "移动工具" ⊕ 将 "14.psd" 文件拖到 "11.jpg" 图像窗口中，放置在窗口左下角，然后为该图像所在的 "图层 3" 设置混合模式为 "亮度"，如图 7-49 所示。

Step 09　将 "15.jpg" 置为当前操作窗口，按【Ctrl+A】组合键全选图像，再按【Ctrl+C】组合键，将选区内的图像粘贴到剪贴板，如图 7-50 所示。

图 7-49　打开素材图片并移动　　　　　　图 7-50　全选图像

Step 10　选择 "横排文字工具" T，在其工具属性栏中设置文字属性，如图 7-51 所示。

图 7-51　"横排文字工具" 属性栏

Step 11　文字属性设置好后，在图像窗口单击并输入文字，如图 7-52 左图所示，此时，在 "图层" 调板中自动生成 "FINAL" 文本图层，如图 7-52 中图所示。

Step 12　按住【Ctrl】键，用鼠标单击文字图层的缩览图，创建文字选区，按【Shift+Ctrl+V】组合键，将剪贴板中的图像贴入到选区内，然后用 "移动工具" ⊕ 移动选区内图像的位置，效果如图 7-52 右图所示。

图 7-52　输入文字并创建蒙版

Step 13　在 "图层" 调板中，将蒙版图层与文字图层合并为 "图层 4"，如图 7-53 所示。

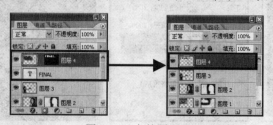

图 7-53　合并图层

Step 14 保持"图层4"的选中状态，单击"图层"调板底部的"添加图层样式"按钮 ，在弹出的快捷菜单中选择"混合选项"菜单，打开"图层样式"对话框，然后在对话框左侧列表中分别选择"斜面和浮雕"和"颜色叠加"项，参数设置分别如图 7-54 所示。

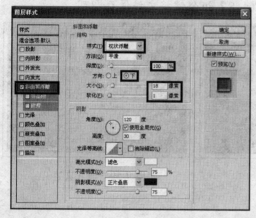 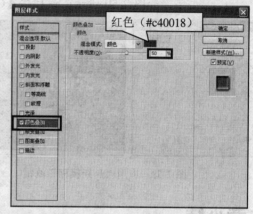

图 7-54　"图层样式"对话框

Step 15 参数设置好后，单击"确定"按钮，关闭对话框，得到图 7-55 右图所示效果。

Step 16 继续使用"横排文字工具" ，在其工具属性栏中设置合适的文字属性，然后输入文字，如图 7-56 所示。

图 7-55　应用图层样式　　　　　　　　图 7-56　输入文字

Step 17 将前景色设置为白色，并新建"图层5"。选择工具箱中的"矩形选框工具" ，按住【Shift】键，在图像窗口中绘制矩形选区，如图 7-57 左图所示。用"渐变工具" 在选区内从左向右拖动绘制前景到透明渐变色，按【Ctrl+D】组合键取消选区，效果如图 7-57 右图所示。

图 7-57　绘制矩形选区并填充

Step 18 选择"滤镜">"模糊">"高斯模糊"菜单,打开"高斯模糊"对话框,在对话框中设置"半径"为2,如图7-58左图所示。设置完毕,单击"确定"按钮,得到图7-58右图所示效果。

Step 19 使用"横排文字工具" T ,设置合适的文字属性,然后在图像窗口中输入所需文字,如图7-59所示。最后按【Ctrl+S】组合键将文件保存即可。

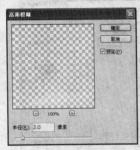  

图 7-58 应用"高斯模糊"滤镜   图 7-59 输入文字

本章小结

通过本章的学习,读者应该重点掌握以下知识:

➢ 利用 Photoshop 提供的投影、内阴影、斜面和浮雕、发光和光泽、叠加与描边等图层样式,可以制作许多特殊图像效果,如立体和投影效果等。各图层样式的创建方法基本相同。

➢ 图层蒙版是建立在当前图层上的一个遮罩,用于遮盖当前图层中不需要显示的图像,从而控制图像的显示范围或制作图像融合效果。

➢ 对于普通图层蒙版而言,它实际上是一幅256色的灰度图像,其白色区域为完全透明区,黑色区域为完全不透明区,其他灰色区域为半透明区。

➢ 图层组是多个图层的组合,利用它可以方便地对众多的图层进行管理,并对组中的所有层进行统一的设置;剪辑组不是用来管理图层,而是使用组中的最底层来剪切上面的各层,以制作出一些特殊效果。

思考与练习

一、填空题

1. 图层样式主要包括_____、_____、_____、_____、和_____等类型。

2. 图层蒙版包括_____和_____两种类型。

3. 图层蒙版实际上是一幅_____图像,矢量蒙版用于保存_____。

4. 单击调板底部的"添加图层蒙版"按钮 ,系统将为当前层创建一个_____;如果按住【Alt】键单击,则可创建一个_____。

5. 要删除蒙版，可右击蒙版，在弹出的快捷菜单中选择_____命令。

6. 按住_____键的同时，单击普通图层蒙版缩览图，可以将蒙版转换为选区；按_____组合键，可以将矢量蒙版转换为选区。

7. 单击"图层"调板中的_____按钮，从弹出的菜单中选择相应命令，便可为图层设置各种样式。

8. 矢量蒙版的优点是用户可以随时利用_____、_____等路径编辑工具来调整矢量蒙版的形状。

二、选择题

1. 在"图层"调板中，单击样式效果列表左侧的（　　）图标可将相应的样式隐藏。
    A. 小锁图标　　　B. 眼睛图标　　　C. 小锁和眼睛图标都可以　　　D. 箭头图标

2. 以下不属于图层蒙版功能的是（　　）。
    A. 可以遮挡图像中不需要的部分　　　　　　B. 可以制作图像融合效果
    C. 可以利用绘图工具对蒙版进行编辑　　　　D. 可以使图像产生立体效果

3. 按住（　　）键单击图层蒙版缩览图，图像窗口将单独显示蒙版图像。
    A.【Alt】　　　B.【Ctrl】　　　C.【Shift】　　　D.【Ctrl+Shift】

4. 若是普通图层蒙版，按住（　　）的同时，单击蒙版缩览图，可将其转换成选区。
    A.【Alt】　　　B.【Ctrl】　　　C.【Shift】　　　D.【Ctrl+Shift】

5. 若是矢量蒙版，按住（　　）的同时，单击蒙版缩览图，可将其转换成选区。
    A.【Alt】　　　B.【Ctrl】　　　C.【Shift】　　　D.【Ctrl+Shift】

6. 下列关于图层组和剪辑组的说法中，错误的是（　　）。
    A. 图层组用来管理图层
    B. 可以对图层组设置混合模式和透明度
    C. 利用剪辑组可制作图层的遮挡效果
    D. 可以对剪辑组设置混合模式和透明度

三、操作题

1. 打开本书配套素材"Ph7"文件夹中的"16.psd"图像文件，利用本章所学知识，制作雪山与草地融合效果，如图7-60所示。

图7-60　雪山与草地融合前后效果

提示： 将草地所在图层设为当前图层，在"图层"调板中单击"添加图层蒙版"按钮 🔘，为其创建蒙版，然后用"渐变工具" ▢ 在图层蒙版中由上向下绘制黑色到白色的线性渐变图案。

2. 打开本书配套素材"Ph7"文件夹中的"17.jpg"图像文件，利用本章所学内容，制作图 7-61 右图所示的透明浮雕字。

图 7-61　透明浮雕字效果

提示： 首先复制"背景"图层，利用"直排文字蒙版工具" ▦ 制作文字选区，然后单击"图层"调板中的"添加图层蒙版"按钮 🔘，利用文字选区创建蒙版。最后，为图层增加"斜面和浮雕"及"外发光"样式。

3. 打开本书配套素材"Ph7"文件夹中的"18.psd"图像文件（如图 7-62 左图所示），为环形图像添加投影、内阴影、外发光、斜面和浮雕，以及渐变叠加样式，制作出玉手镯效果，如图 7-62 右图所示。

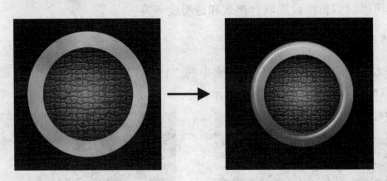

图 7-62　玉手镯效果

第8章

形状与路径

章前导读

在 Photoshop 中，形状与路径都用于辅助绘画。其共同点是：它们都使用相同的绘制工具（如钢笔、直线、矩形工具），其编辑方法也相同。不同点是：绘制形状时，系统将自动创建以前景色为填充内容的形状图层，此时形状被保存在图层的矢量蒙版中；路径并不是真实的图形，无法用于打印输出，需要用户对其进行描边、填充才能成为图形，此外，还可以将路径转换为选区。

8.1 绘制形状

在 Photoshop 中，系统提供了多种绘图与编辑工具：钢笔工具组、形状工具组和路径选择工具组，如图 8-1 所示。其中利用形状工具组可绘制图形；利用钢笔工具组不仅可以绘制图形，还可对绘制的图形进行简单的编辑。

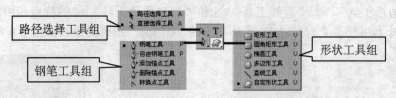

图 8-1 形状绘制与编辑工具

8.1.1 熟悉形状工具属性栏

各形状工具的属性栏基本相同，下面以"椭圆工具" 为例进行介绍，如图 8-2 所示。

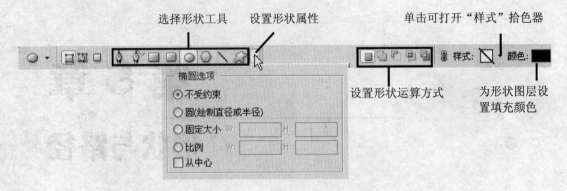

选择形状工具　设置形状属性　　　　　　单击可打开"样式"拾色器

椭圆选项

○ 不受约束

○ 圆(绘制直径或半径)

○ 固定大小　W: ___ H: ___

○ 比例　W: ___ H: ___

□ 从中心

设置形状运算方式　　为形状图层设置填充颜色

图 8-2　"椭圆工具"属性栏

> **形状图层**▢：单击选中该工具表示绘制时将创建形状图层，此时所绘制的形状将被放置在形状图层的蒙版中。
> **路径**▣：单击选中该工具表示绘制时将创建工作路径。
> **填充像素**▢：单击选中该工具表示绘制时将制作各种形状的位图，这与使用"画笔工具"▨画图没什么区别。
> **形状工具按钮** ▨▨▢▢○○＼＼▨：用于选择形状工具，当选择了相应的工具后，单击右侧的▼按钮，可弹出几何选项下拉面板，在其中可设置相关工具的参数。
> **样式**：单击"样式"右侧的▨图标，可以从弹出的"样式"拾色器中为当前形状图层添加样式，从而使形状显示各种特殊效果。
> **颜色**：选中一个形状图层，并确保"样式"左侧的▨图标处于按下状态，然后单击右侧的色块，可以从弹出的"拾色器"对话框中为当前形状设置填充颜色。如果不按下▨图标，则"颜色"右侧的色块只影响前景色，而不修改当前形状的颜色。
> **形状运算按钮** ▢▢▢▢▢：当在一个形状图层中绘制多个形状时，可利用这些运算按钮设置形状运算方式（相加、相减、求交与反转），效果如图 8-3 所示。

8.1.2 使用基本形状工具组——绘制插画

下面，通过绘制卡通风景画来学习"矩形工具"▢、"圆角矩形工具"▢、"椭圆工具"▢、"多边形工具"▢、"直线工具"＼和"自定形状工具"▨的特点和用法。

Step 01 打开本书配套素材"Ph8"文件夹中的"01.jpg"图像文件，如图 8-4 所示。

相加　　　　相减　　　　求交　　　　反转

图 8-3　形状运算

图 8-4　打开素材文件

Step 02 设置前景色为红色（#f91111），然后选择"矩形工具" ，并在其工具属性栏中按下"形状图层"按钮 ，如图8-5所示。

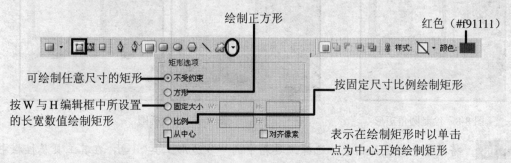

绘制正方形

红色（#f91111）

矩形选项

可绘制任意尺寸的矩形 —— 不受约束

—— 方形

按W与H编辑框中所设置 —— 固定大小 W: H:
的长宽数值绘制矩形

—— 比例 W: H: 按固定尺寸比例绘制矩形

从中心 对齐像素

表示在绘制矩形时以单击
点为中心开始绘制矩形

图8-5 "矩形工具"属性栏

Step 03 属性设置好后，将鼠标光标移至图像中的适当位置，单击并拖动鼠标绘制一个矩形，如图8-6左图所示。此时，在"图层"调板中自动生成一个"形状1"图层，单击该图层的矢量蒙版缩览图，可隐藏矢量蒙版轮廓，如图8-6右图所示。如此一来，更改前景色将不会改变当前形状图层中形状的填充颜色。

图8-6 绘制矩形并隐藏形状图层矢量蒙版的轮廓

Step 04 设置前景色为淡黄色（#f9f9c4）。选择工具箱中的"圆角矩形工具" ，然后在工具属性栏中设置"半径"为20px，其他设置如图8-7所示。

用于设置圆角矩形的圆角半径大小，值越大，圆角的弧度也越大

半径 20 px 样式: 颜色:

图8-7 "圆角矩形工具"属性栏

Step 05 属性设置好后，将光标移至红色矩形的左上角，单击并拖动鼠标创建一个圆角矩形，如图8-8所示。

Step 06 在"图层"调板中，单击"形状2"图层的矢量蒙版缩览图，隐藏矢量蒙版轮廓。

Step 07 将前景色设置为玫红色（#e42164）。选择工具箱中的"椭圆工具" ，在其工具属性栏中保持默认参数不变，在图像窗口中单击并拖动绘制一些椭圆，如图8-9所示，然后在"图层"调板中单击"形状6"图层的矢量蒙版缩览图，隐藏矢量蒙版轮廓。

图 8-8　绘制圆角矩形　　　　　　　　　　图 8-9　绘制椭圆

Step 08　将前景色设置为白色。选择工具箱中的"多边形工具" ，在其工具属性栏中设置"边"为 5，然后单击形状工具右侧的下拉三角按钮 ，在打开的几何选项下拉面板中勾选"星形"复选框，其他参数不变，如图 8-10 所示。

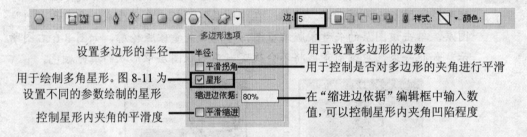

图 8-10　"多边形工具"属性栏

Step 09　属性设置好后，在图像窗口中通过拖动鼠标方式绘制多个星形，如图 8-12 所示，然后在"图层"调板中单击最后一个星形所在形状图层的矢量蒙版缩览图，隐藏矢量蒙版轮廓。

图 8-11　勾选不同选项得到的星形　　　　　图 8-12　绘制星形

Step 10　将前景色设置为黑色。选择工具箱中的"直线工具" ，在其属性栏中设置"粗细"为 5px，其他参数不变，如图 8-13 所示。

Step 11　属性设置好后，按住【Shift】键的同时，先在黄色圆角矩形的上方绘制一条水平直线，然后单击属性栏中的"添加到形状区域"按钮 ，再继续使用"直线工具" 绘制水平直线，如图 8-14 所示。

Step 12 在"图层"调板中，单击直线所在形状图层的矢量蒙版缩览图，隐藏矢量蒙版轮廓。

Step 13 设置前景色为红色（#fa2205）。选择工具箱中的"自定形状工具" 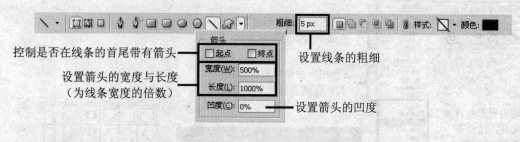，单击"形状"右侧的下拉三角按钮▼，在弹出的"自定形状"拾色器列表中选择"红桃"，其他选项不变，如图 8-15 所示。

控制是否在线条的首尾带有箭头
设置箭头的宽度与长度（为线条宽度的倍数）
设置线条的粗细
设置箭头的凹度

图 8-13 "直线工具"属性栏

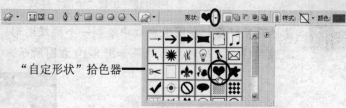

"自定形状"拾色器

图 8-14 绘制直线

图 8-15 "自定形状工具"属性栏

Step 14 属性设置好后，利用拖动方式在图像窗口中绘制一个红桃图形，然后利用自由变换命令将其旋转，并放在图 8-16 所示位置。

Step 15 在属性栏中单击"样式"右侧的三角按钮▼，在弹出的"样式"拾色器中单击圆形三角按钮▶，从弹出的菜单中选择"Web 样式"，将系统预设的"Web 样式"加载到"样式"拾色器列表中，并从中选择"带投影的红色凝胶"，如图 8-17 左图所示。此时，红桃图形被添加了图层样式，效果如图 8-17 右图所示。

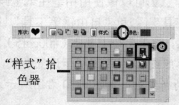

"样式"拾色器

图 8-16 绘制红桃图形并旋转

图 8-17 为红桃图形添加图层样式

Step 16 单击形状工具右侧的▼按钮，在弹出的"自定形状"拾色器中单击右上角的圆形三角按钮⊙，从弹出的控制菜单中选择"全部"形状来替换当前"自定形状"拾色器中的形状。替换好后，在拾色器中选择"蝴蝶"形状，如图8-18所示。

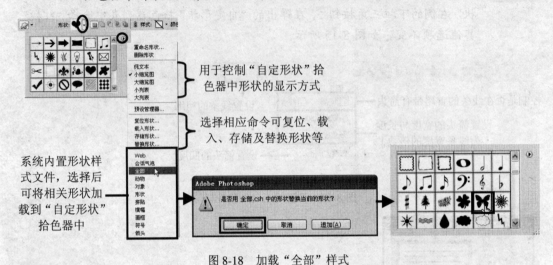

图8-18　加载"全部"样式

Step 17 属性设置好后，在图像窗口中绘制一个蝴蝶图形，并为其添加"带投影的白色凝胶"样式，此时画面效果如图8-19右图所示。

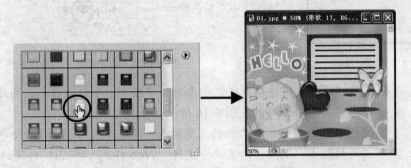

图8-19　绘制蝴蝶图形并添加图层样式

8.1.3　使用钢笔工具——绘制卡通小猫

利用"钢笔工具" 可以绘制连续的直线或曲线，并可在绘制过程中对形状进行简单的编辑；利用"自由钢笔工具" 可以像使用铅笔在纸上绘图一样来绘制形状。下面通过绘制卡通小猫来介绍"钢笔工具" 和"自由钢笔工具" 的特点和用法。

Step 01 设置前景色为白色，背景色为湖蓝色（#00ccf5）。按【Ctrl+N】组合键，打开"新建"对话框，并参照图8-20左图所示设置参数，单击"确定"按钮，创建一个背景色为湖蓝色的新文档，如图8-20右图所示。

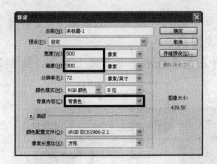 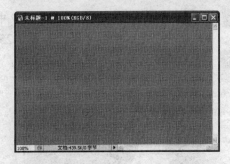

图 8-20　创建新文档

Step 02　选择工具箱中的"钢笔工具" ，并在其工具属性栏中设置图 8-21 所示的参数。

勾选该复选框表示绘制形状时显示一
条反映线条外观的橡皮线，方便用户
观察绘制效果，如图 8-22 所示

勾选该复选框表示将实现自
动添加或删除锚点的功能

白色

图 8-21　"钢笔工具"属性栏

Step 03　参数设置好后，把鼠标光标移至图像窗口的左上方并单击左键确定起点（第 1
个锚点），如图 8-23 左图所示；起点确定好后，将光标向左上方移动并单击鼠
标，确定第 2 个锚点，如图 8-23 中图所示；在第 2 点下方单击鼠标确定第 3
个锚点，这样一个猫耳朵形状就绘制好了，如图 8-23 右图所示。

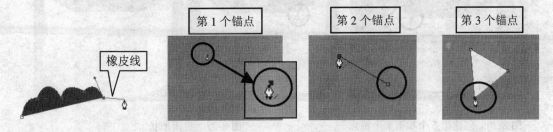

图 8-22　绘制形状时显示橡皮带　　　　　图 8-23　绘制猫耳朵

Step 04　下面继续绘制小猫的脸，首先在图像窗口的下方单击并按住鼠标左键不放向右
拖动，拖出两个控制柄，这样小猫左半边脸的轮廓就绘制出来了，如图 8-24
右图所示。

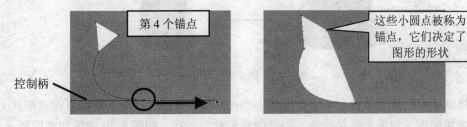

图 8-24　绘制猫脸

Step 05 按【Ctrl+R】组合键，在图像窗口中显示标尺，然后分别在第 1、2 和 3 个锚点处分别创建水平参考线，如图 8-25 左图所示。

Step 06 将光标移至第 4 个锚点的右上方，并在第 3 条水平参考线上单击，绘制第 5 个锚点，如图 8-25 右图所示。

图 8-25　创建水平参考线和锚点

Step 07 将光标移至第 5 个锚点的右上方，并在第 1 条水平参考线上单击，创建第 6 个锚点；再将光标移至第 6 个锚点的左下方，并在第 2 条水平参考线上单击，创建第 7 个锚点，如图 8-26 所示。

Step 08 将鼠标光标移至起点，此时光标呈 形状，单击鼠标即可封闭形状，如图 8-27 左图所示。这样小猫的脸就绘制好了，按【Ctrl+H】组合键隐藏参考线，效果如图 8-27 右图所示。使用"钢笔工具" 时应注意如下几点：

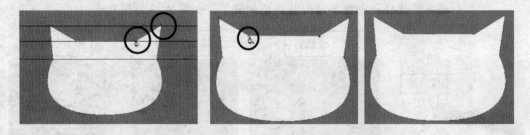

图 8-26　创建第 6 个和第 7 个锚点　　　　　图 8-27　封闭形状

➤ 将鼠标光标移至某锚点上，光标呈 形状时单击可删除锚点，从而改变图形形状，如图 8-28 所示。

图 8-28　删除锚点

➤ 将鼠标光标移至形状上非锚点位置，当光标呈 形状时，单击鼠标可在该形状上增加锚点。如果单击并拖动，则可调整形状的外观，如图 8-29 中图和右图所示。

图 8-29 增加锚点并调整形状的外观

➤ 默认情况下，只有在封闭了当前形状后，才可绘制另一个形状。但是，如果用户希望在未封闭上一形状前绘制新形状，只需按【Esc】键；也可单击"钢笔工具" 或其他工具，此时鼠标光标呈 形状。

➤ 将鼠标光标移至形状终点，当鼠标光标呈 形状时，单击并拖动可调整形状终点的方向控制线。

➤ 在绘制路径时，可用 Photoshop 的撤销功能逐步回溯删除所绘线段。

Step 09 下面我们为小猫绘制尾巴。选择工具箱中的"自由钢笔工具" ，并在其工具属性栏中设置图 8-30 所示的参数。

勾选该复选框，"自由钢笔工具" 将具有"磁性套索工具" 的属性，也就是说，绘制形状（路径）时，在绘制的形状边缘自动附着磁性锚点。因此，该工具常用于精确制作选区，或者进行临摹绘画

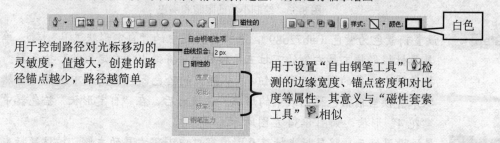

用于控制路径对光标移动的灵敏度，值越大，创建的路径锚点越少，路径越简单

用于设置"自由钢笔工具" 检测的边缘宽度、锚点密度和对比度等属性，其意义与"磁性套索工具" 相似

图 8-30 自由钢笔工具属性栏

Step 10 参数设置好后，将光标移到图像窗口的右下方，按住鼠标左键并拖动绘制出猫尾巴形状，如图 8-31 所示。

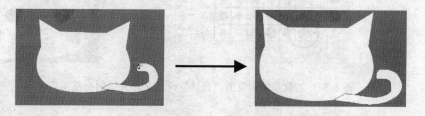

图 8-31 绘制猫尾巴

Step 11 在"图层"调板中，单击尾巴所在"形状 2"图层的矢量蒙版缩览图，隐藏矢量蒙版轮廓。设置前景色为肉粉色（#ff9e9e），然后利用"钢笔工具" 绘制绘制小猫的耳心；利用"椭圆工具" 绘制两个圆形作为小猫的腮红，效果如图 8-32 所示。

图 8-32 绘制耳心和腮红

Step 12 设置前景色为黑色，然后利用 "椭圆工具" 绘制两个圆形作为小猫的眼睛；用 "钢笔工具" 绘制小猫的嘴巴并隐藏其矢量蒙版轮廓，如图 8-33 所示。

图 8-33 绘制小猫的眼睛和嘴巴

Step 13 设置前景色为紫色（#b72689），选择工具箱中的 "自定形状工具" ，单击工具属性栏形状工具右侧的下拉三角按钮 ，将弹出 "自定形状" 拾色器。单击拾色器右上角的圆形三角按钮 ，从弹出的拾色器控制菜单中选择 "自然" 形状来替换当前拾色器列表中的形状。替换好后，在 "自定形状" 拾色器中选择 "花 4" 形状，如图 8-34 左图所示。

Step 14 属性设置好后，将鼠标光标移至图像窗口中小猫右耳的左侧，按住鼠标左键并拖动即可绘制小花形状，如图 8-34 右图所示。

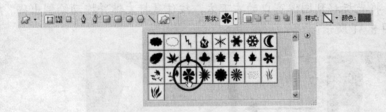

图 8-34 加载系统预设的 "自然" 样式文件并绘制小花

8.2 编辑形状

要编辑形状，可使用图 8-35 所示的形状编辑工具，以及相关的命令。

8.2.1 选择、移动、复制与删除形状——制作心形树

Step 01 打开本书配套素材 "Ph8" 文件夹中的 "03.psd" 图像文件，如图 8-36 所示。选择工具箱中的 "路径选择工具" ，将光标移至图像窗口中的红桃图形上，单击鼠标左键，可选中红桃并显示锚点，如图 8-37 所示。

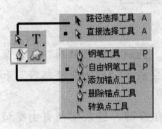

图 8-35 形状编辑工具 　　　图 8-36 素材文件 　　　图 8-37 选中红桃

　　　如果当前图层包含多个形状图形，按住【Shift】键的同时，利用 "路径选择工具" 依次单击形状，或者利用框选方式，可选中多个形状图形。

Step 02 选中红桃形状后，按住鼠标左键并拖动，可以调整红桃的位置，如图 8-38 所示。

Step 03 选中红桃形状后，按住【Alt】键，当光标呈现 形时，按住鼠标左键并拖动（此时光标呈 形），将红桃形状移到其他位置，松开鼠标可复制一个形状。用同样的方法再复制一些红桃形状，效果如图 8-39 右图所示。要删除形状，可在选中形状后按【Delete】键。

图 8-38 移动红桃 　　　　　　图 8-39 复制红桃

8.2.2 旋转、翻转、缩放与变形形状——制作指示牌

Step 01 打开本书配套素材 "Ph8" 文件夹中的 "04.psd" 图像文件，打开 "图层" 调板，然后将 "形状 1" 图层拖至调板底部的 "创建新图层" 按钮 上，复制出 "形状 1 副本"，如图 8-40 所示。

图 8-40　打开素材文件并复制图层

Step 02　利用"路径选择工具" <kbd>▶</kbd>选中复制的白色箭头形状，此时打开"编辑"下拉菜单，会发现原来的"自由变换"和"变换"菜单项变成了"自由变换路径"和"变换路径"菜单项。

Step 03　选择"自由变换路径"菜单项，或者按【Ctrl+T】组合键，进入路径自由变换状态，对箭头形状进行缩小操作，按【Enter】键确认操作，并放置于图 8-41 所示位置。

Step 04　将缩小后的箭头图形再复制一些，分别对它们进行旋转、翻转，放置于图 8-42 所示位置。

图 8-41　缩小箭头　　　　　　　　图 8-42　复制箭头并分别进行旋转、翻转

Step 05　如果使用"直接选择工具" <kbd>▶</kbd>选中了当前形状图层中的部分形状，则编辑菜单中相应的菜单项将变为"自由变换路径"和"变换路径"，选择这些菜单项可对当前选中的部分形状变形，如图 8-43 所示。

8.2.3　改变形状外观——制作箭头图形

在 Photoshop 中，利用"直接选择工具" <kbd>▶</kbd>、"添加锚点工具" <kbd>✎</kbd>、"删除锚点工具" <kbd>✎</kbd>或转换锚点工具 <kbd>▶</kbd>，可以改变形状外观。

Step 01　打开本书配套素材"Ph8"文件夹中的"05.psd"图像文件，打开"图层"调板，并单击选中"形状 1"图层，如图 8-44 右图所示。

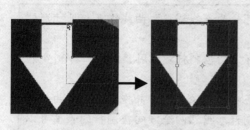
　　图 8-43　选中部分形状进行变形

　　图 8-44　打开素材文件并设置当前图层

Step 02　选择工具箱中的"直接选择工具"，将光标移至图像窗口中红色矩形的边线处，单击鼠标左键显示形状锚点。

Step 03　选择工具箱中的"添加锚点工具"，然后将光标移至红色矩形的上边线上，当光标呈形状时，单击鼠标左键可增加一个锚点，如图 8-45 左图所示。

Step 04　继续使用"添加锚点工具"在红色矩形的其他边线上单击增加锚点，如图 8-45 中图所示。如果选择"删除锚点工具"，然后将光标移至锚点上，当光标呈形状时，单击鼠标可以删除锚点，如图 8-45 右图所示。

　　　　　　　　　　图 8-45　增加与删除锚点

温馨提示

　　　　在使用"删除锚点工具"删除锚点前，应该首先使用"路径选择工具"或"直接选择工具"单击形状，以便使锚点能够显示出来。

Step 05　利用"直接选择工具"依次单击选中增加的锚点，然后按住鼠标左键不放并拖动，调整锚点的位置，将图形调整成图 8-46 所示形状。

经验之谈

利用"直接选择工具"单击选中锚点后，如果锚点有方向控制杆，此时，单击方向控制杆的端点并拖动，可调整形状的外观。

　　图 8-46　调整锚点位置

在 Photoshop 中，锚点的类型可分为直线锚点、曲线锚点与贝叶斯锚点，如图 8-47 所示。

直线锚点：该锚点的特点是没有方向控制杆。利用"钢笔工具" ✐ 在选定位置单击，即可获得直线锚点。

曲线锚点：利用"钢笔工具" ✐ 在选定位置单击并拖动可创建曲线锚点，其特点是锚点两侧存在方向控制杆。虽然两个方向控制杆的长度可以不同，但始终在一条直线上。

贝叶斯锚点：该锚点两侧都有方向控制杆，不但两个方向控制杆的长度可以不同，而且可以不在一条直线上，从而制作出"凹"形状。但是，用户无法使用"钢笔工具" ✐ 制作贝叶斯锚点，而只能使用"转换点工具" ⏄ 将曲线锚点转换为贝叶斯锚点。

直线锚点　　　　　　曲线锚点　　　　　　贝叶斯锚点

图 8-47　锚点的 3 种类型

Step 06 选择工具箱中的"转换锚点工具" ⏄，然后将光标移至图 8-48 左图所示的锚点处，当光标呈 ⏄ 形状时，单击鼠标左键，可以将曲线锚点转换为直线锚点，如图 8-48 中图所示。继续使用"转换锚点工具" ⏄ 单击其他新增的锚点，将它们转换为直线锚点。此时，得到图 8-48 右图所示的形状。

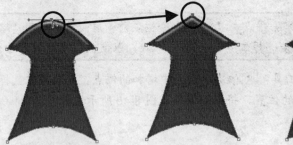

图 8-48　将曲线锚点转换为直线锚点

Step 07 利用"直接选择工具" ⏄ 分别改变新增锚点的位置，将图形调整成图 8-49 右图所示的形状。

Step 08 选择"转换锚点工具" ⏄，单击图 8-50 左图所示的锚点并向左拖动，拖出两条控制杆，至合适长短后释放鼠标，可以将直线锚点转换为曲线锚点，如图 8-50 所示。

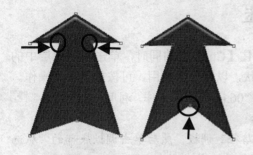

图 8-49　调整锚点的位置　　　　　　　　　　图 8-50　将直线锚点转换成曲线锚点

Step 09 利用"转换锚点工具" <img>单击并拖动如图 8-51 左图所示的方向控制杆，此时可以将曲线锚点转换为贝叶斯锚点。继续利用"转换锚点工具" <img>拖动该锚点的另一条方向控制杆，得到图 8-51 右图所示的图形效果。

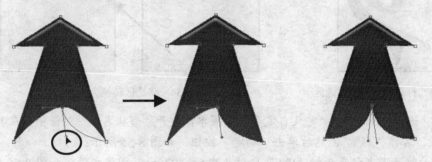

图 8-51　将曲线锚点转换为贝叶斯锚点

Step 10 利用"转换锚点工具" <img>将图 8-52 左图所示的锚点转换成贝叶斯锚点，然后拖动方向控制杆，将图形调整成如图 8-52 右图所示的形状。

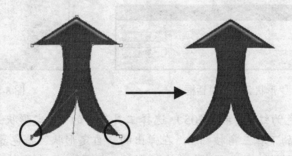

图 8-52　利用"转换锚点工具"调整图形形状

经验之谈

　　利用"钢笔工具" <img>绘制图形时，按住【Ctrl】键不放，可以快速切换到"直接选择工具" <img>，此时可以调整锚点或锚点方向控制杆，以便编辑图形形状；按住【Alt】键不放，将光标移至锚点上，当光标呈 <img>或 <img>形状时，可执行转换锚点操作。

8.2.4　形状与选区的相互转换——制作贺卡

　　将形状转换为选区的方法非常简单，只需按住【Ctrl】键的同时，单击形状图层中的矢量蒙版缩览图即可。要将选区转换为自定义形状，以便日后使用，可按如下步骤操作。

Step 01　打开本书配套素材 "Ph8" 文件夹中的 "06.jpg" 图像文件，利用 "魔棒工具" 制作红色彩带的选区，如图 8-53 所示。

Step 02　选择 "窗口" > "路径" 菜单，打开 "路径" 调板，然后单击调板底部的 "从选区生成工作路径" 按钮，将选区转换为工作路径，如图 8-54 右图所示。

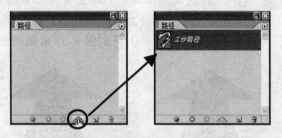

图 8-53　打开图像并制作选区　　　　　　图 8-54　将选区转换为工作路径

Step 03　选择 "编辑" > "定义自定形状" 菜单，打开 "形状名称" 对话框，在其中输入名称 "彩带"，然后单击 "确定" 按钮，如图 8-55 所示。

Step 04　打开本书配套素材 "Ph8" 文件夹中的 "07.jpg" 图像文件，如图 8-56 所示。

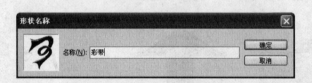

图 8-55　"形状名称" 对话框　　　　　　　　图 8-56　素材图片

Step 05　设置前景色为红色（#fa2205）。选择工具箱中的 "自定形状工具"，单击 "形状" 右侧的下拉三角按钮，在弹出的 "自定形状" 拾色器的最下方可看到自定义的 "彩带" 形状，单击选中该形状，如图 8-57 左图所示，然后在 "07.jpg" 图像窗口的右上角绘制彩带形状，如图 8-57 右图所示。

　　　　默认情况下，用户所绘制形状的填充内容为当前前景色，要更改形状颜色，可双击 "图层" 调板中形状图层的缩览图，在打开的 "拾色器" 对话框中设置新颜色。用户也可为形状填充渐变色或图案：选择一个形状图层，然后选择 "图层" > "更改图层内容" > "渐变" 或 "图案" 菜单，在随后打开的设置对话框中设置相应渐变或图案选项即可。

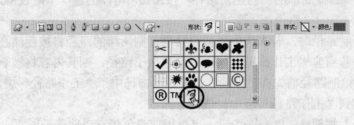

图 8-57　绘制自定形状图形

8.3 路径的创建、编辑与应用

　　路径和形状的创建与编辑方法完全相同。要绘制路径，只需选择相应的工具，并单击工具属性栏中的"路径"按钮 🔲，然后在图像窗口中绘制即可。

　　绘制好路径后，也可用前面介绍的形状编辑工具移动、复制路径，调整路径的形状，以及对路径进行旋转、翻转和变换等。

　　路径与形状的区别在于，路径被保存在图像的"路径"调板中，并且路径本身不会出现在将来输出的图像中。只有对路径进行描边和填充后，它才会影响图像的效果。

8.3.1 认识"路径"调板

　　打开本书配套素材"Ph8"文件夹中的"09.jpg"图像文件，然后选择"窗口">"路径"菜单，打开"路径"调板，如图 8-58 所示。

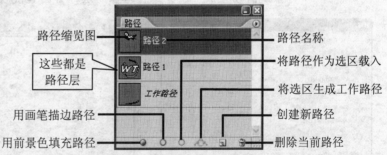

图 8-58　素材图片和"路径"调板

　　由图 8-58 右图可知，路径与形状图层类似，也可分别存储在不同的路径层中，并且每个路径层可包含多个子路径。下面，我们介绍一下"路径"调板中各组件的含义。

> ➤ **路径缩览图**：用于显示路径的预览图，用户可以从中观察到路径的大致形状。
> ➤ **当前路径**：在调板中以蓝色条显示的路径为当前工作路径，用户所做的操作都是针对当前路径的。
> ➤ **路径名称**：显示了路径的名称，双击路径名称可对其进行重命名。

> **路径层**：单击"路径"调板底部的"创建新路径"按钮 ，可以创建一个路径层，并自动命名为"路径1"、"路径2"等。

> **"工作路径"层**：绘制路径时，若未选中任何路径层，则所绘的路径将被存储在"工作路径"层中。若当前"工作路径"层中已经存放了路径，则其内容将被新绘路径所取代。若在绘制路径前先在"路径"调板中单击选中了"工作路径"层，则新绘路径将被增加到"工作路径"层中，成为子路径。

> **"用前景色填充路径"按钮** ：单击该按钮，可以用前景色填充当前路径。

> **"用画笔描边路径"按钮** ：单击该按钮，将使用"画笔工具" 和当前前景色为当前路径描边，用户也可选择其他绘图工具对路径进行描边。

> **"将路径作为选区载入"按钮** ：单击该按钮，可以将当前路径转换为选区。

> **"将选区生成工作路径"按钮** ：单击该按钮，可以将当前选区转换为路径。

> **"创建新路径"按钮** ：单击该按钮，将创建一个新路径层。

> **"删除当前路径"按钮** ：选中任意路径层，单击该按钮可将其删除。

8.3.2 路径的绘制、描边与填充——绘制鲜花

下面我们通过绘制鲜花，来学习路径的绘制、描边与填充方法。具体操作步骤如下。

Step 01 按【Ctrl+N】组合键，打开"新建"对话框，然后参照图8-59所示参数，创建一个空白文档。

Step 02 选择"矩形工具" ，单击工具属性栏中的"路径"按钮 ，其他选项不变，然后在图像窗口中绘制矩形路径，如图8-60左图所示。此时，在"路径"调板中，系统自动生成一个"工作路径"层，如图8-60右图所示。

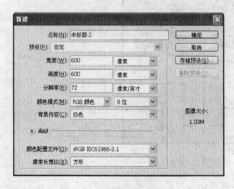

图8-59 "新建"对话框

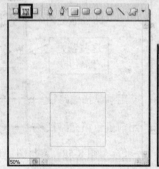

图8-60 创建新路径

Step 03 利用"直接选择工具" 将路径调整成图8-61左图所示的效果，然后利用"矩形工具" 再绘制一个矩形路径，并调整形状，如图8-61右图所示。

Step 04 在"路径"调板中，双击"工作路径"层，打开图8-62上图所示的"存储路径"对话框，不作任何修改，单击"确定"按钮，可以将工作路径存储为"路径1"，如图8-62下图所示。

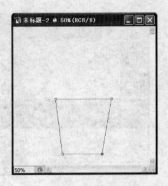

图 8-61　绘制路径并调整其形状　　　　图 8-62　存储工作路径

　　如果用户制作了选区，单击"路径"调板底部的"将选区生成工作路径"按钮，可将选区生成工作路径。此外，选中某个路径层后，按【Ctrl+Enter】组合键，可以将路径层中的所有路径转换成选区；如果利用"路径选择工具"选中单个的路径再转换，则可将单个路径转换为选区。

Step 05　单击"路径"调板底部的"创建新路径"按钮，新建"路径 2"，如图 8-63 所示。

Step 06　选择"多边形工具"，在其工具属性栏中单击"路径"按钮，设置"边"为 9，然后单击形状工具右侧的下拉三角按钮，在打开的几何选项下拉面板中设置"半径"为 4 厘米，勾选"平滑拐角"和"星形"复选框，并设置"缩进边依据"为 30%，如图 8-64 所示。

Step 07　属性设置好后，在图像窗口中绘制一个星形路径，然后更改"多边形工具"的半径值，继续绘制不同大小的星形路径，效果如图 8-65 所示。

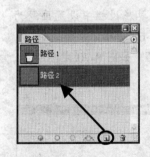

图 8-63　新建路径　　　　图 8-64　"多边形工具"属性栏　　　　图 8-65　绘制路径

Step 08　选择"椭圆工具"，在工具属性栏中单击"路径"按钮，然后在"路径 2"层中绘制圆形子路径，如图 8-66 所示。

Step 09　在"路径"调板中新建"路径 3"。选择"钢笔工具"，单击工具属性栏中的"路径"按钮，然后在图像窗口中绘制图 8-67 左图所示的路径。

图 8-66　绘制圆形子路径　　　　　　　　　　　图 8-67　新建路径层并绘制路径

Step 10　路径绘制好后，可以对它们进行填充和描边操作。在"路径"调板中，单击选中"路径 1"层，在图像窗口中显示该路径，然后利用"路径选择工具" ![按钮] 单击选中图 8-68 左图所示的路径。

Step 11　设置前景色为咖啡色（#b2682d），然后单击"路径"调板底部的"用前景色填充路径"按钮 ![按钮]，此时，得到图 8-68 右图所示的填充效果。

图 8-68　使用"路径"调板中的按钮填充路径

Step 12　设置前景色为黑色，然后选择"画笔工具" ![按钮]，在其工具属性栏中设置画笔为主直径 5 像素的硬边笔刷，其他选项保持默认，如图 8-69 所示。

Step 13　单击"路径"调板中底部的"用前景色描边路径"按钮 ![按钮]，如图 8-70 左图所示，此时，得到图 8-70 右图所示的路径描边效果。

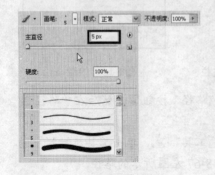

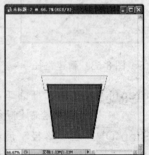

图 8-69　"画笔工具"属性栏　　　　　　　图 8-70　用"路径"调板中的按钮描边路径

Step 14　用户也可以利用菜单命令填充和描边路径。利用"路径选择工具" 选中图 8-71 左图所示的路径，然后单击"路径"调板右上角的圆形三角按钮 ，从弹出的调板菜单中选择"填充子路径"菜单，如图 8-71 中图所示。

Step 15　打开图 8-71 右图所示的"填充子路径"对话框，在其中可选择填充方式（图案、颜色等），设置混合模式、不透明度、羽化等参数。本例选择填充方式为"颜色"，并将颜色设置为淡咖啡色（#c58450）。其他选项保持默认，单击"确定"按钮，使用淡咖啡色填充所选路径，效果如图 8-72 所示。

图 8-71　选择路径并设置填充参数

Step 16　将前景色设置为黑色，然后在"路径"调板菜单中选择"描边子路径"项，弹出图 8-73 左图所示的"描边子路径"对话框，在"工具"下拉列表中可以选择描边工具，本例选择"画笔"，单击"确定"按钮，即可使用黑色描边路径，如图 8-73 右图所示。

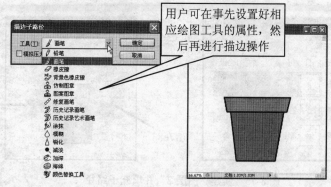

用户可在事先设置好相应绘图工具的属性，然后再进行描边操作

图 8-72　路径填充效果　　　　图 8-73　使用菜单命令描边路径

選中路径层，而不是选择某个子路径，选择"路径"调板菜单中的"填充路径"和"描边路径"项将对整个路径进行填充和描边操作。此外，只有当前图层为普通图层（形状、调整或智能图层除外）时，才能对路径进行填充或描边，填充或描边结果被放在当前图层中。

按住【Alt】键的同时，单击"路径"调板底部的"用前景色填充路径"按钮 或 "用前景色描边路径"按钮 ，也可打开"填充路径"或"描边路径"对话框。

Step 17　将前景色设置为绿色（#47ca3e），并新建"图层1"，然后选中"路径"调板中的"路径3"，并使用前景色填充该路径，如图8-74所示。

图8-74　填充"路径3"

Step 18　在"图层"调板中新建"图层2"，然后利用"路径选择工具" 依次选中"路径2"中的3条子路径，并分别填充不同的颜色，如图8-75右图所示。

Step 19　新建"图层3"，然后利用"路径选择工具" 依次选中"路径2"中的部分子路径，并分别填充不同的颜色，效果如图8-76所示。

 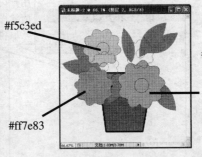 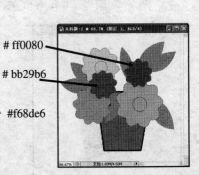

图8-75　新建"图层2"并填充子路径　　　　图8-76　新建"图层3"并填充子路径

Step 20　在"图层3"与"图层2"之间新建"图层4"，如图8-77左图所示。利用"路径选择工具" 同时选中"路径2"中的部分圆形子路径，如图8-77中图所示，并填充为黄色（#ffde00），效果如图8-77右图所示。

Step 21　在"图层"调板中选中"图层3"，然后将"路径2"中剩下的圆形路径填充为黄色（#ffde00）。最后，依次选中"路径2"和"路径3"中的路径，分别在相应的图层中描边路径，描边颜色为黑色，描边宽度为3像素（使用"画笔工具"

笔刷属性），效果如图 8-78 所示。

图 8-77 新建"图层 4"并填充路径 图 8-78 填充与描边路径

8.3.3 路径的显示与隐藏

要隐藏路径，可执行如下操作。

➢ 按下【Shift】键单击某个路径的缩览图，可暂时隐藏该路径；再次单击可重新显示路径。

➢ 单击"路径"调板的空白处可隐藏所有路径；单击某个路径层，可显示该层中的路径。

➢ 选择"视图">"显示">"目标路径"菜单，可以在选中路径层的状态下，在图像窗口中显示 / 隐藏所有路径。

➢ 按【Ctrl+H】组合键，也可隐藏/显示当前图像窗口中的所有路径。

综合实例——制作月历

本例通过制作图 8-79 所示的月历来巩固前面所学内容，最终效果文件请参考本书配套素材"Ph8"文件夹中的"月历.psd"图像文件。

制作思路

本例主要利用"钢笔工具"和"自定形状工具"绘制路径和形状，利用"渐变工具"填充选区，并通过制作文字以及设置图层的不透明度与添加图层样式来实现。

制作步骤

Step 01 设置背景色为红色（# e60011），然后按【Ctrl+N】组合键，打开"新建"对话框，参照图 8-80 所示设置参数，创建一个背景色为红色的新文档。

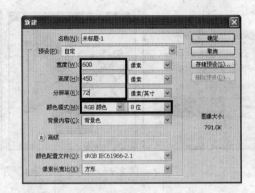

图 8-79　月历效果图　　　　　　　　　　　　　　　图 8-80　创建新文档

Step 02 选择"钢笔工具" ，在工具属性栏中单击"路径"按钮 ，然后在图像窗口底部绘制图 8-81 所示的路径。

Step 03 按【Ctrl+Enter】组合键，将路径转换成选区。在"图层"调板中新建"图层 1"，然后将前景色设置为黄色（#f5e967），背景色设置为白色。

Step 04 选择"渐变工具" ，在工具属性栏中单击"线性渐变"按钮 ，然后将光标移至选区内，按下鼠标左键并从右向左拖动，绘制前景色到背景色的线性渐变色，其效果如图 8-82 所示。

Step 05 将前景色设置为白色。选择"钢笔工具" ，单击工具属性栏中的"形状图层"按钮 ，然后在图像窗口中绘制图 8-83 左图所示的白鸽形状。

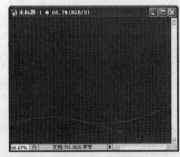
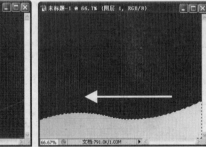
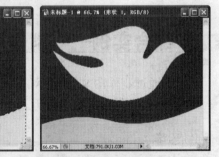

图 8-81　绘制路径　　　　　　　图 8-82　绘制渐变色　　　　　　　图 8-83　绘制白鸽

Step 06 单击"路径"调板底部的"创建新路径"按钮 ，新建"路径 1"。选择"钢笔工具" ，单击工具属性栏中的"路径"按钮 ，绘制如图 8-84 所示的路径。

Step 07 按【Ctrl+Enter】组合键，将路径转换为选区。新建"图层 2"，然后利用"渐变工具" 在选区内从右向左拖动鼠标，绘制橙色（#faa277）到白色的线性渐变色，其效果如图 8-85 所示。

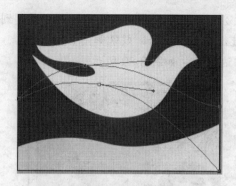

图 8-84 绘制路径

图 8-85 绘制渐变色

Step 08 在"图层"调板中将"图层2"的"不透明度"设置为70%，此时图像效果如图 8-86 右图所示。

图 8-86 调整图层的不透明度

Step 09 打开本书配套素材"Ph8"文件夹中的"10.jpg"图像文件，选择"自定形状工具" ，单击工具属性栏中的"路径"按钮 ，然后在"形状"下拉列表中选择"红桃"，并在图像窗口中绘制红桃路径，如图 8-87 左图所示。

Step 10 按【Ctrl+Enter】组合键将路径转换为选区，然后用"移动工具" 将选区内的图像拖至新图像窗口中，并放在图 8-87 右图所示的位置。

图 8-87 绘制路径后创建选区并移动选区图像

Step 11 分别打开"Ph8"文件夹中的"11.jpg"、"12.jpg"和"13.jpg"图像文件，利用

与 Step 9～Step 10 相同的操作方法，分别从这 3 幅图像中各取一部分复制到新图像窗口中，并对其中的两副图像进行适当的旋转，效果如图 8-88 所示。

Step 12 分别为 4 张红桃形图像添加投影和描边效果，如图 8-89 所示。

图 8-88　制作心形图像　　　　　　　图 8-89　为心形图像添加投影和描边效果

Step 13 打开 "Ph8" 文件夹中的 "14.psd" 图像文件，利用 "移动工具" ⊕将文字拖至新图像窗口中，放在图 8-90 右图所示的位置。至此，一份漂亮的月历就制作好了。

图 8-90　为月历添加文字

本章小结

本章主要介绍了形状和路径的绘制与编辑方法，学完本章内容后，用户应重点掌握以下知识。

➤ 了解路径与形状之间的区别，并熟练掌握路径和形状工具的应用技巧。

➤ 对初学者来说，"钢笔工具" ⌥和相关调整工具的用法很难把握，因此，读者需要多使用这些工具描绘图像的轮廓来练习其使用方法，做到熟练使用后再来绘制自己喜欢的作品。

➤ 对路径进行描边时，可先设置好相应绘图工具的属性，如选择合适的笔刷，设置笔刷大小，然后再进行描边。

思考与练习

一、填空题

1. 要将形状转换为选区，只需按住_____键的同时，单击形状图层中的_____。

2. 使用路径与形状绘画工具可绘制 3 类对象，它们是：_____、_____和_____。

3. 使用钢笔工具绘制形状时，3 种锚点类型分别是_____、_____和_____。

4. 绘制路径时，若未选中任何路径层，则所绘的路径将被存储在_____层中。

5. 要在路径中填充图案，需要利用_____对话框进行设置。

二、选择题

1. 以下关于路径和形状的说法，错误的是（　　）。

    A. 两者的绘制方法相同　　　　B. 两者的编辑方法相同

    C. 可以打印输出形状　　　　　D. 可以打印输出路径

2. 按（　　）组合键，也可隐藏/显示当前图像窗口中的所有路径。

    A.【Ctrl+H】　　　　B.【Alt+H】　　　　C.【Alt+B】　　　　D.【Alt+B】

3. 按（　　）键，可结束钢笔工具的绘制。

    A.【Tab】　　　　B.【Esc】　　　　C.【F3】　　　　D.【End】

4. 要选择形状，可利用（　　）工具；要选择路径，可利用（　　）工具。

    A. 移动工具　　B. 直接选择工具　　C. 路径选择工具　　D. 钢笔工具

三、操作题

1. 利用前面所学知识绘制图 8-91 所示的卡通笔。绘制时，可先绘制整个黑色图形，然后再分别绘制卡通笔的其他部分。

2. 打开"Ph8"文件夹中的"16.jpg"图像文件，然后打开"路径"调板，分别对每条路径进行填充操作，得到图 8-92 所示的蜜蜂。填充时，注意把蜜蜂的每个组成部分放在不同的图层中。

图 8-91　绘制卡通笔　　　　　　　　　　图 8-92　练习填充路径

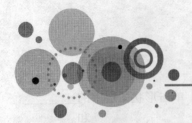

第9章

在图像中应用文字

章前导读

　　文字的编排是平面设计中非常重要的一项内容。利用 Photoshop 中的文字工具，用户可为图像增加具有艺术感的文字，从而增强图像的表现力。通过本章的学习，读者应熟练掌握文字工具及文字相关调板的使用方法。

9.1　输入与编辑文字

　　Photoshop 提供了 4 种文字工具："横排文字工具" T、"直排文字工具" IT、"横排文字蒙版工具" 和 "直排文字蒙版工具"，如图 9-1 所示。利用这些工具可以输入普通文字、段落文字，还可以创建文字形状选区。

- ➢ **"横排文字工具" T**：可以输入横向文字。
- ➢ **"直排文字工具" IT**：可以输入纵向文字。
- ➢ **"横排文字蒙版工具"**：可以输入横向文字选区。
- ➢ **"直排文字蒙版工具"**：可以输入纵向文字选区。

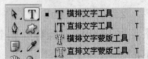

图 9-1　文字工具组

9.1.1　输入普通文字——生日快乐

　　选择"横排文字工具" T 或"直排文字工具" IT，在图像中单击即可输入文字。下面我们以在一幅图像中输入文字为例，来了解文字工具的参数设置和使用方法。

Step 01　打开本书配套素材 "Ph9" 文件夹中的 "01.jpg" 图像文件，并设置前景色为红色（#e4000f）；选择工具箱中的 "横排文字工具" T，在工具属性栏中单击字体系列下拉按钮，在弹出的列表中选择合适的字体，然后设置字体大小为 80点，其他属性设置如图 9-2 所示。文字工具属性栏中各选项的意义如下。

图9-2　文字工具属性栏

　操作系统提供的字体毕竟是有限的，为了制作出漂亮的文字效果，用户可到相关网站下载字体，如方正字体、汉仪字体等，并将其拷贝到"C:\WINDOWS\Fonts"目录下，这样就可以在 Photoshop 中使用新字体了。

➢ **更改文本方向**：输入文字后，该按钮才会被激活，单击它可以切换文字的排列方式（水平或垂直）。

➢ **设置字体系列**黑体：在该下拉列表中可以选择字体。

➢ **设置字体大小**18点：用于设置字体大小，可以直接输入数字，也可在下拉列表中选择。

➢ **设置消除锯齿方法**平滑：用于设置消除文字锯齿的方式。

➢ **对齐文字**：当选择 T 或 工具时，对齐按钮显示为：，分别单击可以使水平文字或文字选区向左对齐、沿水平中心对齐、向右对齐。当选择 或 工具时，对齐按钮显示为：，分别单击可以使垂直文字或文字选区向上对齐、沿垂直中心对齐、向下对齐。

➢ **设置文本颜色**：单击该色块可以在弹出的"拾色器"对话框中设置文字颜色。

➢ **创建文字变形**：输入文字后，该按钮才会被激活，单击它可以在弹出的"变形文字"对话框中设置文字的变形样式。

➢ **显示/隐藏字符和段落调板**：单击该按钮，在弹出的"字符/段落"调板中，可以对文字进行更多的设置。

Step 02　属性设置好后，将光标移至图像窗口的适当位置并单击，待出现闪烁光标后，输入"生日快乐"字样，如图9-3左图所示。

Step 03　输入完毕后，单击属性栏中的"提交所有当前编辑"按钮 ✓，或者按【Ctrl+Enter】组合键即可完成输入，如图9-3中图所示。此时系统会自动新建一个文字图层，如图9-3右图所示。

图9-3　输入文字

> 输入文字时，如果希望改变文字位置，可将光标移至文字的外侧，当光标呈⊹形状时，单击并拖动鼠标即可；按住【Ctrl】键单击并拖动文字也可改变其位置。要撤销当前的输入，可在结束输入前按【Esc】键或单击工具属性栏中的"取消当前编辑"按钮⊘。

9.1.2 输入段落文字——生日祝福

在设计请柬、样本、某些贺卡等时，经常需要输入较多的文字，这时我们可以把大段的文字输入到文本框里，以对文字进行更多的控制，下面是具体操作方法。

Step 01 打开本书配套素材"Ph9"文件夹中的"02.jpg"图像文件，选择工具箱中的"横排文字工具"⊤，在工具属性栏设置合适的字体、字号和颜色，如图9-4所示。

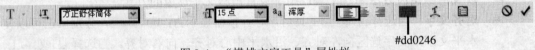

#dd0246

图9-4 "横排文字工具"属性栏

Step 02 属性设置好后，将光标移至图像窗口中，在图9-5左图所示空白区域的左上角单击并按住鼠标左键向右下角拖动，至合适大小时释放鼠标，即可得到一个文本框，如图9-5中图所示。

Step 03 待文本框中显示闪烁的光标时，输入所需文字，当输入的文字到达文本框的右边缘时，文字会自动换行，如图9-5右图所示。用户可在需要换段的位置，通过按【Enter】键执行换段操作。

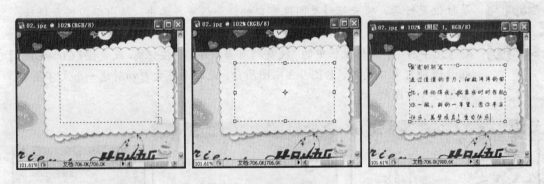

图9-5 输入段落文本

Step 04 按住【Ctrl】键，将光标移至文本框内，当光标呈▶形状时，单击并拖动鼠标可以移动文本框，如图9-6左图所示；我们还可利用文本框四周的控制点，来改变文本框的大小或旋转文本框，操作方法与第4章介绍的自由变换图像相同，如图9-6中图所示。

Step 05 文字输入完毕后，按【Ctrl+Enter】组合键确认输入，得到图9-6右图所示效果。

图9-6 变换文本框并确认输入

如果输入的文字超出文本框范围，文本框右下角的控制点将呈田形状，这表明有文字被隐藏了。我们可通过调整文本框大小，来显示隐藏的文字。

制作好普通文本后，选中普通文本所在图层（但不要进入文本编辑状态），选择"图层" > "文字" > "转换为段落文本"菜单，可以将普通文本转换为段落文本。相反，选中段落文本所在图层后，选择"图层" > "文字" > "转换为点文本"菜单，可以将段落文本转换成普通文本。

9.1.3 编辑文字内容——圣诞卡

用户在图像中输入文字后，还可对文字进行编辑，如修改文字内容、大小或颜色等。要编辑文字，必须先将要编辑的文字选中。

Step 01 打开本书配套素材"Ph9"文件夹下的"03.psd"图像文件，按【F7】键，打开"图层"调板。

Step 02 在"图层"调板中，双击文字图层缩览图，可选中文字图层中的所有文字，如图9-7左图和中图所示。此时系统将自动切换到文字工具，用户可利用工具属性栏或后面介绍的"字符/段落"调板更改其颜色、字号、间距、行距等属性。

Step 03 单击工具属性栏中的颜色块，在打开的"拾色器"对话框中设置文字颜色为红色（#fa0b21），按【Ctrl+Enter】组合键确认操作，得到图9-7右图所示效果。

图9-7 选中文字图层中的所有文字并更改文字颜色

Step 04 选择"横排文字工具" T，然后将光标移至文字区并单击，系统会自动将文字图层设置为当前图层，并进入文字编辑状态，此时可以在插入点输入文字。也可以按住鼠标左键拖动选中单独的文字，如字母"M"，如图 9-8 中图所示。

Step 05 在工具属性栏中设置字号为 90，文字颜色为黑色，按【Ctrl+Enter】组合键确认更改操作，效果如图 9-8 右图所示。

图 9-8　选中单独的文字并修改属性

9.2　设置文字格式

在图像中输入文字后，根据版面要求，用户还可利用字符或段落调板设置更多的文字格式，如设置字符间距、行距、缩进、对齐、加粗、斜体和基线偏移等。

9.2.1　设置字符格式

要设置字符格式，可首先选中要设置的文本，然后单击工具属性栏中的"显示/隐藏字符与段落"调板按钮 ，或选择"窗口" > "字符"菜单，打开图 9-9 中图所示的"字符"调板，在调板中进行相关设置后，文字的字符格式随即发生改变，如图 9-9 右图所示（用户可打开本书配套素材"Ph9"文件夹中的"04.psd"图像文件进行操作）。

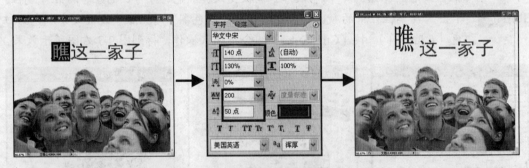

图 9-9　利用"字符"调板设置字符格式

"字符"调板中设置字体 华文中宋 、设置字号 T 、设置字体颜色 颜色: 选项的作用与文字工具属性栏相同，下面我们讲解一下其他选项的作用。

➢ **设置行距** (自动) ：用于设置文字行与行之间的距离。

➢ **设置所选字符的字距调整** ^{AV} 0 ⌄ ：设置字符之间的距离，值越大，字符之间的距离越大。

➢ **设置两个字符间的字距微调** ^{AV} 度量标准 ⌄ ：用于设置两个字符的间距。在两个字符间单击出现闪烁的光标后，该选项才可用。

➢ **垂直缩放** ^{IT} 100% ：用于设置字符的缩放高度。

➢ **水平缩放** ^{T} 100% ：用于设置字符的缩放宽度。

➢ **设置基线偏移** $^{A}_{a}$ 0点 ：用于设置文字基线（下边线）的偏移，正值上移，负值下移。

➢ **T** *T* **TT Tr** T^{1} T$_{1}$ **T** **F**：这些按钮分别用于设置文字的仿粗体**T**、仿斜体*T*、全部大写字母**TT**、小型大写字母**Tr**、上标T^{1}、下标T$_{1}$、下划线**T**和删除线**F**，如图 9-10 所示。

图 9-10 设置文字属性

9.2.2 设置段落格式——国庆祝福

要设置段落格式，可执行如下操作。

Step 01 打开本书配套素材 "Ph9" 文件夹中的 "05.psd" 图像文件，打开 "图层" 调板，双击文字图层缩览图，全选段落文本，如图 9-11 所示。

Step 02 选择 "窗口" > "段落" 菜单，打开 "段落" 调板，并参照图 9-12 所示设置参数，其中各选项的意义如下。

图 9-11 打开图像文件

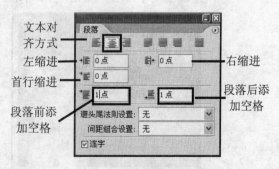

图 9-12 "段落" 调板

➢ ▆▆▆▆▆：分别单击可使文本左对齐▆、居中对齐▆和右对齐▆。

➢ ▆▆▆▆▆：这几个按钮的作用都是使文本左右对齐，区别在于：▆可使文本最后一行靠左对齐；▆可使文本最后一行居中对齐；▆可使文本最后一行靠右对齐；▆可使全部文本左右对齐。

➢ **左缩进**▆：用于设置段落左侧的缩进量。

➢ **右缩进**▆：用于设置段落右侧的缩进量。

➢ **首行缩进**▆：用于设置段落第一行文本的缩进量。

➢ **段落前添加空格**▆：用于设置当前段落与前一段的距离。

➢ **段落后添加空格**▆：用于设置当前段落与后一段的距离。

Step 03 利用"文字工具"单独选中第一行文字，然后在"段落"调板中设置"段落后添加空格"为 8 点；在"字符"调板中设置"字号"为 12 点，字距为 200，按【Ctrl+Enter】组合键完成段落和字符格式设置，效果如图 9-13 右图所示。

图 9-13 设置首行文字的段落和字符格式

9.2.3 创建变形文字样式——摄影大赛海报

利用 Photoshop CS2 提供的"文字变形"命令，可以使文本呈现弧形、波浪形、鱼形等特殊效果，使其具有艺术美感。

Step 01 打开本书配套素材"Ph9"文件夹中的"06.psd"图像文件，打开"图层"调板，并选中文字图层，如图 9-14 所示。

图 9-14 打开素材图片并选中文字图层

Step 02 选择"图层">"文字">"文字变形"菜单，或者单击工具属性栏中的"创建文字变形"按钮，打开"变形文字"对话框。

Step 03 在"变形文字"对话框的"样式"下拉列表框中选择"花冠"，设置"弯曲"为+50%，其他参数不变，单击"确定"按钮，效果如图 9-15 右图所示。

图 9-15 为文字图层设置变形效果

经验之谈

　　如果对文字的变形效果不满意，可在"样式"下拉列表中选择其他样式；此外，用户还可设置文字的弯曲度和在水平或垂直方向上的扭曲度。如果要取消变形设置，可在"样式"下拉列表中选择"无"选项。

9.2.4 栅格化文字图层

　　文字图层不同于普通的图层，用户不能对文字图层执行诸如绘画、调整色彩与色调、应用大多数滤镜等操作。因此，如果希望对文本进行复杂的处理，应首先将文字图层栅格化，即将其转换为普通图层。

　　要栅格化文字图层，可在选中文字图层后，选择"图层">"栅格化">"文字"或"图层"菜单；或右击文字图层，从弹出的快捷菜单中选择"栅格化文字"项，如图 9-16 左图和中图所示（用户可打开本书配套素材"Ph9"文件夹中的"07.psd"图像文件进行操作）。

　　这样，我们就可使用"画笔工具"在文字图层中进行绘画了，如图 9-16 右图所示。

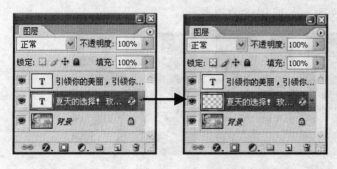

图 9-16 栅格化文字图层

> 用户可以为文字图层添加图层样式。此外要注意的是，将文字图层转换为普通图层后，便不能为其设置字符格式和段落格式等属性。

9.3 文字的特殊编辑

在 Photoshop 中，除了可设置文字的基本属性外，还可以将文字转换为形状，或沿路径或内部放置文字等，从而制作出各种特殊效果的文字。

9.3.1 将文字转换为形状或路径——制作异形字

除了可以利用前面介绍的"自由变换"命令和"变形文字"命令处理文字外，我们还可将文字转换为路径或形状，然后随心所欲地对其进行各种变形操作。下面我们通过制作异行字来说明具体用法。

Step 01 打开本书配套素材"Ph9"文件夹中的"08.psd"图像文件，然后打开"图层"调板，并选中文字图层，如图 9-17 中图所示。

Step 02 选择"图层">"文字">"转换为形状"菜单，即可将文字转换为形状。此时文字图层被转换为形状图层，如图 9-17 右图所示。

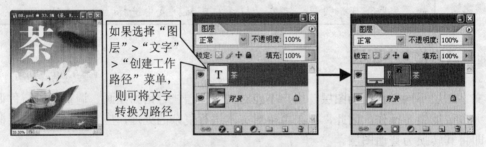

如果选择"图层">"文字">"创建工作路径"菜单，则可将文字转换为路径

图 9-17　将文字图层转换为形状图层

Step 03 利用"直接选择工具" ![箭头] 选中图 9-18 左图所示的图形，按【Delete】键将选中的部分文字图形删除，如图 9-18 中图所示；选择"椭圆工具" ![椭圆]，在工具属性栏中单击"形状图层"按钮 ![]、"添加到形状区域"按钮 ![]，然后在删除图形的位置绘制一个正圆图形，如图 9-18 右图所示。

图 9-18　删除图形并绘制正圆

Step 04 利用“直接选择工具”、“增加锚点工具”、“删除锚点工具”和“转换锚点工具”将“茶”字调整成图 9-19 左图所示的形状。最后，为形状图层添加投影和渐变叠加效果，效果如图 9-19 右图所示。

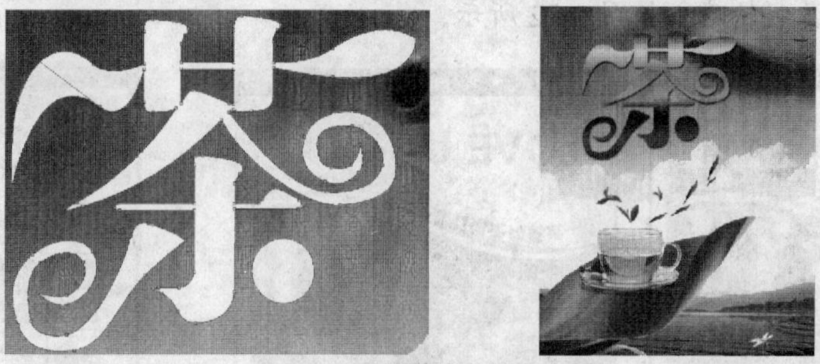

图 9-19 变形茶字并添加图层样式

9.3.2 将文字沿路径或图形内部放置——制作手机广告

要想沿路径放置文字，只需在绘制好路径后，选择文字工具、或文字蒙版工具、，然后移动光标到路径上，待光标显示为形状时单击即可。

下面通过一个实例来说明将文字沿路径或图形内部放置的方法。

Step 01 打开本书配套素材“Ph9”文件夹中的“09.psd”图像文件，然后打开“路径”调板，并选中“路径 1”层，在图像窗口中显示路径，如图 9-20 左图所示。

Step 02 选择“横排文字工具”，设置字体为方正大黑简体、字号为 23、对齐方式为左对齐、字体颜色为黑色，然后将光标移至路径 1 上，待光标呈形状时单击，即可沿路径输入文字，如图 9-20 中图和右图所示。

图 9-20 沿路径输入文字

Step 03 选择“直接选择工具”，将光标移至文字上方，待光标呈时单击并沿路径拖动，可沿路径移动文字，如图 9-21 左图所示。如果按住鼠标左键并向下拖动，可以翻转文字，如图 9-21 右图所示。

> **经验之谈** 选择“路径选择工具”，将光标移至路径上方，待光标呈形状后单击并拖动，可移动路径，此时文本将随之移动。

Step 04 如果绘制的是封闭路径或图形，则可将文字沿路径或图形内部放置。例如，在
"图层"调板中，单击"渐变填充 2"图层的矢量蒙版缩览图，在窗口中显示
矢量蒙版轮廓，如图 9-22 所示。

图 9-21　沿路径移动文字和翻转文字　　　　　　　　图 9-22　显示矢量蒙版轮廓

Step 05 选择"横排文字工具" T ，设置字体为方正粗宋简体、字号为 14，然后将光标
移至矢量图形内部，当光标呈 ♫ 时单击插入光标，即可在该图形内部输入文字，
如图 9-23 左图和中图所示。

Step 06 取消显示"渐变填充 2"图层的矢量轮廓，最终效果如图 9-23 右图所示。

图 9-23　在图形内部放置文字

综合实例——制作房地产广告

下面通过制作图 9-24 所示的房地产广告来巩固本章所学知识，本例最终效果文件请参
考本书配套素材"Ph9"文件夹中的"房地产广告.psd"图像文件。

制作思路

首先打开本书提供的配套素材，输入广告标题文本并进行变形，然后输入对房产进行
介绍的段落文本，并进行字符格式和段落格式设置，即可完成实例制作。

制作步骤

Step 01 打开本书配套素材 "Ph9" 文件夹中的 "10.jpg" 图片文件，选择 "横排文字工具" T，在工具属性栏中设置字体为汉仪南宫体简、字号为 50、字体颜色为黑色，然后输入图 9-25 所示的文字。

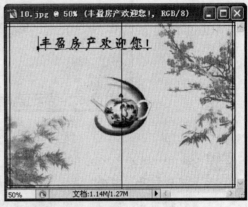

图 9-24 房地产广告效果图　　　　　　　图 9-25 打开素材图片

Step 02 选中输入的文字，单击文字工具属性栏中的 "创建文字变形" 按钮 T，打开 "变形文字" 对话框，在 "样式" 下拉列表中选择 "旗帜"，并设置 "弯曲" 为100%，"水平扭曲" 为-50%，单击 "确定" 按钮，如图 9-26 所示。

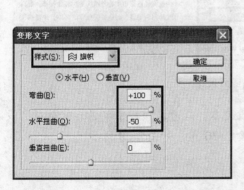

图 9-26 对文字进行变形

Step 03 选择 "横排文字工具" T，在工具属性栏设置字体为汉仪中宋简、字号为 12、字体颜色为黑色，然后在图像窗口中绘制一个文本框并输入所需的段落文本，如图 9-27 所示。（为方便操作，用户可以将本书配套素材 "Ph9" 文件夹中的 "01.txt" 文档中的文本粘贴进来使用。）

图 9-27 输入段落文字

Step 04 利用"横排文字工具" <kbd>T</kbd> 在输入的段落文本的第一行中双击，选中整行文字，然后打开"字符"调板，在其中设置字体为"方正大标宋简体"、字号为 20 点、行距为 48 点、颜色为橙色（# f9a00b），如图 9-28 所示，然后将该行文字的对齐方式设为居中。

图 9-28 设置文本的字符格式

Step 05 用"横排文字工具" <kbd>T</kbd> 拖动选中第二段文本，或者在该段中单击，然后在"段落"调板中的"首行缩进"编辑框中输入 30 点，如图 9-29 所示。

图 9-29 设置文本的段落格式

Step 06　使用"横排文字工具" T 在图像窗口右侧再输入两段段落文本，并分别为其设置段落属性，其效果如图 9-30 所示。（可将本书配套素材"Ph9"文件夹中的"02.txt"、"03.txt"文档中的文本粘贴进来使用。）

Step 07　打开本书配套素材"Ph9"文件夹中的"11.psd"图片文件，利用"移动工具"将标志图像移至"10.jpg"图像窗口的左上角，如图 9-31 所示。这样，本例就制作好了。

图 9-30　输入其他段落文本

图 9-31　放置公司 Logo

本章小结

学完本章内容后，用户应重点掌握以下知识。

➢ 掌握输入普通文字，以及利用文本框输入段落文字的方法。

➢ 掌握选择文字，并设置其字符格式和段落格式的方法。

➢ 掌握对文字进行变形，以及将文字图层转换为普通图层的方法。

➢ 掌握将文字转换为路径或形状，然后调整其形状的方法。

➢ 掌握将文字沿路径或图形内部放置，并进行移动或翻转的方法。

思考与练习

一、填空题

1. 要制作文字形状的选区，可使用_____或_____工具来实现。

2. 利用"字符"调板可设置_____、_____、_____、_____、_____和_____等。

3. 利用"段落"调板可设置_____、_____、_____等。

4. 要将文字图层转换为路径，可选择_____>_____>_____菜单命令。

5. 要想沿路径放置文本，只需在绘制好路径后，选择文字工具或文字蒙版工具，移动光标到_____，待光标显示为 ⊥ 形状时单击即可。

二、选择题

1. 要输入纵向文字，可使用（　　）工具

　　A. 横排文字　　　B. 直排文字　　C. 横排文字蒙版工具　　D. 直排文字蒙版工具

2. 文字输入完毕后，可按（　　　）键确认输入。

　　A.【Enter】　　　B.【Esc】　　　C.【Ctrl+Enter】　　　D.【Alt+Enter】

3. 下列关于选择文字的方法，错误的是（　　　）。

　　A. 双击文字图层缩览图可选中该图层中的所有文字

　　B. 单击文字图层缩览图可选中该图层中的所有文字

　　C. 选择文字工具后，将光标移至文字区单击并拖动，可选中拖动区域中的文字

　　D. 选择文字工具后，在文本中双击，可选中双击处的一段文本

4. 下列关于文字图层的说法，错误的是（　　　）。

　　A. 不能使用绘图工具在文字图层上进行绘画

　　B. 不能为文字图层添加图层样式

　　C. 不能为文字图层添加 Photoshop 提供的大多数滤镜

　　D. 将文字图层转换为普通图层后，便不能再设置文字的字符和段落格式。

三、操作题

打开本书配套素材"Ph9"文件夹中的"12.psd"文件，如图 9-32 左图所示，然后参照本章所学知识，并结合第 8 章内容，制作图 9-32 右图所示的"生日快乐"变形文字。

图 9-32　制作变形文字

提示：首先将文字转换为形状，然后利用第 8 章所学的形状编辑工具编辑文本，最后通过复制图层、改变形状的颜色和移动形状来制作文字的立体效果。

第10章

使用通道

章前导读

通道是 Photoshop 的一项重要功能，掌握通道方面的知识，有助于读者更好地理解 Photoshop 处理图像的原理，以及利用通道抠图和制作一些特殊的图像效果。

10.1　初识通道

简单地讲，通道就是用来保存图像的颜色数据和存储图像选区的。在实际应用中，利用通道可以方便、快捷地选择图像中的某部分图像，还可对原色通道进行单独操作，从而制作出许多特殊的图像效果。

10.1.1　通道的原理与类型

1. 通道的原理

在实际生活中，我们看到的很多设备（如电视机、计算机的显示器等）都是基于三色合成原理工作的。例如，电视机中有 3 个电子枪，分别用于产生红色（R）、绿色（G）与蓝色（B）光，其不同的混合比例可获得不同的色光。Photoshop 也基本上是依据此原理对图像进行处理的，这就是通道的由来。

2. 通道的类型

根据图像的模式不同，通道的表示方法也不同。例如，对于 RGB 模式的图像来说，其通道有 4 个，即 RGB 合成通道（主通道）、R 通道、G 通道与 B 通道；对于 CMYK 模式的图像来说，其通道有 5 个，即 CMYK 合成通道（主通道）、C 通道（青色）、M 通道（洋红）、Y 通道（黄色）与 K 通道（黑色），如图 10-1 所示。以上这些通道都可称为图像的基本通道。

图 10-1　RGB 和 CMYK 模式下的图像颜色通道

此外，我们还可以根据需要增加一些特殊通道，如 Alpha 通道和专色通道：

➢ **Alpha 通道**：用于保存 256 级灰度图像，其不同的灰度代表了不同的透明度，即黑色代表全透明，白色代表不透明，灰色代表半透明。

➢ **专色通道**：主要用于辅助印刷。我们知道，印刷彩色图像时，图像中的各种颜色都是通过混合 CMYK 四色油墨获得的。但是，基于色域的原因，某些特殊颜色可能无法通过混合 CMYK 四色油墨得到，此时便可借助"专色"通道为图像增加一些特殊混合油墨来辅助印刷。每个专色通道都有一个属于自己的印板。

10.1.2　认识通道调板

利用"通道"调板，用户可以完成诸如创建通道、删除通道、合并通道以及分离通道等所有的通道操作，图 10-2 显示了一幅 RGB 彩色图像的"通道"调板及各元素的意义。

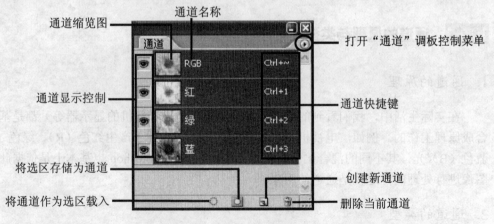

图 10-2　"通道"调板

下面我们简单解释一下"通道"调板中各元素的意义。

➢ **通道名称、通道缩览图、眼睛图标**：与"图层"调板中相应项目的意义基本相同。和"图层"调板不同的是，每个通道都有一个对应的快捷键，用户可通过按相应快捷键来选择通道，而不必打开"通道"调板。

温馨提示　　由于 RGB 通道由各原色通道（红、绿和蓝）合成，因此，若单击 RGB 通道，则红、绿和蓝通道将自动显示；反之，若单击红、绿或蓝通道，则 RGB 通道将自动隐藏。要选中多条通道，可在选择通道时按下【Shift】键。

➢ **"将通道作为选区载入"按钮**：单击该按钮，可将通道中的内容（默认为白色区域部分）转换为选区，相当于执行"选择">"载入选区"菜单。

➢ **"将选区存储为通道"按钮**：单击此按钮可将当前图像中的选区存储为蒙版，并保存到一个新增的 Alpha 通道中。该功能与"编辑">"存储选区"菜单相同。

➢ **"创建新通道"按钮**：单击该按钮可以创建新通道。用户可最多创建 24 个通道。

➢ **"删除当前通道"按钮**：单击该按钮可删除当前所选通道。但不能删除 RGB 主通道。

经验之谈　　通常情况下，系统显示的都是图像的主通道（合成通道）。用户可利用"通道"调板选择各原色通道，然后单独进行编辑，如进行明暗度、对比度调整，或单独执行滤镜功能，以制作一些特殊效果。
　　若按住【Ctrl】键后单击通道，也可载入当前通道中保存的选区。若按住【Ctrl+Shift】组合键单击通道，则可将载入的选区添加到已有选区中。

10.1.3　通道的主要用途

从日常使用通道的经验来说，通道主要有以下几个用途：

➢ 辅助制作一些特殊效果。例如，我们将图 10-3 左图的图像复制到中图的"蓝"通道中，其效果如图 10-3 右图所示。

图 10-3　复制图像到通道中

➢ 辅助修饰图像。用户可借助"通道"调板观察图像中各通道的显示效果，然后再对图像进行修饰。

➢ 利用 Alpha 通道可保存选区。同时，利用 Alpha 通道中保存的选区的透明信息，用户还可制作一些特殊效果，图 10-4 显示了对 Alpha 通道执行"拼缀图"滤镜后的效果。

图 10-4　对 Alpha 通道执行"拼缀图"滤镜后的效果

> **制作复杂选区：**由于可以将通道图像中的白色区域转换为选区，因此，用户可通过编辑单个通道来精确选取图像，如选取人物或动物的毛发等。

> **辅助印刷：**如前所述，在印刷时，可利用专色来替代或补充 CMYK 中的油墨色，而要添加专色，就必须利用专色通道。

　　与图层操作相同，选中通道时，各种绘画、滤镜、图像色彩与色调命令都是针对该通道而言的。

10.1.4　通道上手实例——制作艺术化相片

　　通过前面的学习我们已经对通道有了一定的了解，下面我们便来利用通道制作艺术化相片，以加深对通道的理解。

Step 01　打开本书配套素材"Ph10"文件夹中的"01.psd"图像文件，该图像文件包含 3 个图层，这里我们选中"图层 2"，如图 10-5 右图所示。

Step 02　打开"通道"调板，单击"通道"调板下方的"创建新通道"按钮，创建一个"Alpha 1"通道，如图 10-6 所示。

图 10-5　打开素材文件　　　　　　　　　　　图 10-6　创建通道

Step 03　选择"渐变工具"，在工具属性栏中单击"线性渐变"按钮，其他选项保持默认设置，然后在图像窗口中从上向下拖动鼠标，绘制黑色-白色-黑色线性渐变色，如图 10-7 所示。

Step 04　在"通道"调板中，单击 RGB 合成通道，重新显示主图像，然后按下【Ctrl】键并单击"Alpha 1"通道，载入由该通道保存的选区，如 10-8 所示。

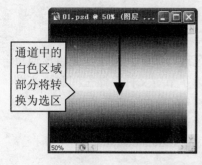

通道中的白色区域部分将转换为选区

图 10-7　绘制渐变色　　　　图 10-8　重新显示主图像并载入 Alpha 1 通道保存的选区

Step 05　按【Delete】键清除选区内的图像,按【Ctrl+D】
组合键取消选区,效果如 10-9 所示。

10.2　通道基本操作和应用

利用"通道"调板,用户可以创建新通道、复制通道、删除通道、合并通道和分离通道。

10.2.1　创建新通道

图 10-9　删除选区图像后

要创建新通道,可使用如下两种方法。

➢ 单击"通道"调板下方的"创建新通道"按钮 ,即可创建一个 Alpha 通道,新建的 Alpha 通道在图像中显示为黑色,如 10.1.4 节实例所示。

➢ 单击"通道"调板右上角的 按钮,在弹出的控制菜单中选择"新建通道"命令,打开如图 10-10 所示的"新建通道"对话框。用户可通过该对话框设置通道名称、通道颜色和不透明度等。单击"确定"按钮,可新建一个 Alpha 通道。

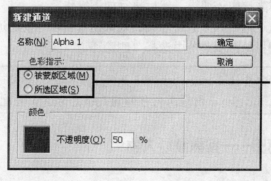

决定新建通道的显示方式。若选择"被蒙版区域"单选钮,表示新建通道中黑色区域代表蒙版区,白色区域代表保存的选区;选择"所选区域"则相反

图 10-10　"新建通道"对话框

经验之谈　　用户在创建图层蒙版的时候,实际上也是创建了一个 Alpha 通道。通道、蒙版、选区之间都是可以相互转换的。

10.2.2　复制和删除通道

当用户利用通道保存了一个选区后，如果希望对该选区进行编辑，通常应先将该通道的内容复制后再进行编辑，以免编辑后不能还原。此外，为了节省文件存储空间和提高图像处理速度，用户还可删除一些不再使用的通道。

1. 复制通道

要复制通道，应首先选中通道，然后执行如下操作。

➢ 将要复制的通道拖拽到"通道"调板底部的"创建新通道"按钮 ■ 上。

➢ 选中要复制的通道，选择"通道"调板控制菜单中的"复制通道"菜单。此时系统将打开如图 10-11 所示的"复制通道"对话框。用户可通过该对话框设置通道名称，指定要复制的文件（默认为通道所在文件），以及是否将通道内容反相，单击"确定"按钮可复制通道。

在"文档"下拉列表框中只能显示与当前文件具有相同分辨率和尺寸的图像。此外，主通道内容不能复制。

图 10-11　"复制通道"对话框

2. 删除通道

要删除通道，应首先选中该通道，然后执行如下操作。

➢ 将要删除的通道拖拽到"通道"调板底部的"删除当前通道"按钮 ■ 上。

➢ 在"通道"调板的控制菜单中选择"删除通道"菜单项。

用户需要注意的是，主通道是不能删除的。如果删除了某个原色通道（如红、绿、蓝），则通道的色彩模式将变为"多通道"模式。

10.2.3　使用通道抠图——抠取婚纱人物

下面通过抠取婚纱人物来学习使用通道抠图的方法。

Step 01 打开本书配套素材"Ph10"文件夹中的"05.psd"图像文件，打开"图层"调板，然后选中"图层 0"，如图 10-12 所示。

Step 02 打开"通道"调板，分别单击"红"、"绿"、"蓝"通道查看层次分明、对比度强的通道，这里选择"红"通道，如图 10-13 所示。

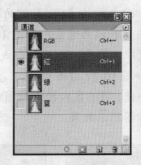

图 10-12 打开图像文件　　　　　　　　　图 10-13 选择对比度较强的通道

Step 03 选中"红"通道后，按下鼠标左键并将其拖至调板底部的"创建新通道"按钮 上，复制出"红副本"通道，如图 10-14 所示。复制通道的目的是为了在利用通道创建选区时，不破坏原图像。

Step 04 按【Ctrl+L】组合键，打开"色阶"对话框，参照图 10-15 所示设置参数，将人物图像区域变成白色（如图 10-16 左图所示），单击"确定"按钮，关闭对话框。

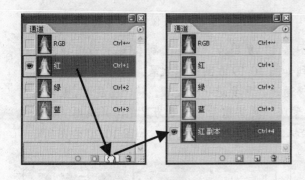
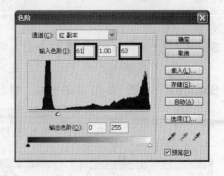

图 10-14 复制通道　　　　　　　　　　图 10-15 "色阶"对话框

Step 05 从图 10-16 中可知，人物的头发处未变成白色，需要进一步进行处理。将背景色设置为白色，然后利用"橡皮擦工具" 在人物头发处涂抹，使该区域完全变白，如图 10-16 右图所示。

用户也可以利用"画笔工具" 编辑通道图像。这时需要将前景色设置为白色，然后在人物图像上涂抹，使人物图像区域完全变成白色。

图 10-16 编辑"红副本"通道

Step 06 在"通道"调板中，选中"红副本"通道，单击调板底部的"将通道作为选区载入"按钮，或者按住【Ctrl】键的同时单击"红副本"通道，即可将通道中的白色区域内容转换为选区，如图 10-17 左图所示。

Step 07 在"通道"调板中，单击"RGB"合成通道，返回主图像。此时就得到了人物图像的选区，如图 10-17 右图所示。

Step 08 按【Ctrl+J】组合键，将选区内的人物图像复制为"图层 1"，然后隐藏"图层 0"，得到图 10-18 右图所示效果。

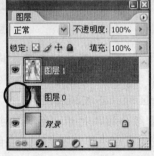

图 10-17　创建人物图像的选区　　　　　　图 10-18　将选区图像复制到新图层

Step 09 再按【Ctrl+J】组合键，将"图层 1"复制为"图层 1 副本"，并设置该图层的混合模式为"滤色"，此时得到如图 10-19 右图所示效果。

Step 10 从图 10-19 右图可知，婚纱不够通透，需要进一步处理。将"图层 1"置为当前图层，然后为该图层添加图层蒙版，再将前景色设置为黑色，并使用"画笔工具"在人物背后的婚纱上涂抹，使其呈现透明效果，如图 10-20 右图所示。

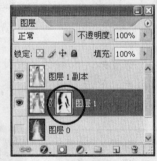

图 10-19　复制图层并设置图层混合模式　　　图 10-20　添加图层蒙版并编辑

10.2.4　分离和合并通道——洗面奶广告

　　Photoshop 可以将图像文件中的各通道分离出来，各自成为一个单独文件。对分离的通道文件进行相应编辑后，还可以重新合并通道，从而制作特殊的图像效果。

Step 01 打开本书配套素材"Ph10"文件夹中的"06.jpg"图像文件，如图 10-21 所示。

Step 02　打开"通道"调板，单击"通道"调板右上角的 ⊙ 按钮，在弹出的调板控制菜单中选择"分离通道"菜单项，将当前图像文件的各通道分离。分离后的各个文件都以单独的窗口显示在屏幕上，且均为灰度图。其文件名为原文件的名称加上通道名称的缩写，如图 10-22 所示。

图 10-21　打开素材图片　　　　　　　　　　　图 10-22　分离通道

> 　　在分离通道前，如果当前图像包含多个图层，应该先合并所有图层，再执行分离通道操作，否则此命令不能使用。通道分离后的文件个数与图像的颜色通道数量有关，RGB 模式图像可以分离成 3 个独立的灰度文件，而 CMYK 模式图像将分离成 4 个独立的灰度文件。

Step 03　设置不同灰度的前、背景色，然后利用"画笔工具" ✐ 分别在三个灰度图像上绘制"散布枫叶"图案，其效果分别如图 10-23 所示。

图 10-23　在分离通道后的灰度图像中绘画

Step 04　灰度图像编辑好后，在"通道"调板控制菜单中选择"合并通道"菜单项，打开如图 10-24 中图所示的"合并通道"对话框，在其中设置合并后文件的色彩模式，如选择"RGB 颜色"。

Step 05　参数设置好后，单击"确定"按钮，系统将打开图 10-24 右图所示的"合并 RGB 通道"对话框，不做任何修改，单击"确定"按钮可将分离后的 3 个灰度图像恢复为原来的 RGB 图像，如图 10-25 所示。

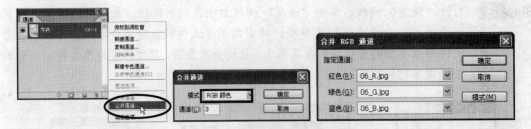

图 10-24 设置合并通道属性

Step 06 打开本书配套素材 "Ph10" 文件夹中的 "07.psd" 图像文件，然后将人物图像拖至合并通道后的 RGB 模式图像中，效果如图 10-26 所示。

图 10-25 合并通道后的新文件

图 10-26 合成图像

10.2.5 创建专色通道

前面我们曾经提到过专色通道主要用于印刷行业，它可以使用一种特殊的混合油墨替代或附加到图像颜色油墨中。要创建专色通道可按如下步骤操作。

Step 01 在 "通道" 调板控制菜单中选择 "新建专色通道" 菜单，此时系统将打开图 10-27 中图所示的 "新建专色通道" 对话框。

Step 02 用户可通过该对话框设置通道名称、油墨颜色（对印刷有用）和油墨密度。

Step 03 设置完后，单击 "确定" 按钮，即可新建一个专色通道，如图 10-27 右图所示。

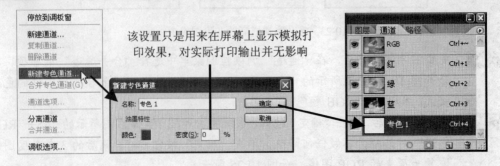

图 10-27 新建专色通道

如果在新建专色通道之前选择了区域，则新建专色通道后，将在选区内填充专色通道颜色（标识选区），并取消选区的虚框线。图 10-28 所示便是先将文字制作为选区，然后在选区内填充专色通道的颜色（#f57d25），这样在后期印刷过程中，就可以制作出相应的烫金字效果了。用户可打开本书配套素材"Ph10"文件夹中的"04.psd"图像文件进行操作。

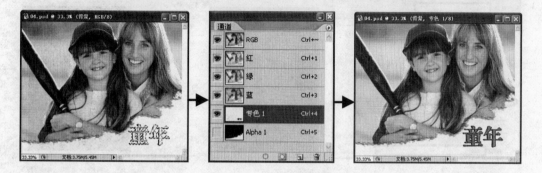

图 10-28　制作烫金字效果

Step 04　选择"通道"控制快捷菜单中的"合并专色通道"项，可将专色通道直接合并到各原色通道中。

用户还可将一个普通的 Alpha 通道转换专色通道。为此，应先选中需要转换的 Alpha 通道，然后在"通道"调板控制菜单中选择"通道选项"，在打开的"通道选项"对话框的"色彩指示"设置区中选中"专色"单选钮即可。

10.3　使用通道合成图像

10.3.1　使用"计算"命令——纹面人

利用"计算"命令可以将同一幅图像，或具有相同尺寸和分辨率的两幅图像中的两个通道进行合并，并将结果保存到一个新图像或当前图像的新通道中。此外，还可直接将结果转换为选区。

Step 01　打开本书配套素材"Ph10"文件夹中的"08.jpg"和"09.jpg"图像文件，如图 10-29 所示。下面我们利用"计算"命令将两幅图像进行合并，制作纹面效果。

图 10-29　打开素材图片

Step 02 　将"08.jpg"图像文件置为当前图层，选择"图像" > "计算"菜单，打开"计算"对话框，设置"源1"为"09.jpg"，"源2"为"08.jpg"，勾选"蒙版"复选框，并设置"结果"为"选区"，其他选项保持默认，如图 10-30 左图所示。

Step 03 　参数设置好后，单击"确定"按钮，得到图 10-31 所示选区。

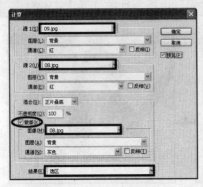 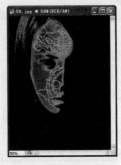 

　　　图 10-30　设置"计算"参数　　　　　　　　　　图 10-31　生成的选区

Step 04 　将前景色设为深灰色（#352a2a），在"图层"调板中新建"图层1"，按【Alt+Delete】组合键，使用前景色填充选区，并取消选区，效果如图 10-32 右图所示。

Step 05 　打开本书配套素材"Ph10"文件夹中的"10.psd"图像文件，然后将其中的文字拖至"08.jpg"图像窗口中，最终效果如图 10-33 右图所示。

　　　图 10-32　新建图层并填充选区　　　　　　　　图 10-33　添加文字

10.3.2　使用"应用图像"命令——火焰人

　　利用"应用图像"命令，用户可将一个或多个图像（图像的尺寸、分辨率必须相同）中的图层和通道快速合并。

Step 01 　打开本书配套素材"Ph10"文件夹中的"11.jpg"和"12.jpg"图像文件，如图 10-34 所示。下面我们利用"应用图像"命令，将这两幅图像的通道快速合并，制作特殊效果。

Step 02 　将"11.jpg"置为当前图像窗口，选择"图像" > "应用图像"菜单，打开"应用图像"对话框，在"源"下拉列表中选择"12.jpg"，并勾选"蒙版"复选框，其他选项保持默认，如图 10-35 所示。单击"确定"按钮，即可将两幅图像合并，如图 10-36 所示。

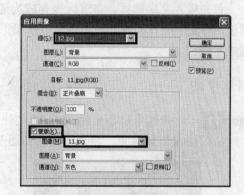

图 10-34 打开素材图片　　　　　　　　图 10-35 "应用图像"对话框

➤ **源：** 可选择要与当前文件相混合的源图像。只有与当前图像文件具有相同尺寸和分辨率，并且已经打开的图像才能出现在此下拉列表中。

➤ **图层：** 选择需要合并的源图像文件中的图层。若源图像有多个图层，则会出现一个"合并图层"选项，选中该项表示用源图像中所有图层的合并效果进行合成。

➤ **通道：** 选择源图像的通道进行图像合成。

➤ **"蒙版"复选框：** 勾选该复选框后，用户可从中选择一幅图像作为合成图像时的蒙版（即设置限制合并的区域）。若此时选中"反相"复选框，表示将通道中的蒙版内容进行反转。

Step 03 打开本书配套素材"Ph10"文件夹中的"13.psd"图像文件，然后将其中的文字拖到"11.jpg"图像窗口中，此时画面效果如图 10-37 右图所示。

图 10-36 合并图像后的效果　　　　　　　　图 10-37 为图像添加文字

综合实例——制作立体发光字

本例将制作图 10-38 所示的立体发光效果文字，实例的最终效果文件请参考本书配套素材"Ph10"文件夹中的"立体发光字.psd"文件。

制作思路

　　首先载入文字选区，将选区保存成为通道并应用"高斯模糊"滤镜，然后返回"图层"调板，对文字所在的图层应用"光照效果"滤镜制作立体感，最后为文字添加外发光效果，完成实例。

制作步骤

Step 01 打开本书配套素材"Ph10"文件夹中的"14.psd"文件，如图 10-39 所示。在"图层"调板中，将文字所在的图层置为当前图层。

图 10-38　发光字效果图　　　　　　　　　　图 10-39　打开素材图片

Step 02 按住【Ctrl】键，单击文字图层缩览图，载入文字的选区，如图 10-40 所示。

图 10-40　载入文字选区

Step 03 打开"通道"调板，单击"通道"调板右上角的圆形三角按钮 ⑥，在弹出的调板菜单中选择"新建通道"菜单，打开图 10-41 所示的"新建通道"对话框，选中其中的"被蒙版区域"单选钮，其他选项不变，单击"确定"按钮，新建一个全黑的"Alpha 1"通道。

Step 04 在"通道"调板中，单击选中"Alpha 1"通道，并使用白色填充选区，如图 10-42 右图所示。

Step 05 选择"滤镜" > "模糊" > "高斯模糊"菜单，在打开的对话框中将"半径"值设为 4.5 像素，如图 10-43 左图所示，然后单击"确定"按钮，关闭对话框。

Step 06　按【Ctrl+F】组合键，再执行一次"高斯模糊"滤镜，此时"Alpha 1"通道内的选区图像被高斯模糊了两次，效果如图 10-43 右图所示。最后按【Ctrl+D】组合键取消选区。

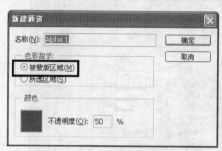
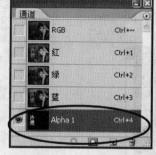

图 10-41　"新建通道"对话框　　　　图 10-42　选中"Alpha 1"通道并使用白色填充选区

图 10-43　高斯模糊选区图像

Step 07　返回到"图层"调板，单击选中文字图层，选择"滤镜" > "渲染" > "光照效果"菜单，在打开的对话框中设置"纹理通道"为 Alpha 1，然后在对话框的右侧拖动聚焦点和控制点的位置，如图 10-44 所示。

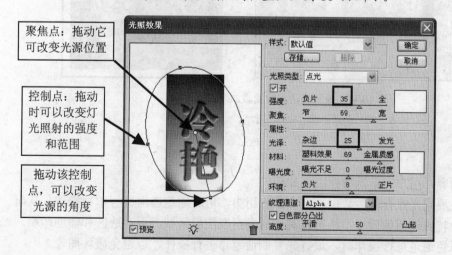

聚焦点：拖动它可改变光源位置

控制点：拖动时可以改变灯光照射的强度和范围

拖动该控制点，可以改变光源的角度

图 10-44　"光照效果"滤镜对话框及文字效果

Step 08 设置完成后，单击"确定"按钮，效果如图 10-45 所示。

Step 09 单击"图层"调板底部的"添加图层样式"按钮 <img>，在弹出的菜单中选择"外
发光"项，打开"图层样式"对话框，参数设置如图 10-46 所示。

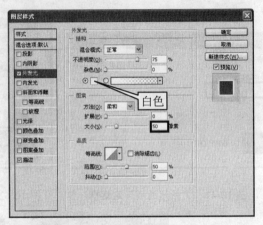

图 10-45　对文字应用"光照效果"滤镜　　　　　图 10-46　设置外发光参数

Step 10 暂不关闭"图层样式"对话框，在左侧的列表中勾选"描边"项，然后在对话
框右侧设置描边参数，如图 10-47 左图所示。参数设置好后，单击"确定"按
钮，得到图 10-47 右图所示效果。至此，本例就制作好了。

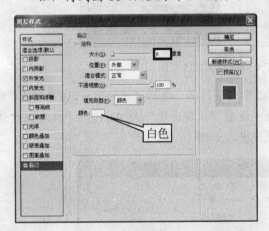

图 10-47　设置描边参数及添加效果后文字

本章小结

学完本章内容，用户应重点掌握以下知识。

➢ 通道主要用于保存颜色数据。在实际应用中，可对原色通道进行单独操作，从而
制作出特殊的图像效果；还可以利用通道抠取图像区域、保存选区和辅助印刷。

➢ 在对原色通道进行操作时，最好先复制通道再进行操作，以避免破坏图像。

➢ 将通道、图层和滤镜综合运用才能制作出更多漂亮的效果。

思考与练习

一、填空题

1. 在 Photoshop 中主要包括_____、_____、_____3 种通道。

2. RGB 模式图像包含_____、_____、_____3 个原色通道；CMYK 模式图像包含青色、洋红、黄色和_____4 个原色通道。

3. 在进行图像编辑时，所有单独创建的通道都称为_____通道，它与颜色通道不同，它不用于存储颜色，而是保存_____。

4. 通道分离后的文件个数与图像的_____有关，RGB 模式图像可以分离成_____个独立的灰度文件，则 CMYK 模式图像将分离成_____个独立的灰度文件。

二、问答题

1. 按住（   ）键后单击通道，可载入当前通道中保存的选区。

    A.【Ctrl】   B.【Alt】   B.【Shift】   B.【Alt+Shift】

2. Alpha 通道用于保存 256 级灰度图像，其不同的灰度代表了不同的透明度，即黑色代表（   ），白色代表（   ），灰色代表（   ）。

    A. 半透明   B. 不透明   B. 全透明   B. 羽化的选区

3. 在使用通道制作选区时，默认情况下，可将通道中的（   ）区域转换为选区。

    A. 黑色   B. 灰色   B. 白色   B. 黄色

三、操作题

打开本书配套素材"Ph10"文件夹中的"15.jpg"和"16.jpg"图像文件，利用通道制作如图 10-48 右图所示的婚纱合成效果。

图 10-48 合成图像

提示： 复制"16.jpg"图片文件中对比强烈的通道，对复制的通道进行适当编辑，抠出人物图像，然后移至"15.jpg"图像文件中，将两幅图像融合在一起。

第11章
使用滤镜

章前导读

在 Photoshop 中，滤镜是对图像进行处理时最常用的工具，利用滤镜可快速制作出很多特殊的图像效果，如风吹效果、浮雕效果、光照效果等。Photoshop 提供的滤镜种类繁多，本章将挑选一些较为常用的滤镜进行介绍。

除了自身所拥有的滤镜外，Photoshop 还允许安装其他厂商提供的滤镜，我们称之为外挂滤镜。安装外挂滤镜后，用户就可更加随心所欲地对图像进行编辑了。

11.1　滤镜概述

滤镜是我们在处理图像时的得力助手，经滤镜处理后的图像可以产生许多令人惊叹的神奇效果。在学习使用滤镜前，我们先来了解滤镜的分类、用途、使用规则和技巧等。

11.1.1　滤镜的使用规则

所有滤镜的用法都有以下几个相同点，用户必须遵守这些操作要领，才能准确有效地使用滤镜功能。

- ➢ Photoshop 会针对选区进行滤镜效果处理。如果没有定义选区，则对当前选中的某一图层或通道进行处理。
- ➢ 滤镜的处理效果是以像素为单位的，因此，滤镜的处理效果与图像的分辨率有关。用相同的参数处理不同分辨率的图像，其效果也会不同。

➢ 在任一滤镜对话框中，按住【Alt】键，对话框中的"取消"按钮都会变成"复位"按钮，单击它可将滤镜参数设置恢复到刚打开对话框时的状态。

➢ 在除 RGB 以外的其他颜色模式下只能使用部分滤镜。例如，在 CMYK 和 Lab 颜色模式下，不能使用"画笔描边"、"素描"、"纹理"和"艺术效果"等滤镜。

➢ 使用"编辑"菜单中的"还原"和"重做"命令可对比执行滤镜前后的效果。

11.1.2 使用滤镜的技巧

滤镜的功能是非常强大的，使用起来千变万化，要想熟练地使用滤镜制作出所需的图像效果，还需要掌握如下几个使用技巧：

➢ 只对局部图像进行滤镜效果处理时，可以对选区设定羽化值，使处理的区域能自然地与源图像融合，减少突兀的感觉。

➢ 可以对单一原色通道或者 Alpha 通道执行滤镜，然后合成图像，或将 Alpha 通道中的滤镜效果应用到主画面中。

➢ 可以将多个滤镜组合使用，从而制作出漂亮的文字、图形或底纹。此外，用户还可将多个滤镜记录成一个"动作"（有关"动作"的相关内容，可参考第 12 章）。

➢ 当执行完一个滤镜操作后，按【Ctrl+F】组合键，可快速重复上次执行的滤镜操作；按【Alt+Ctrl+F】组合键，可以打开上次执行滤镜操作的对话框。

图 11-1 "渐隐"对话框

➢ 当执行完一个滤镜操作后，如果按下【Shift+Ctrl+F】组合键（或选择"编辑" > "渐隐滤镜名称"菜单），将打开图 11-1 所示的"渐隐"对话框。利用该对话框可将执行滤镜后的图像与源图像进行混合。用户可在该对话框中调整"不透明度"和"模式"选项。

11.2 液化、图案生成器和消失点滤镜

11.2.1 液化滤镜——为人物瘦身

利用"液化"滤镜可以逼真地模拟液体流动的效果，从而可以非常方便地制作弯曲、漩涡、扩展、收缩、移位以及反射等效果。不过，该命令不能用于索引颜色、位图或多通道模式的图像。下面通过一个为照片中女孩瘦身的例子来说明其使用方法

Step 01 打开本书配套素材 "Ph11" 文件夹中的 "01.jpg" 图像文件，如图 11-2 所示。

Step 02 选择"滤镜" > "液化"菜单，打开"液化"对话框，在对话框左则的工具箱中选择"冻结蒙版工具" ，并设置其画笔大小，然后在人物胳膊上涂抹，以冻结该部分（执行变形操作时该部分将不受影响），如图 11-3 所示。对话框中各

选项的意义如下。

图 11-2 打开素材文件　　　　　图 11-3 使用冻结蒙版工具冻结胳膊区域

> **"向前变形工具"** 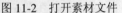：选中该工具后，在预览框中拖动可以改变图像像素的位置。

> **"重建工具"**：用于将变形后的图像恢复为原始状态。

> **"顺时针旋转扭曲工具"**：选中该工具后，在预览框中单击或拖动可使单击处像素按顺时针旋转。

> **"褶皱工具"** 与 **"膨胀工具"**：利用这两个工具可收缩或扩展像素。

> **"左推工具"**：选中该工具后，在预览框中单击并拖动，系统将在垂直于光标移动的方向上移动像素。

> **"镜像工具"**：该工具用于镜像复制图像。选择该工具后，单击并拖动光标可镜像复制与描边方向垂直的区域，按住【Alt】键单击并拖动可镜像复制与描边方向相反的区域。

> **"湍流工具"**：该工具用于平滑地混杂像素，它主要用于创建火焰、波浪等效果。

> **"冻结蒙版工具"**：用于保护图像中的某些区域，以免这些区域被编辑。默认情况下，被冻结区域以半透明红色显示。

> **"解冻蒙版工具"**：用于解冻冻结区域。

> **"工具选项"设置区**：在此区域可设置各工具的参数，如"画笔大小"、"画笔密度"、"画笔压力"等。

> **"重建选项"设置区**：误操作时，在此处选择"恢复"模式，再单击"重建"按钮可逐步恢复图像；单击"恢复全部"按钮可一次恢复全部图像。此外，选择"重建工具"，在变形后的图像区域单击或拖动也可恢复图像。

> **"蒙版选项"设置区**：用于取消、反相被冻结区域（也称为被蒙版区域），或者冻结整幅图像。

> **"视图选项"设置区**：在该区域可对视图的显示方式进行控制。

Step 03 选择"向前变形工具" ，在右侧的"工具选项"设置区中设置画笔大小，然后分别在人物腰部的两侧轻轻向内侧拖动鼠标，如图 11-4 所示。

Step 04 将人物腰部变形到理想的效果后，单击"确定"按钮，关闭对话框。这时，你会发现人物的腰部变纤细了，如图 11-5 所示。

图 11-4 用白色填充选区　　　　　　图 11-5 人物瘦身后的效果

11.2.2 使用图案生成器——制作拼接图案

利用"图案生成器"滤镜，可以选择图像中的部分区域或整个图像，通过适当的设置，生成无缝平铺图案。下面通过一个实例来说明该滤镜的用法。

Step 01 打开本书配套素材"Ph11"文件夹中的"02.jpg"图像文件，选择"滤镜">"图案生成器"菜单，打开"图案生成器"对话框，选择对话框左上角的"矩形选框工具" 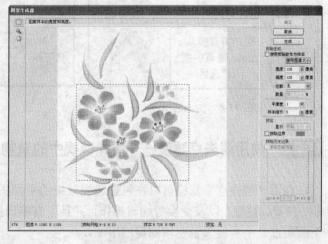，然后在预览框中绘制一个矩形选区以选择要使用的图案，如图 11-6 所示。

Step 02 在对话框右侧的参数设置区中，将"宽度"和"高度"

图 11-6 绘制一个矩形选区

均设置为 300，单击"生成"按钮，在预览窗口中将显示拼贴图案效果，如图 11-7 所示。

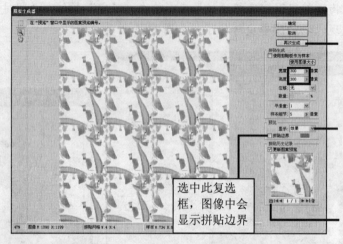

单击"再次生成"
按钮，可以获得不
同的图案效果

在此下拉列表中
选择"原稿"，可
恢复图像

单击该图标，可将
图像保存为图案
样本，从而方便使
用"填充"命令或
"图案图章工具"
等工具填充

选中此复选
框，图像中会
显示拼贴边界

图 11-7　预览生成的新图案

Step 03　如果对生成的图案效果满意，可单击对话框右下角的"存储预设图案"按钮 🖫，
将其保存为图案样本，然后单击"确定"按钮关闭对话框，得到图 11-8 所示的
图案图像。

Step 04　此时我们便可以使用保存的图案样本填充图像了。例如，打开本书配套素材
"Ph11"文件夹中的"03.psd"图像文件，制作出人物裙子的选区，然后选择
"编辑" > "填充"菜单，打开"填充"对话框，选择前面定义的图案，设置
"模式"为"叠加"，单击"确定"按钮，效果如图 11-9 右图所示。

用户可直接从
Alpha 通道中载
入该选区

图 11-8　生成的图案　　　　　　　　图 11-9　使用图案填充选区

11.2.3　使用消失点滤镜——清除透视中的杂物

利用"消失点"滤镜可以在包含透视效果的平面图像中的指定区域执行诸如绘画、仿
制、拷贝、粘贴，以及变换等编辑操作，并且所有编辑操作都将保持图像原来的透视效果。
下面通过一个实例来说明该滤镜的用法。

Step 01　打开本书配套素材"Ph11"文件夹中的"04.jpg"文件，如图 11-10 所示。

Step 02　选择"滤镜">"消失点"菜单，打开如图 11-11 所示的"消失点"对话框，从中选择"创建平面工具" ，各项参数保持默认。

图 11-10　打开素材文件　　　　　　　图 11-11　"消失点"对话框

➢ **"编辑平面工具"** ：用于选择、移动网格或调整网格大小。

➢ **"创建平面工具"** ：用于在平面内定义网格，或调整网格的大小和形状。

➢ **"选框工具"** ：用于在平面内创建选区。

➢ **"图章工具"** ：可以将参考点周围的图像复制到其他位置。

➢ **"画笔工具"** ：可使用选定的颜色来修复图像。

➢ **"变换工具"** ：用于对选区内的图像进行缩放、旋转和移动等操作。

➢ **"吸管工具"** ：用于吸取单击处像素的颜色。

➢ **"缩放工具"** ：用于放大/缩小图像的显示比例。

➢ "抓手工具" ：用于移动图像。

Step 03　将光标移至预览窗口中，沿木地板的透视角度依次单击鼠标定义 4 个点，释放鼠标后即可确定一个网格，如图 11-12 所示。

图 11-12　创建平面透视网格

> 在使用"创建平面工具"⊞定义透视网格的角点时，如果添加的角点不正确，可通过按【Backspace】键或者【Delete】键来删除节点。
>
> 如果定义的透视网格为红色或黄色时，表明网格的透视角度不正确，需要调整网格角点的位置，直至网格变为蓝色。这里有个小窍门，用户可以使用图像中的矩形对象或平面区域作为参考线定义网格。

Step 04 选择"编辑平面工具"，然后分别拖动网格四边上的中间控制点，调整网格的大小至框选图像中的胶带和拖把，如图 11-13 所示。

Step 05 选择对话框左侧的"选框工具"，然后在平面网格内拖把的下方按住并拖动鼠标绘制选区，如图 11-14 所示，选区形状应与网格的透视效果相同。

图 11-13 调整网格的尺寸

图 11-14 绘制矩形区域

Step 06 将光标移至选区内，按住【Alt】键，当光标呈形状时，按下鼠标左键并向拖把区域拖动光标，释放鼠标即可将拖把图像覆盖，如图 11-15 所示。

Step 07 使用选区图像遮盖拖把后，在对话框上方的"修复"下拉列表中选择"亮度"，此时选区内图像与拖把处的图像自然地融合在一起，如图 11-16 所示。

图 11-15 复制图像到目标区域

图 11-16 设置修复区域的混合模式

在"修复"下拉列表中可以设置合适的混合模式以修复图像,其中,选择"关"表示修复区域的边缘不与周围像素的颜色、阴影和纹理相混合;选择"亮度"表示修复区域的边缘只与周围像素的光照混合;选择"开"表示修复区域的边缘将与周围像素的颜色、光照和阴影相混合。

Step 08 选择"图章工具" ，在对话框上方设置"直径"为 400,然后按住【Alt】键的同时,在胶带下方的木板上单击,定义参考点,再将光标移至胶带上,单击鼠标即可遮盖胶带图像。参照相同方法,将胶带完全遮盖,如图 11-17 所示。

Step 09 如果对编辑的效果满意,单击"确定"按钮关闭对话框,此时可看到拖把和胶带不见了,而且还保持了木地板原有的透视效果,如图 11-18 所示。

图 11-17 使用"图章工具"修复图像

图 11-18 去除杂物后的图像效果

将选区内的图像移动到目标区后,可使用键盘中的方向键微调图像的位置。如果要取消选区,只需在选区外单击鼠标即可。

11.3 使用 Photoshop 内置滤镜

Photoshop 提供了众多的内置滤镜,为方便用户使用这些滤镜,系统将它们分组放置在"滤镜"菜单下的相应子菜单中,要使用某滤镜,只需选择相应的菜单即可,如图 11-19 所示。下面,我们通过一些实例来介绍常用内置滤镜的用法和特点。

11.3.1 制作燃烧效果字

本节我们通过制作燃烧效果字来学习"风"和"高斯模糊"滤镜的用法。

➢ **"风"滤镜:** 该滤镜通过在图像中增加一些细小的水平线生成起风的效果。

➢ **"高斯模糊"滤镜:** 该滤镜可以利用高斯曲线的分布方式有选择地模糊图像,并且可以设置模糊半径,半径数值越小,模糊效果越弱。

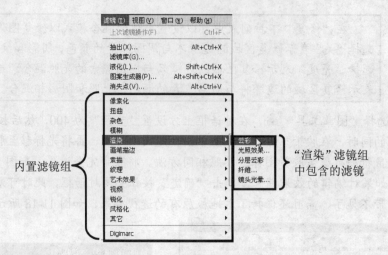

图 11-19　"滤镜"菜单

Step 01　打开本书配套素材 "Ph11" 文件夹中的 "05.psd" 图像文件，如图 11-20 所示。

Step 02　将 "背景" 图层设为当前图层，选择 "滤镜" > "风格化" > "风" 菜单，打开 "风" 对话框，在其中设置 "方向" 为 "从左"，如图 11-21 左图所示。

Step 03　参数设置好后，单击 "确定" 按钮，并按两次【Ctrl+F】组合键，重复执行 "风" 滤镜，将其效果强化，得到图 11-21 右图所示效果。

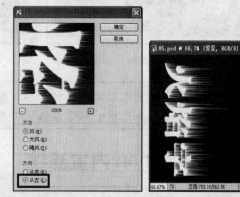

图 11-20　素材图片　　　　　　　图 11-21　使用"风"滤镜及效果

Step 04　选择 "图像" > "旋转画布" > "90 度（逆时针）" 菜单，将画布旋转，如图 11-22 所示。

Step 05　选择 "滤镜" > "模糊" > "高斯模糊" 菜单，打开 "高斯模糊" 对话框，在其中设置 "半径" 为 2，如图 11-23 左图所示。

Step 06　参数设置好后，单击 "确定" 按钮，得到图 11-23 右图所示的模糊效果。

Step 07　按【Ctrl+U】组合键，打开 "色相/饱和度" 对话框，勾选 "着色" 复选框，然后设置 "色相" 为 40，"饱和度" 为 100，单击 "确定" 按钮，得到图 11-24 右图所示的图像效果。

Step 08 按【Ctrl+J】组合键,将"背景"图层复制为"背景副本"图层,设置该图层的混合模式为"颜色减淡",如图 11-25 所示。

图 11-22 90 度逆时针旋转画布　　图 11-23 使用"高斯模糊"滤镜及效果

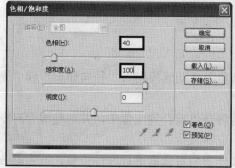

图 11-24 使用"色相/饱和度"命令着色图像　　图 11-25 复制图层

Step 09 按【Ctrl+U】组合键,打开"色相/饱和度"对话框,勾选"着色"复选框,然后设置"饱和度"为 60,单击"确定"按钮,得到如图 11-26 右图所示效果。

Step 10 按【Ctrl+E】组合键,将"背景副本"与"背景"图层合并,如图 11-27 所示。

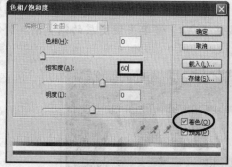

图 11-26 使用"色相/饱和度"命令着色图像　　图 11-27 合并图层

Step 11 选择"滤镜">"液化"菜单,打开"液化"对话框,在对话框中选择"向前变形工具" ,并设置合适的画笔大小,然后沿着火焰的走向随意涂抹,使火焰达到熊熊燃烧的效果,参数设置及效果分别如图 11-28 所示。

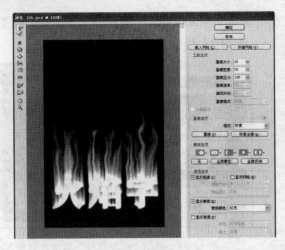

图 11-28　使用"液化"滤镜绘制火焰效果

11.3.2　制作金属效果字

本节我们通过制作金属效果字来学习"添加杂色"、"动感模糊"、"径向模糊"和"光照效果"滤镜的用法。

➢ **"添加杂色"滤镜：**利用该滤镜可随机地将杂色混合到图像中，并可使混合时产生的色彩具有漫散效果。

➢ **"动感模糊"滤镜：**利用该滤镜可以在某一方向对像素进行线性位移，产生沿该方向运动的模糊效果。

➢ **"光照效果"滤镜：**该滤镜是一个设置复杂、功能极强的滤镜，它的主要作用是产生光照效果，通过设定光源、光色选择、聚焦和定义物体反射特性等来达到 3D 绘画的效果。

➢ **"径向模糊"滤镜：**该滤镜能够产生旋转模糊或放射模糊效果。

Step 01　打开本书配套素材"Ph11"文件夹中的"06.psd"图片文件。在"图层"调板中，将"图层 1"置为当前图层，并按住【Ctrl】键单击该图层的缩览图，制作该图层的选区，如图 11-29 所示。

图 11-29　打开素材图片并制作选区

Step 02　选择"滤镜" > "杂色" > "添加杂色"菜单，打开"添加杂色"对话框，勾选

"单色"复选框，设置"数量"为 100%，选中"平均分布"单选钮，如图 11-30 左图所示，单击"确定"按钮，即可在文字选区内添加杂色，如图 11-30 右图所示。

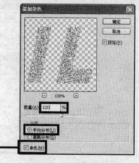

勾选"单色"复选框，表示加入的杂色只影响原有像素的亮度，像素的颜色保持不变

图 11-30　使用"添加杂色"滤镜

Step 03　暂不取消选区，选择"滤镜" > "模糊" > "动感模糊"菜单，打开"动感模糊"对话框，在其中设置"角度"为 0，"距离"为 40，如图 11-31 左图所示，单击"确定"按钮，即可对选区图像应用"动感模糊"滤镜，如图 11-31 右图所示。

用于控制动感模糊的方向

用于设定像素移动的距离。它的变化范围为 1～999 像素，值越大，模糊效果越强

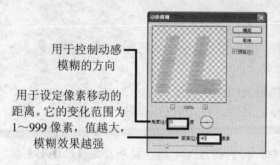

图 11-31　使用"动感模糊"滤镜

Step 04　打开"通道"调板，单击调板底部的"将选区存储为通道"按钮▢，创建"Alpha 1"通道。保持该通道的选中状态，选择"滤镜" > "模糊" > "高斯模糊"菜单，打开"高斯模糊"对话框，在其中设置"半径"为 8，单击"确定"按钮，得到图 11-32 右图所示效果。

图 11-32　新建 Alpha 通道并使用"高斯模糊"滤镜编辑通道

Step 05 选择"滤镜" > "渲染" > "光照效果"菜单，打开"光照效果"对话框，按照图 11-33 所示进行参数设置。其中各主要选项的意义如下：

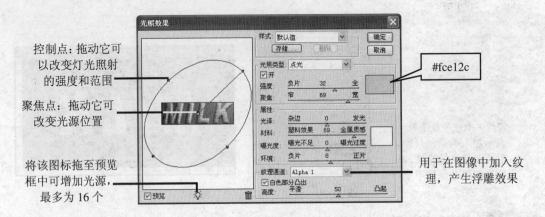

图 11-33　"光照效果"滤镜对话框

> **强度**：拖动其右侧的滑块可控制光的强度，取值范围在-100～100，值越大，光亮越强。其右侧的颜色块用于设置灯光的颜色。

> **光泽**：拖动其右侧的滑块可设置反光物体的表面光洁度。

> **材料**：用于设置图像在灯光下的材质，拖动其右侧的滑块可在"塑料效果"到"金属质感"之间设置材料。

> **曝光度**：拖动其右侧的滑块可控制照射光线的明暗度。

> **高度**：用于设置图像浮雕效果的深度。其中，纹理的凸出部分用白色显示，凹陷部分用黑色显示。

Step 06 参数设置好后，单击"确定"按钮，得到图 11-34 所示效果。按【Ctrl+D】组合键，取消选区。

Step 07 为"图层 1"添加描边样式，描边颜色为白色，描边宽度为 2 像素，其效果如图 11-35 所示。

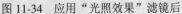

图 11-34　应用"光照效果"滤镜后　　　　　图 11-35　添加描边样式

Step 08 在"图层"调板中，将"图层 2"置为当前图层。选择"滤镜" > "模糊" > "径向模糊"菜单，打开"径向模糊"对话框，在对话框中设置"数量"为 100，

"模糊方法"为"缩放","品质"为"好",单击"确定"按钮,得到图 11-36 右图所示效果。

图 11-36　为"图层 2"应用"径向模糊"滤镜

11.3.3　制作水墨画效果

本节我们通过制作水墨画效果来学习"特殊模糊"、"照亮边缘"和"深色线条"滤镜的用法。

➢ **"特殊模糊"滤镜:**与其他模糊滤镜相比,该滤镜能够产生一种带有清晰边界的模糊效果。在"模式"下拉列表中可以选择"正常"、"仅限边缘"和"叠加边缘"3 种模式来模糊图像,从而产生 3 种不同的特效。

➢ **"照亮边缘"滤镜:**该滤镜用于搜索图像中的主要颜色变化区域,加强其过渡像素,产生轮廓发光的效果。

➢ **"深色线条"滤镜:**该滤镜可在图像中产生很强烈的黑色阴暗面。

Step 01 打开本书配套素材"Ph11"文件夹中的"07.psd"图像文件,打开"图层"调板,将"背景"图层复制为"背景副本"图层,并置为当前图层,如图 11-37 所示。

图 11-37　素材图片

Step 02 选择"滤镜">"风格化">"照亮边缘"菜单,打开"照亮边缘"对话框,按图 11-38 左图所示设置参数,单击"确定"按钮,得到图 11-38 右图所示效果。

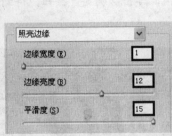
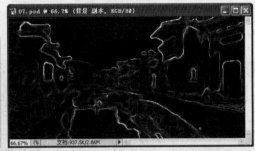

图 11-38　使用"照亮边缘"滤镜

Step 03 按【Ctrl+I】组合键，将"背景副本"图层反相，并设置该图层的混合模式为"正片叠底"，得到图 11-39 右图所示效果。

图 11-39　设置图层混合模式

Step 04 在"图层"调板中，将"背景"图层置为当前图层。选择"滤镜" > "模糊" > "特殊模糊"菜单，打开"特殊模糊"对话框，按照图 11-40 左图所示设置参数，单击"确定"按钮，得到如图 11-40 右图所示效果。

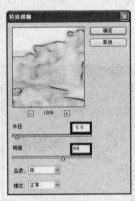

图 11-40　使用"特殊模糊"滤镜

Step 05 按【Ctrl+U】组合键，打开"色相/饱和度"对话框，在其中设置"色相"为-6，"饱和度"为 80，"明度"为 2，单击"确定"按钮，得到如图 11-41 右图所示效果。

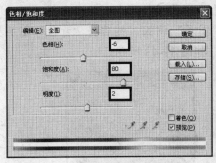

图 11-41　调整图像的色相和饱和度

Step 06　选择"滤镜" > "画笔描边" > "深色线条"菜单，打开"深色线条"对话框，在其中设置"平衡"为 6，"黑色强度"为 2，"白色强度"为 10，如图 11-42 左图所示。

Step 07　参数设置好后，单击"确定"按钮，关闭对话框。在"图层"调板中将"文字"图层显示出来，其最终效果如图 11-42 右图所示。

图 11-42　对"背景"图层应用"深色线条"滤镜并显示文字图层

11.3.4　制作 3D 背景

本节我们通过制作 3D 背景效果来学习"云彩"、"旋转扭曲"、"波纹"、"极坐标"、"干画笔"和"凸出"等滤镜的用法。

➢ **"云彩"滤镜**：该滤镜使用介于前景色与背景色之间的随机值，生成柔和的云彩图案。

➢ **"旋转扭曲"滤镜**：该滤镜可产生旋转的风轮效果，旋转中心为图像中心。

➢ **"波纹"滤镜**：该滤镜可以产生水纹涟漪的效果。

➢ **"极坐标"滤镜**：该滤镜可以将图像坐标从直角坐标系转化成极坐标系，或者将极坐标系转化为直角坐标系。

➢ **"干画笔"滤镜**：该滤镜可使图像产生一种干枯的油画效果。

➢ **"凸出"滤镜**：该滤镜能给图像加上叠瓦效果，即将图像分成一系列大小相同但有机重叠放置的立方体或锥体。

Step 01 设置前景色为蓝色（#281475），背景色为白色。打开本书配套素材"Ph11"文件夹中的"08.psd"图像文件，打开"图层"调板，然后将"背景"图层置为当前图层，并关闭显示其他两个图层，如图 11-43 所示。

图 11-43　打开素材文件

Step 02 选择"滤镜" > "渲染" > "云彩"菜单，在"背景"图层中生成云彩图像，如图 11-44 所示。

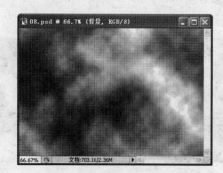

执行"云彩"或"分层云彩"滤镜后，可以连续按【Ctrl+F】组合键重复执行，每次都会随机得到不同的云彩效果。另外，按住【Alt】键的同时，选择"滤镜" > "渲染" > "云彩"，可以生成色彩较为分明的云彩图案。

图 11-44　生成云彩图像

Step 03 选择"滤镜" > "艺术画笔" > "干画笔"菜单，打开"干画笔"滤镜对话框，在其中设置"画笔大小"为 2，"画笔细节"为 8，"纹理"为 1，单击"确定"按钮，对云彩图像应用"干画笔"滤镜，如图 11-45 所示。

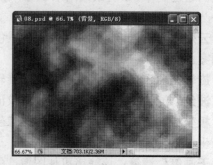

图 11-45　对云彩图像应用"干画笔"滤镜

Step 04 选择"滤镜" > "扭曲" > "极坐标"菜单，打开"极坐标"对话框，在对话框中选择"极坐标到平面坐标"单选钮,单击"确定"按钮,对云彩图像应用"极坐标"滤镜,如图 11-46 所示。

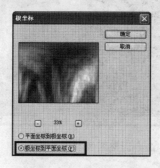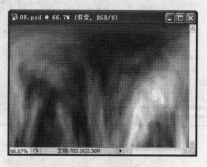

图 11-46 对云彩图像应用"极坐标"滤镜

Step 05 选择"滤镜" > "扭曲" > "旋转扭曲"菜单,打开"旋转扭曲"对话框,在其中设置"角度"为-600,单击"确定"按钮,将云彩图像旋转扭曲,如图 11-47 所示。

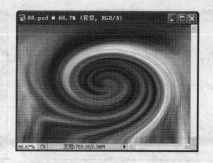

图 11-47 对云彩图像应用"旋转扭曲"滤镜

Step 06 选择"滤镜" > "风格化" > "凸出"菜单,打开"凸出"对话框,在其中设置"类型"为"块","大小"为 30 像素,"深度"为 30,其他选项保持默认,单击"确定"按钮,对云彩图像应用"凸出"滤镜,如图 11-48 所示。

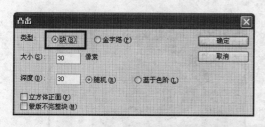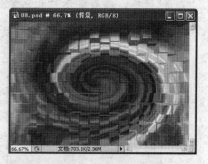

图 11-48 对云彩图像应用"凸出"滤镜

Step 07 按【Ctrl+U】组合键,打开"色相/饱和度"对话框,在其中设置"饱和度"为 50,其他选项不变,单击"确定"按钮,得到图 11-49 右图所示效果。

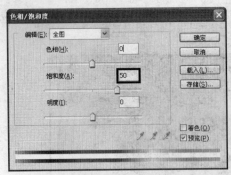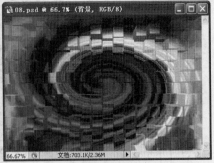

图 11-49 使用"色相/饱和度"命令调整图像颜色

Step 08 在"图层"调板中重新显示"图层 1",并置为当前图层。选择"滤镜">"扭曲">"旋转扭曲"菜单,打开"旋转扭曲"对话框,在其中设置"角度"为-450,单击"确定"按钮,对"图层 1"图像应用"旋转扭曲"滤镜,其效果如图 11-50 右图所示。

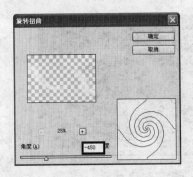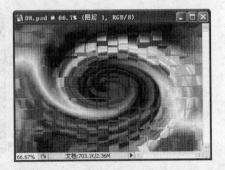

图 11-50 对"图层 2"图像应用"旋转扭曲"滤镜

Step 09 选择"滤镜">"扭曲">"波纹"菜单,打开图 11-51 左图所示"波纹"对话框,在其中设置"数量"为 350,"大小"为"中",单击"确定"按钮,关闭对话框。最后显示"北京金企鹅"图层,此时画面效果如图 11-51 右图所示。

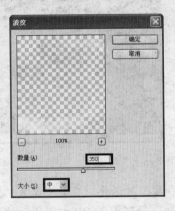

图 11-51 对"图层 1"应用"波纹"滤镜

11.4 使用外挂滤镜

Photoshop 除了自身所拥有的众多滤镜外，还允许用户安装第三方厂商所提供的外挂滤镜，利用这些外挂滤镜，用户可以制作出很多特殊效果。

用户可以通过到软件市场购买或从网上下载的方式，获取外挂滤镜的安装程序。外挂滤镜的种类繁多，但其安装方法却是一样的。

> 对于简单的未带安装程序的滤镜，用户只需将相应的滤镜文件（扩展名为.8BF）复制到 Program Files/Adobe/Photoshop CS2/Plug-Ins/ Filters 文件夹中即可。

> 对于复杂的带有安装程序的滤镜，在安装时必须将其安装路径设置为 Program Files/Adobe/Photoshop CS2/Plug-Ins/ Filters。

 安装了外挂滤镜后，启动 Photoshop CS2，这些滤镜将出现在滤镜菜单中，用户可以像使用内置滤镜那样使用它们。图 11-52 所示为安装的 KPT 7.0 外挂滤镜菜单。

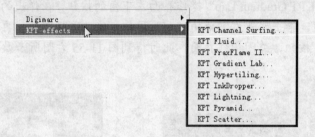

图 11-52 外挂滤镜菜单

下面，通过一个实例来介绍 KPT 7.0 外挂滤镜的应用，具体操作如下。

Step 01 打开本书配套素材 "Ph11" 文件夹中的 "09.psd" 图像文件，在 "图层" 调板中将 "背景" 图层置为当前图层，如图 11-53 所示。

 KPT 系列外挂滤镜还有 KPT3.0 、 KPT6.0 、 KPTCS2 等几种，不同的版本所包括的滤镜都是不同的，但其用法基本相同。

图 11-53 打开素材图片

Step 02 选择 "滤镜" > "KPT effects" > "KPT Gradient Lab" 菜单，打开 "kPT Gradient Lab" 操作界面，如图 11-54 所示。利用该滤镜，用户可以创建不同形状、不同

水平高度、不同透明度的彩色图形组合，并添加到当前图像中。

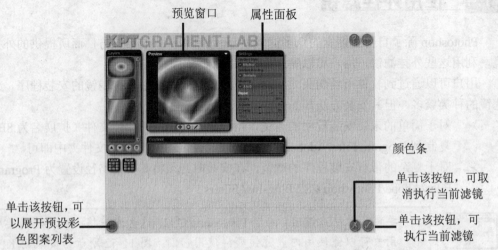

图 11-54 "KPT Gradient Lab"操作界面

Step 03 单击"KPT Gradient Lab"操作界面左下角的按钮，在弹出的图案列表中选择所需图案，单击列表右下角的"√"按钮，确认选择图案，再单击界面右下角的"√"按钮，关闭操作界面，此时得到图 11-55 右图所示效果。

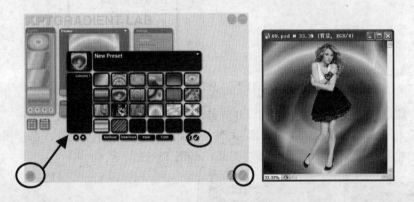

图 11-55 对图像应用"KPT Gradient Lab"滤镜

综合实例 1——制作巧克力广告

下面通过制作图 11-56 所示的巧克力广告来练习滤镜的使用方法，本例最终效果文件请参考本书配套素材"Ph11"文件夹中的"巧克力广告.psd"图像文件。

制作思路

首先在新创建的图像窗口中分别应用"镜头光晕"、"喷色描边"、"波浪"、"铬黄"和"旋转扭曲"滤镜制作巧克力液效果，然后用"图案生成器"滤镜将图案素材制作成图案，移入到巧克力液图像中并改变其图层混合模式，最后加入标识图像，完成实例。

制作步骤

Step 01　将背景色设置为黑色，按【Ctrl+N】组合键，打开"新建"对话框，按照图 11-57 所示设置参数，新建一个背景色为黑色的文档。

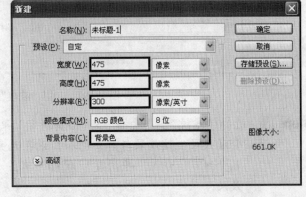

图 11-56　巧克力广告效果图　　　　　　　图 11-57　新建文档

Step 02　选择"滤镜" > "渲染" > "镜头光晕"菜单（该滤镜可在图像中生成摄像机镜头的眩光效果），在打开的对话框中设置"亮度"为 100%，选择"50-300 毫米变焦"复选框，然后单击"确定"按钮，得到图 11-58 右图所示效果。

Step 03　选择"滤镜" > "画笔描边" > "喷色描边"菜单（该滤镜可在图像中生成斜纹飞溅效果），打开"喷色描边"对话框，在其中设置"描边长度"为 20，"喷色半径"为 18，"描边方向"为"右对角线"，单击"确定"按钮，得到图 11-59 右图所示效果。

图 11-58　对图像应用"镜头光晕"滤镜　　　图 11-59　对图像应用"喷色描边"滤镜

Step 04　选择"滤镜" > "扭曲" > "波浪"菜单（该滤镜可在图像中生成类似波浪的效果），在打开的对话框中设置"生成器数"为 5，"类型"为"正弦"，其他参数保持不变，单击"确定"按钮，得到图 11-60 右图所示的效果。

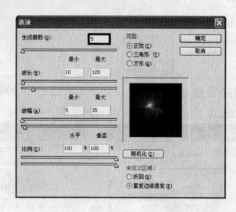

图 11-60　应用"波浪"滤镜

Step 05　选择"滤镜" > "素描" > "铬黄渐变"菜单（该滤镜可在图像中产生一种液态金属效果，该效果与前景色和背景色无关），打开"铬黄"对话框，在其中设置"细节"为 0，"平滑度"为 10，单击"确定"按钮，得到图 11-61 右图所示效果。

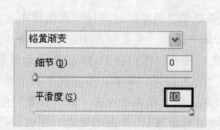
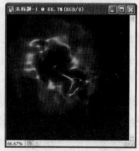

图 11-61　应用"铬黄"滤镜

Step 06　按【Ctrl+B】组合键，打开"色彩平衡"对话框，参照图 11-62 左图所示进行参数设置，单击"确定"按钮，关闭对话框，得到图 11-62 右图所示效果。

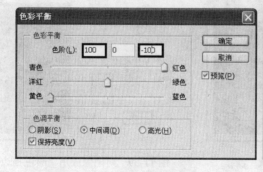
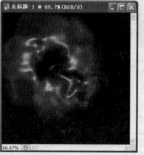

图 11-62　使用"色彩平衡"命令调整图像

Step 07　选择"滤镜" > "扭曲" > "旋转扭曲"菜单，打开"旋转扭曲"对话框，在其中设置"角度"为-380 度，单击"确定"按钮，得到图 11-63 右图所示效果。

图 11-63 应用"旋转扭曲"滤镜

Step 08 打开本书配套素材"Ph11"文件夹中的"10.psd"图像文件,在"图层"调板中,将"文字"图层置为当前图层,然后选择"滤镜">"图案生成器"菜单,打开"图案生成器"对话框,选择左侧工具箱中的"矩形选框工具",然后在预览窗口中绘制一个矩形选区,选取文字作为样本,如图 11-64 左图所示。

Step 09 在对话框右侧的参数设置区中,将"宽度"和"高度"都设置为300,单击"生成"按钮,在预览窗口中将显示拼贴图案效果,如图 11-64 右图所示。

图 11-64 "图案生成器"对话框

Step 10 参数设置好后,单击"确定"按钮,得到图 11-65 所示图案。切换到新图像文件,然后将生成的图案拖拽到新图像窗口中,并在"图层"调板中将图案所在层的混合模式设置为"色相",得到图 11-66 右图所示效果。

图 11-65 生成的新图案 　　　　　　　图 11-66 移动图案并改变图层混合模式

Step 11 打开本书配套素材"Ph11"文件夹中的"11.psd"图像文件，然后将心形图像和文字拖入到新文件窗口中，效果如图 11-67 所示。

图 11-67　移动图像

综合实例 2——制作几款漂亮的边框

本例将制作图 11-68 所示的几款边框，最终效果文件请参考本书配套素材"Ph11"文件夹中的"边框 1.psd"、"边框 2.psd"、"边框 3.psd"、"边框 4.psd"图像文件。

图 11-68　边框效果图

制作思路

制作本例时主要运用了拼贴、碎片、波浪、底纹效果、碎片和锐化滤镜，并结合快速蒙版、"描边"命令和"历史记录"调板来完成。

制作步骤

1. 制作第 1 个边框

Step 01 打开本书配套素材"Ph11"文件夹中的"12.psd"图像文件，然后利用"矩形选框工具" 在图像窗口中绘制一个比画面略微小一点的矩形区域，如图 11-69 所示。

Step 02 打开"历史记录"调板，单击调板底部的"创建新快照"按钮，为当前操作创建一个"快照 1"，如图 11-70 所示。

图 11-69　制作选区

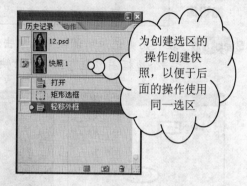

为创建选区的操作创建快照，以便于后面的操作使用同一选区

图 11-70　创建快照

Step 03 按【Q】键进入快速蒙版编辑状态。选择"滤镜" > "风格化" > "拼贴"菜单，打开"拼贴"对话框，在其中设置"拼贴数"为 30，"最大位移"为 10%，其他参数保持不变，如图 11-71 中图所示。

Step 04 参数设置好后，单击"确定"按钮，对快速蒙版应用"拼贴"滤镜，其效果如图 11-71 右图所示。

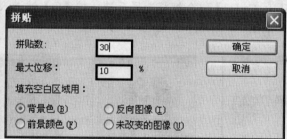

图 11-71　对快速蒙版应用"拼贴"滤镜

　　　　"拼贴"滤镜可以根据用户在对话框中指定的数值将图像分成多块磁砖状，从而产生拼贴效果。对快速蒙版应用该滤镜可得到特殊形状的选区。

Step 05 选择"滤镜" > "像素化" > "碎片"菜单，对快速蒙版应用一次"碎片"滤镜，然后选择"滤镜" > "锐化" > "锐化"菜单，对快速蒙版应用一次"锐化"滤镜，再按两次【Ctrl+F】组合键，对快速蒙版再应用两次"锐化"滤镜。

Step 06 按【Q】键退出快速蒙版编辑状态。选择"编辑" > "描边"菜单，打开"描边"对话框，在其中设置"宽度"为 4px，"颜色"为青色（#1be4e2），"位置"为"居外"，其他参数不变，单击"确定"按钮，并取消选区，得到图 11-72 右图所示边框。这样，第 1 个边框便制作好了。

> "碎片"滤镜的作用是把图像的像素复制4次，将它们平均和移位，并降低不透明度，产生一种不聚焦的效果，该滤镜不设对话框。
> "锐化"滤镜的作用是提高相邻像素点之间的对比度，使图像清晰。

Step 07 在"历史记录"调板中，单击调板底部的"创建新快照"按钮，将得到的第一个边框图像状态保存为"快照2"，如图11-73所示。

图11-72 描边选区　　　　　　　　　　　　　图11-73 创建快照

2. 制作第2个边框

Step 01 在"历史记录"调板中单击"快照1"，将图像恢复到创建矩形选区时的状态，然后按【Shift+Ctrl+I】组合键将选区反选，按【Q】键进入快速蒙版编辑状态，如图11-74所示。

图11-74 反选选区并进入快速蒙版编辑状态

Step 02 选择"滤镜">"扭曲">"波浪"菜单，打开"波浪"对话框，在其中设置"生成器数"为5，"波长"中"最小"和"最大"值均为30，"波幅"中"最小"和"最大"值均为3，"比例"中的"水平"和"垂直"百分比均为100%，选中"正弦"单选钮，如图11-75左图所示。

Step 03 参数设置好后，单击"确定"按钮，得到如图11-75右图所示效果。按【Q】键退出快速蒙版编辑状态。

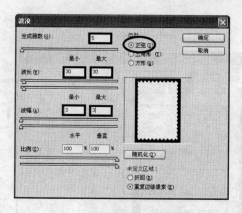

图11-75 对快速蒙版应用"波浪"滤镜

Step 04 将背景色设置为白色，按【Delete】键，删除选区内的图像。按【Shift+Ctrl+I】组合键，将选区反选，然后使用"描边"命令在选区的外侧描上4px宽的红色（#f50f3b）边，如图11-76右图所示。这样，第2个边框便制作好了。

Step 05 在"历史记录"调板中，单击调板底部的"创建新快照"按钮，将得到的第二个边框图像状态保存为"快照3"。

3. 制作第3个边框

Step 01 在"历史记录"调板中单击"快照1"，将图像恢复到创建矩形选区时的状态，然后按【Q】键进入快速蒙版编辑状态。选择"滤镜">"扭曲">"玻璃"菜单，打开"玻璃"对话框，在其中设置"扭曲度"为6，"平滑度"为8，"纹理"为"小镜头"，"缩放"为112%，如图11-77所示。

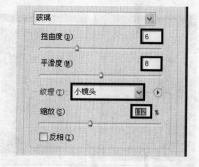

图11-76 删除选区图像并为选区描边

图11-77 设置"玻璃"滤镜参数

"玻璃"滤镜用来制造一系列细小纹理，产生一种透过玻璃观察图片的效果。在该滤镜对话框中，"扭曲度"和"平滑度"选项可用来平衡扭曲和图像质量间的矛盾。还可确定纹理类型和比例。

Step 02 暂不关闭"玻璃"对话框，单击对话框右下角的"新建效果图层"按钮，再增加一个"玻璃"滤镜层，也就相当于再对快速蒙版应用一次"玻璃"滤镜，如图 11-78 所示。

通过调整滤镜层的顺序，也可改变图像效果

单击滤镜层左侧的 👁 图标，可暂时隐藏该滤镜效果；选中某个滤镜层，单击"删除效果图层"按钮 🗑 可删除该滤镜效果

图 11-78 增加"玻璃"滤镜效果层

Step 03 参数设置好后，单击"确定"按钮，对快速蒙版应用"玻璃"滤镜。选择"滤镜">"锐化">"锐化"菜单，然后按 7 次【Ctrl+F】组合键，对快速蒙版应用 8 次"锐化"滤镜。按【Q】键退出快速蒙版编辑状态。

Step 04 按【Shift+Ctrl+I】组合键将选区反选，按【Delete】键删除选区内的图像，得到图 11-79 右图所示效果。

Step 05 再按【Shift+Ctrl+I】组合键反选选区。利用"描边"命令，对选区进行描边操作，描边参数及效果分别如图 11-80 所示。这样，第 3 个边框便制作好了。

  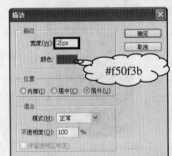 

#f50f3b

图 11-79 反选选区并删除选区内的图像 　　　图 11-80 描边选区

Step 06 在"历史记录"调板中，单击调板底部的"创建新快照"按钮 📷，将得到的第三个边框图像状态保存为"快照 4"。

4．制作第 4 个边框

Step 01 在"历史记录"调板中单击"快照 1"，将图像恢复到创建矩形选区时的状态，然后按【Q】键进入快速蒙版编辑状态。

Step 02　选择"滤镜" > "艺术效果" > "底纹效果"菜单，打开"底纹效果"对话框，在其中设置"画笔大小"为 10，"纹理覆盖"为 30，"纹理"为"砖形"，"缩放"为 150%，"凸现"为 20，"光照"为"下"，如图 11-81 所示。

Step 03　参数设置好后，单击"确定"按钮，关闭"底纹效果"对话框。选择"滤镜" > "像素化" > "碎片"菜单，对快速蒙版应用 1 次"碎片"滤镜；选择"滤镜" > "锐化" > "锐化"菜单，然后按两次【Ctrl+F】组合键，对快速蒙版应用 3 次"锐化"滤镜。

Step 04　按【Q】键退出快速蒙版编辑状态。按【Shift+Ctrl+I】组合键将选区反选，按【Delete】键删除选区内的图像，得到图 11-82 左图所示效果。

Step 05　再按【Shift+Ctrl+I】组合键反选选区。利用"描边"命令，对选区进行描边操作，其效果如图 11-82 右图所示。这样，第 4 个边框便制作好了。

Step 06　在"历史记录"调板中，单击调板底部的"创建新快照"按钮，将得到的第四个边框图像状态保存为"快照5"，然后依次选中 4 个边框快照，并将它们存储为 4 个边框新文件。

图 11-81　设置"底纹效果"参数

图 11-82　删除选区内图像并描边选区

本章小结

通过本章的学习，读者可了解 Photoshop 滤镜的一般特点与使用规则，以及一些典型滤镜的用法。Photoshop 提供了种类繁多的滤镜，同时，很多公司和电脑爱好者还为 Photoshop 开发了大量的外挂滤镜。不过，尽管滤镜使用起来非常简单，但要运用得恰到好处却并非易事。这里没有什么捷径，只能依靠用户在实践中多多积累。

思考与练习

一、填空题

1. 在任一滤镜对话框中，按住_____键，可使"取消"按钮变成"复位"按钮，单击"复位"按钮可将参数_____。

2. 如果要对图像的局部区域进行滤镜效果处理，可以对选区_____，从而使处理的区域自然地与源图像融合在一起。

3. 当执行过一个滤镜命令后，按_____组合键，可快速重复上次执行的滤镜命令。

4. 在 Photoshop 中，大部分滤镜效果，例如"云彩"滤镜生成图案的颜色是由_____和_____决定。

二、选择题

1. 按（   ）组合键可以打开上次执行滤镜操作的对话框。

    A.【Ctrl+F】   B.【Alt+Ctrl+F】   C.【Alt+F】   D.【Shift+F】

2.（   ）滤镜可以制作弯曲、漩涡、扩展、收缩、移位以及反射等效果。

    A."风"滤镜   B."液化"滤镜   C."云彩"滤镜   D."凸出"滤镜

3. 当执行完一个滤镜操作后，如果按（   ）组合键，将打开"渐隐"对话框。

    A.【Shift+Ctrl+F】   B.【Alt+Ctrl+F】   C.【Ctrl+F】   D.【Shift+F】

4. 在（   ）颜色模式下，可以使用 Photoshop 提供的大部分滤镜。

    A. RGB   B. CMYK   C. 位图   D. 索引

三、操作题

1. 打开"Ph11"文件夹中的素材图片"13.jpg"（如图 11-83 左图所示），然后利用"液化"滤镜改变女孩的脸型，并作卷发处理，效果如图 11-83 右图所示。

2. 打开"Ph11"文件夹中的素材图片"14.jpg"（如图 11-84 左图所示），然后利用"消失点"滤镜将图中的拖鞋图像删除，效果如图 11-84 右图所示。

图 11-83 利用"液化"滤镜为人物瘦脸与烫发   图 11-84 用"消失点"滤镜去除拖鞋图像

第12章

一些重要知识的补充

章前导读

通过前面章节的学习，我们已经掌握了使用 Photoshop 处理图像的基本方法，本章我们再来学习 Photoshop 的其他一些重要功能，如自动化处理图像、图像的印前处理、打印图像和优化 Web 图像等。

12.1　图像处理自动化

利用 Photoshop 的"动作"功能可以将编辑图像的一系列操作步骤录制为一个动作，当需要对其他图像进行相同处理时（使用相同的处理命令和参数），执行该动作，也就相当于执行了其中包括的多条编辑命令。

在 Photoshop 中，系统是以文件的形式来管理动作的（动作文件的扩展名为".atn"），每个文件可包含多个动作。因此，动作文件又被称为动作集合、动作组或动作序列。

在 Photoshop 中，用户可利用"动作"调板来查看、执行和录制动作。选择"窗口" >"动作"菜单，或者按【Alt+F9】组合键，可打开"动作"调板。

12.1.1　应用系统内置动作

利用 Photoshop 提供的内置动作可轻松地制作各种底纹、边框、文本等效果。下面通过一个实例说明其使用方法。

Step 01　打开本书配套素材"Ph12"文件夹中的"01.jpg"图像文件，如图 12-1 所示。下面，我们要为该图片添加一个相框。

Step 02 打开"动作"调板，单击调板右上角的三角按钮▶，在弹出的菜单中选择"画框"，将系统提供的"画框"动作文件加载到"动作"调板中，如图 12-2 所示。

> **经验之谈** 默认状态下，在"动作"调板中只显示"默认动作"文件中的内容，用户可以从"动作"调板的控制菜单中选择相应命令，将系统内置的其他动作文件加载到调板中使用。

图 12-1 打开素材图像　　　　　　　　图 12-2 加载系统内置动作文件

Step 03 在"动作"调板中单击"画框"左侧的"展开/折叠"按钮▶，可显示"画框"动作文件夹中的所有动作，如图 12-3 左图所示。

Step 04 在"画框"动作文件夹中选中"照片卡角"动作，并单击该动作左边的▶按钮，此时，"照片卡角"的下方将出现该动作包含的所有操作，如图 12-3 右图所示。

Step 05 单击"动作"调板底部的"播放选定的动作"按钮▶，此时，将执行当前选定的动作，动作执行完成后的图像效果如图 12-4 所示。

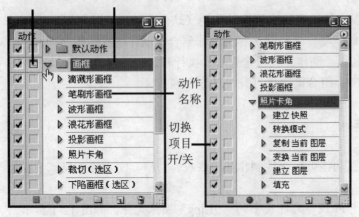

图 12-3 展开"画框"动作文件夹和"照片卡角"动作　　图 12-4 照片卡角效果

通过单击某些命令左侧的"切换项目开/关"标志✔可允许/禁止执行该命令。例如，要禁止执行"照片卡角"动作中的"建立快照"命令，则单击该命令前的"切换项目开/关"标志✔即可，再次单击将启用该命令。

通过单击某些命令左侧的"切换对话开/关"标志可允许/禁止该命令弹出对话框。例如，要在执行"照片卡角"动作的"填充"命令时弹出"填充"对话框，以便让用户设置填充参数，可单击"填充"命令左侧的"切换对话开/关"，使其出现🗔标志。

12.1.2　录制、修改与应用动作

在 Photoshop 中，用户不但可以应用系统内置的动作，还可以自己录制、修改和应用动作。下面，通过录制邮票效果动作来学习录制、修改与应用动作的方法。

Step 01　打开本书配套素材"Ph12"文件夹中的"02.jpg"图像文件，如图 12-5 所示。

用户需要先打开素材文件，再录制动作。否则，Photoshop会将打开文件操作也一并录制，在以后使用该动作时始终打开该图像文件。

图 12-5　打开素材文件

Step 02　打开"动作"调板，单击调板底部的"创建新组"按钮🗔，打开图 12-6 左图所示的"新建组"对话框，在"名称"编辑框中输入动作组文件的名称，本例为"邮票"，单击"确定"按钮，新建"邮票"动作组，如图 12-6 右图所示。

图 12-6　创建新动作组文件

一般情况下，录制动作前，要新建一个动作组，以便分类管理不同的动作，以及与 Photoshop 系统内置的动作区分开。

Step 03　单击"动作"调板底部的"创建新动作"按钮🗔，在打开的图 12-7 左图所示的

对话框中设置动作名称和包含动作的组，单击"记录"按钮，创建一个新动作，并自动进入动作录制状态。此时，"动作"调板如图 12-7 右图所示。

用户可以为动作设置一个快捷键，这样在录制好动作后，可按该快捷键快速执行动作

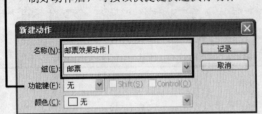

该按钮以红色显示，表示已经进入动作录制状态

图 12-7　创建新动作

Step 04　在"图层"调板中，将"背景"图层复制为"背景副本"图层，并关闭显示"背景"图层，如图 12-8 左图所示。

在系统内置的动作中，大多数动作的第 1 步都是创建快照，这样做的目的是若对结果不满意，可在"历史记录"调板中单击快照，撤销前面执行的动作。因此，用户在录制自己的动作时，也可在第 1 步创建快照，以便更好地使用动作。

Step 05　在"背景"图层的上方新建"图层 1"，然后填充白色，再将"背景副本"图层置为当前图层，如图 12-8 右图所示。

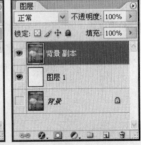

图 12-8　复制图层、设置图层属性、新建图层并填充白色

Step 06　设置前景色为白色。选择"自定形状工具" ，在其工具属性栏中单击"形状图层"按钮 ，然后在"自定形状"拾色器中选择"邮票 2"，如图 12-9 所示。

图 12-9　"自定形状工具"属性栏

Step 07　属性设置好后，在图像窗口中绘制出图 12-10 所示的形状，此时系统自动生成

"形状 1"图层。

Step 08 右键单击"图层"调板中的"形状 1"图层，在弹出快捷菜单中选择"栅格化图层"项，将"形状 1"图层转换为普通图层，如图 12-11 所示。

Step 09 选择"魔棒工具" ，然后在"形状 1"图层的外边空白位置单击，制作该区域的选区，如图 12-12 所示。

图 12-10 绘制形状图形　　　　图 12-11 栅格化形状图层　　　　图 12-12 制作选区

Step 10 在"图层"调板中，将"背景副本"图层置为当前图层，按【Delete】键删除选区内的图像，并取消选区，得到图 12-13 右图所示效果。

Step 11 在"图层"调板中，同时选中"背景副本"和"形状 1"图层，按【Ctrl+E】组合键，将两图层合并，如图 12-14 所示。

图 12-13 在"背景副本"图层中删除选区图像　　　　　　图 12-14 合并图层

Step 12 单击"图层"调板底部的"添加图层样式"按钮 ，在弹出的菜单中选择"投影"，打开"图层样式"对话框，其中各项参数保持默认，单击"确定"按钮，为"形状 1"图层添加投影效果，如图 12-15 所示。

Step 13 分别利用"横排文字工具" T 和"直排文字工具" T 在图像窗口中输入"中国邮政"和"100 分"，如图 12-16 所示。至此，"邮票效果"动作就制作完了。

数字 100 的字
号为48，"分"
的字号为30，
字体和颜色
相同

字体：方正大
标宋简体
字号：48 点
颜色：白色

图 12-15　添加投影样式　　　　　图 12-16　输入文字

Step 14　单击"动作"调板底部的"停止播放/记录"按钮■，停止录制动作，如图 12-17
　　　　所示。

Step 15　打开"Ph12"文件夹中的"03.jpg"图像文件，然后单击"动作"调板中的"邮
　　　　票效果动作"名称，再单击调板底部的"播放选定的动作"按钮▶，执行"邮
　　　　票效果动作"。

Step 16　由于"03.jpg"图像文件的尺寸与"02.jpg"不同，在执行到"添加到选区"操
　　　　作时，系统会弹出图 12-18 左图所示的提示对话框，提示用户当前动作不可执
　　　　行。此时，用户可看到图像窗口中绘制的邮票 2 的形状有点大，如图 12-18 右
　　　　图所示。

图 12-17　停止录制动作　　　　　图 12-18　执行动作过程中的提示信息

　　　　在执行某个动作时，用户不能保证该动作完全适用于每幅图像，因此，
Photoshop 系统允许用户在动作中添加"停止"命令，以便在执行到动作的
某个步骤时，暂停动作，以方便用户修改或编辑该操作的属性。修改完成
后，继续执行动作即可。

Step 17　在"动作"调板中，单击选中"建立填充图层"操作，然后在调板控制菜单中

选择"插入停止"项，打开"记录停止"对话框，在"信息"编辑框中输入文字，作为以后执行到该"停止"命令时所显示的暂停对话框的提示信息。本例为"修改形状大小"，如图 12-19 左图所示。

Step 18 单击"确定"按钮，关闭"记录停止"对话框。此时，可以在"建立填充图层"的下方插入一个"停止"动作，如图 12-19 右图所示。

选中"允许继续"复选框，表示在以后执行
该"停止"命令时所显示的暂停对话框中将
显示"继续"按钮，如图 12-20 所示

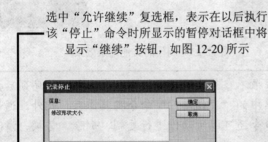

图 12-19 在动作中插入停止命令

Step 19 修改邮票 2 的形状大小，如图 12-21 所示。修改完毕，单击"动作"调板中的"栅格化当前图层"动作，再单击"播放选定的动作"按钮▶，继续执行"邮标效果动作"。

单击"继续"按钮可继
续执行动作中"停止"
命令后面的命令

单击"停止"按钮，可以
停止执行动作，以便用户
修改相关动作属性

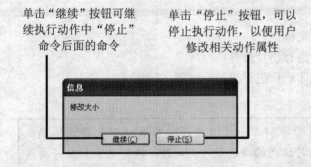
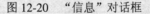

图 12-20 "信息"对话框　　　　　　　　图 12-21 修改形状大小

Step 20 当用户执行到"添加到选区"动作时，系统弹出一个对话框，提示用户该动作无法执行，这需要用户在该动作后插入"停止"动作，并手动制作选区，然后继续执行下一步动作即可。用户也可在"建立文本图层"动作下方插入"停止"动作，以便修改文字属性，如图 12-22 所示。图 12-23 所示为制作的其他邮票效果。

图 12-22　在相应动作后插入停止动作　　　　图 12-23　制作的其他邮票效果

> 有时录制一个好的动作很不容易，因此我们可以在选中动作序列后，选择"动作"调板控制菜单中的"存储动作"命令将其保存。此外，通过在控制菜单中选择相应的命令还可以对动作进行复制、删除、替换、清除和复位等操作。

12.2　图像的印前处理

为了确保印刷作品的质量能达到用户的要求，在打印输出图像前，必须对图像进行色彩校正、打样等处理。图像的印前处理工作大致分为如下几个操作流程：

> 对图像进行色彩校正；
> 打印图像并进行校稿；
> 再次打印进行二次校稿，直到定稿；
> 定稿后，将正稿送去出片中心进行出片打样；
> 校正样稿，确定无误后，送至印刷厂进行拼版、晒版、印刷。

> 如果制作的图像要用于印刷，出片前必须将图像的颜色模式转换成 CMYK 模式，以对应印刷时使用的四色胶片。此外，我们通常需要将图片保存为 TIF 格式，以供出片或印刷使用。

12.2.1　色彩校正

选择"视图"＞"校样设置"菜单中的子菜单项可选择校样颜色；选择"视图"＞"校样颜色"命令的开关，可在屏幕上查看校样效果，如图 12-24 所示。用户可打开本书配套素材"Ph12"文件夹中的"07.jpg"图像文件进行操作。

如果选择"视图"＞"色域警告"菜单，还可直接在屏幕上查看超出打印范围的颜色（显示灰色区域），如图 12-25 所示。在印刷时，图像中灰色部分将无法以显示效果输出。

图 12-24　校样颜色命令开关前后效果对比　　　　图 12-25　使用色域警告命令检查颜色

12.2.2　打样和出片

在定稿后，打样和出片是印前的最后一个关键步骤。通过打样可检查图像的印刷效果，印刷厂在印刷时，将以打样结果为基准进行印刷调试。而出片是指由发排中心提供给印刷厂的四色胶片。

12.3　打印图像

如果用户希望利用打印设备将图像按照一定的页面设置、格式等打印出来，就需要进行相关的打印设置，下面分别介绍。

12.3.1　设置打印参数

在打印图像前，通常要根据实际需要设置打印的页面等参数。下面。我们来介绍设置打印参数和打印图像的常规方法。

Step 01　打开第 8 章综合实例制作的月历图像，选择"文件" > "页面设置"菜单，打开图 12-26 所示的"页面设置"对话框。通过该对话框可以设置纸张大小和打印方向（纵向或横向）等参数。

Step 02　单击"打印机"按钮，将打开打印机的属性设置画面，用户可在此设置打印机的相关属性。设置完成后，单击"确定"按钮即可完成页面的设置。

Step 03　页面参数设置好后，选择"文件" > "打印预览"菜单，打开"打印"对话框，单击预览窗口左下角的编辑框，从中选择"输出"，此时对话框如图 12-27 所示。在该对话框中，用户可以先对图像进行打印预览，以查看图像在打印纸上的位置或设置缩放比例等。下面介绍其中一些重要选项的意义。

➤ **图像居中：** 选中该复选框图像将始终居中打印；若取消该复选框，则可以在预览窗口通过拖动方式改变图像的打印位置。

➤ **较少选项：** 单击该按钮可隐藏其下方的参数设置区。

➤ **背景：** 单击该按钮，可设置图像区域外打印的背景色。

➤ **边界：** 单击该按钮，可设置打印时为图像所加黑色边框的宽度。

> **出血：** 设置打印图像的"出血"宽度。印刷后的作品在经过裁切成为成品的过程中，四条边上都会被裁去约 3mm 左右，这个宽度即被称为"出血"。

在预览窗口中可以预览图像在打印纸上的大小和位置，用鼠标拖动图像拐角处的四个控制点可以改变图像的打印尺寸

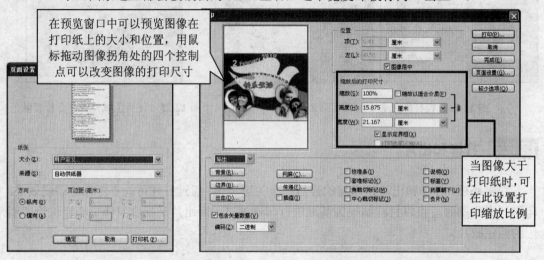

当图像大于打印纸时，可在此设置打印缩放比例

图 12-26   "页面设置"对话框   图 12-27   "打印"对话框

> **网屏：** 用于设置网屏，该项只对 Postscript 打印机和印刷机有效。
> **传递：** 用于改变屏幕显示的亮度值与打印色阶间的转换关系，通常用于补偿将图像传递到胶片时可能出现的网点补正或网点损耗。但仅在使用 PostScript 打印机打印 Photoshop 格式或 EPS 格式文件时，该设置才有意义。
> **标准条：** 决定是否在图像下方打印校正色标，以标记印刷使用的各原色胶片。
> **套准标记：** 决定是否在图像四周打印 ⊕ 形状的对准标记。
> **角裁切标记：** 决定是否在图像四周打印裁剪线，以便进行裁剪。
> **中心裁切标记：** 决定是否打印中心裁剪线标记。
> **说明：** 决定是否打印由文件简介对话框设置的图像标题。
> **标签：** 决定是否在图像上方打印图像的文件名。
> **药膜向下：** 正常情况下，打印在纸上的图像是药膜朝上打印的，感光层正对着用户时文字可读。但是，打印在胶片上的图像通常采用药膜朝下打印。
> **负片：** 决定是否将图像反色后输出。

Step 04 设置好参数后，就可以打印图像了。单击"打印"按钮，在打开的"打印"对话框中设置好打印份数，单击"确定"按钮即可打印图像。如果希望只保存设置而不打印图像，可单击"完成"按钮。

12.3.2 打印指定的图像

默认情况下，Photoshop 打印的图像以显示效果为准，也就是说，被隐藏图层的图像将不被打印出来，所以，如果需要打印图像中的一个或几个层，只需要将这些图层显示，将其他图层隐藏即可。

此外，若当前图像中有选区，并且在"打印"对话框中的"打印范围"设置区选择了"选定范围"单选钮，那么将只打印选区内的图像。

12.3.3 打印多幅图像

Photoshop 提供了一次在同一张纸上打印多幅图像的功能，其方法是选择"文件" > "自动" > "联系表Ⅱ"菜单，打开"联系表Ⅱ"对话框，单击"浏览"按钮，在弹出的"浏览文件夹"对话框中选择图像所在的文件夹，在"缩览图"设置区中设置图像排列的行数和列数等参数，设置好后，单击"确定"按钮，文件夹中的图像将自动排列在一个或多个联系表文件中，如图 12-28 所示。对生成的图像效果满意后，即可进行打印。

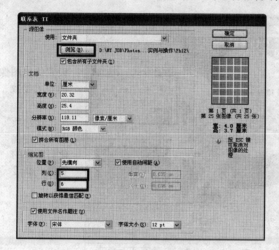

图 12-28 打印多幅图像

12.4 优化 Web 图像

图像优化一般是服务于网页的。图像优化的目的是最小限度地损伤图像品质，同时最大限度地减小图像的大小。

12.4.1 了解常用的 Web 图像文件格式

对于不同的图像要选择不同的格式来优化，在网页上常用的图像文件格式有三种，分别是 jpg、gif 和 png。

➤ 对于色彩比较丰富的图像一般优化成 jpg 格式。
➤ 对于大部分都是单色且色彩数量不太多的图像（如插画、标志），优化成 gif 格式是不错的选择。另外，如果想将图像优化成透明背景，也可以选择 gif 格式，但这种格式的图像只能包含 256 种颜色，所以有时候效果并不理想。

➢ png 格式是一种全新的文件格式，它具有 gif 和 jpg 格式的所有优点。可以优化成高质量的透明背景图像，一般用户在制作 Flash 中使用的透明图像时经常会用到它。但如果将 png 格式的图像应用到网页中，在版本较低的浏览器中会无法识别。

12.4.2 优化图像

下面通过一个例子来说明优化图像的方法。

Step 01 打开前面第 8 章综合实例制作的月历图像，选择"文件">"存储为 web 所用格式"菜单或者按【Alt+Shift+Ctrl+S】组合键，打开"存储为 web 所用格式"对话框，如图 12-29 所示。

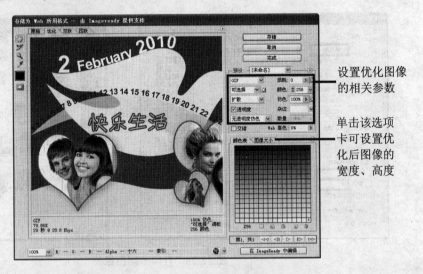

设置优化图像的相关参数

单击该选项卡可设置优化后图像的宽度、高度

图 12-29 "存储为 web 所用格式"对话框

Step 02 单击"双联"选项卡，文件窗口被分成 2 个，通过左右两个文件窗格可对比原图与优化过的图像。

Step 03 在对话框右侧的参数设置区将"优化的文件格式"更改为 JPEG，"压缩品质"为"高"，在预览窗口中对比原图与优化过的图像，图像质量没有变化，但图像大小已经由原来的 791K 降低到了 70.43K，如图 12-30 所示。因此，该图像更适合优化成 JPG 格式。

经验之谈

如果用户要将图像优化成 GIF 和 PNG 格式的文件，只需要在右侧的设置区更改"优化的文件格式"就可以了。需要注意的是，如果优化成背景透明的文件，必须在打开"存储为 web 所用格式"之前，将背景删除或者将不需要显示的图层隐藏，Photoshop 将以显示效果优化图像。

Step 04 设置完成后，单击"存储"按钮，打开"将优化结果存储为"对话框，在该对话框中选择保存位置和保存类型，并输入文件名，单击"保存"按钮将文件保存，如图 12-31 所示。

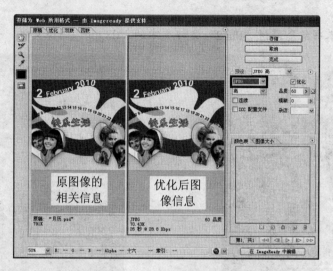

图 12-30　更改优化格式

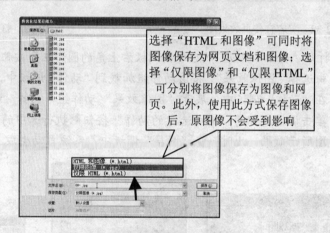

选择"HTML 和图像"可同时将图像保存为网页文档和图像；选择"仅限图像"和"仅限 HTML"可分别将图像保存为图像和网页。此外，使用此方式保存图像后，原图像不会受到影响

图 12-31　"将优化结果存储为"对话框

综合实例——制作并打印美容宣传页

下面通过制作图 12-32 所示的美容宣传页来练习以上学习的内容，本例的最终效果文件请参考本书配套素材"Ph12"文件夹中的"美容宣传页.psd"图像文件。

制作思路

首先对背景图像执行内置动作，并为背景图像添加镜头光晕效果，然后置入人物图像并添加图层蒙版和外发光样式，再利用图层蒙版制作椭圆图像效果，并添加描边和投影样式，最后绘制直线和输入文字，并为部分文字添加描边效果，即可完成实例。

制作步骤

Step 01 打开本书配套素材 "Ph12" 文件夹中的 "08.jpg" 图像文件，如图 12-33 所示。

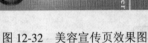

图 12-32　美容宣传页效果图　　　　　　　　　　　图 12-33　打开图像文件

Step 02 打开 "动作" 调板，然后单击调板右上角的圆形三角按钮 ⊙，在弹出的调板菜单中选择 "图像效果"，将该动作组加载到 "动作" 调板中，如图 12-34 左图所示。

Step 03 在 "动作" 调板中，展开 "图像效果" 动作组，选择 "渐变匹配" 动作，然后单击调板底部的 "播放选定的动作" 按钮 ▶ 执行选中的动作，得到图 12-34 中图所示效果。此时，在 "图层" 调板中，系统自动生成 "渐变映射 1" 调整层。

图 12-34　对图像应用 "渐变匹配" 动作

Step 04 按【Ctrl+E】组合键向下合并图层。打开 "Ph12" 文件夹中的 "09.jpg" 图像文件，将人物图像拖至 "08.jpg" 图像窗口中，生成 "图层 1"。为 "图层 1" 添加图层蒙版，然后使用 "画笔工具" 编辑图层蒙版，去除人物背景区域，使人物与背景层的图像自然融合在一起，效果如图 12-35 右图所示。

图 12-35　合并图层以及为"图层 1"添加图层蒙版

Step 05　在"图层"调板中单击"图层 1"缩览图，然后为该图层添加外发光效果，参数设置及效果分别如图 12-36 所示。

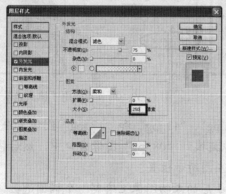 

图 12-36　为"图层 1"添加外发光样式

Step 06　在"图层"调板中，将"背景"图层置为当前图层。选择"滤镜" > "渲染" > "镜头光晕"菜单，打开"镜头光晕"对话框，在预览框中拖动"+"光标，设置发光点的位置，然后设置"亮度"为 100%，单击"确定"按钮，得到图 12-37 右图所示效果。

图 12-37　对"背景"图层应用"镜头光晕"滤镜

Step 07 按【Alt+Ctrl+F】组合键，再次打开"镜头光晕"对话框，调整发光点的位置，并设置"亮度"为 150%，选中"电影镜头"单选钮，单击"确定"按钮，得到如图 12-38 右图所示效果。

Step 08 按【Alt+Ctrl+F】组合键，再次打开"镜头光晕"对话框，调整发光点的位置，并设置"亮度"为 100%，选中"50-300 毫米变焦"单选钮，单击"确定"按钮，得到如图 12-39 右图所示效果。

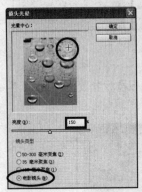 

图 12-38　第 2 次应用"镜头光晕"滤镜　　　　　图 12-39　第 3 次应用"镜头光晕"滤镜

Step 09 打开"Ph12"文件夹中的"10.jpg"、"11.jpg"和"12.jpg"图像文件。

Step 10 首先将"10.jpg"中的人物图像拖拽到"08.jpg"图像窗口中，然后将人物图像成比例缩小，放置在图 12-40 左图所示位置。

Step 11 利用"椭圆选框工具"  在缩小后的人物图像上绘制一个椭圆选区，然后为该图层添加图层蒙版，效果如图 12-40 右图所示。

图 12-40　缩小人物图像并制作图层蒙版

Step 12 对 Step 11 中得到的椭圆图像进行旋转，然后为该图层添加投影和描边效果，参数设置及效果分别如图 12-41 所示。

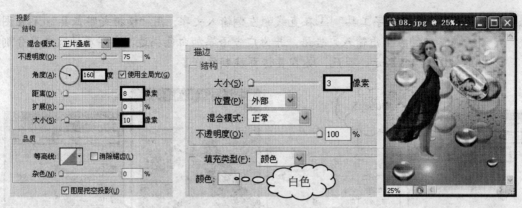

图 12-41 旋转图像并添加投影和描边效果

Step 13 参照与 Step 10 ~ Step 12 相同的方法，依次将 "11.jpg" 和 "12.jpg" 图像文件拖拽到 "08.jpg" 图像窗口中，并制作出图 12-42 所示效果。

Step 14 利用 "直线工具" ⬚ 在图像的右下角绘制一条纵向的直线，颜色为白色，线宽度为 5 像素，如图 12-43 所示。

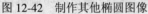

图 12-42 制作其他椭圆图像 　　　　图 12-43 绘制直线

Step 15 利用 "直排文字工具" T 在直线的右侧输入文字，文字颜色为红色（#e60011），字体为 "方正魏碑简体"，字号为 70 点，然后为文字图层添加白色描边样式，参数设置及效果分别如图 12-44 所示。

图 12-44 输入文字并添加描边样式

Step 16 利用"直排文字工具" T 在直线的左侧输入文字；用"横排文字工具" T 在图像窗口的左下角输入广告语，并为广告语添加白色描边，文字属性及效果分别如图 12-45 所示。至此，美容宣传页就制作好了。

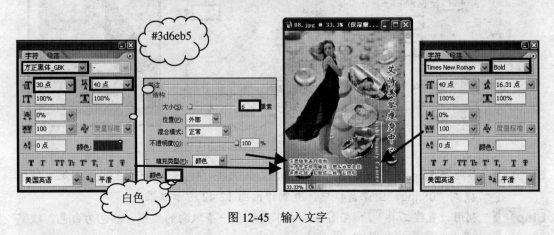

图 12-45 输入文字

Step 17 利用 12.3 节介绍的方法设置打印参数，然后将制作好的美容宣传页打印一份。

本章小结

学完本章内容后，用户应重点掌握以下知识。

➢ 在学习自动化处理图像时，要重点掌握动作的录制与编辑方法，以及系统内置动作的使用方法。

➢ 在学习图像的印前处理时，要重点掌握印刷前应做的准备工作，如应将图像存储为 TIF 格式，色彩模式应转换为 CMYK 等。还需要提醒用户的是，在印刷之前通常应将图像文件中的文字图层转换为普通图层，以避免因印刷机没有相关的字体而印不出文字的情况。

➢ 在学习打印图像时，要重点掌握设置打印预览参数和一次打印多幅图像的方法。

➢ 图像优化属于很常用的操作，其方法也比较简单，但要想熟练地将各种不同的图像优化的恰到好处，需要实践经验的积累。

思考与练习

一、填空题

1．利用 Photoshop 的_____可以将编辑图像的一系列操作步骤录制为_____。

2．一般情况下，录制动作前，要_____，以便分类管理不同的动作，以及与 Photoshop 系统内置的动作区分开。

3．为了使录制的动作具有更强的通用性，可以在录制的动作中插入_____命令，以方便用户在执行动作时手动调整参数。

4．要在电脑屏幕上查看图像的校样效果，可选择_____>_____菜单；要在屏幕上查看图像中超出打印范围的颜色，可选择选择_____>_____菜单。

5．如果当前图像中有选区，并且只想打印选区内的图像，可选择"打印"对话框中的_____单选钮。

6．要一次在同一张纸上打印多幅图像，可以选择_____>_____>_____菜单。

二、选择题

1．下列可以设置透明背景的图像文件格式是（　　　）。
　　A. jpg　　　　　　B. gif　　　　　　C. tiff　　　　　　D. bmp

2．在 Photoshop 中，系统是以（　　　）的形式来管理动作的。
　　A. 命令　　　　　　B. 文件　　　　　　C. 组　　　　　　D. 图层

3．下列不属于网页上常用的图像文件格式的是（　　　）。
　　A. jpg　　　　　　B. gif　　　　　　C. png　　　　　　D. tiff

4．下列不属于图像印前处理工作流程的是（　　　）。
　　A. 对图像进行色彩校正　　　　　　B. 隐藏不需要的图层
　　C. 定稿后，将正稿送去出片中心进行出片打样
　　D. 校正样稿，确定无误后，送至印刷厂进行拼版、晒版、印刷

三、操作题

1．打开"Ph12"文件夹中的素材图片"13.jpg"，利用系统内置的动作为图像制作浪花形画框，其效果如图 12-46 右图所示。

2．打开"Ph12"文件夹中的素材图片"14.jpg"，利用系统内置的动作将图像处理成旧照片效果，其效果如图 12-47 右图所示。

图 12-46　制作浪花形画框

图 12-47　制作旧照片效果

第13章

综合实例

章前导读

　　到本章为止，我们已经将 Photoshop CS2 学完了。下面我们将通过制作图书封面和珠宝广告，来帮助读者综合练习前面所学知识。

13.1　制作图书封面

　　本例将制作图 13-1 所示的图书封面，其最终效果文件请参考本书配套素材 "Ph13" 文件夹中的 "图书封面.psd" 图像文件。

制作思路

　　新建空白文档，用渐变色填充背景；打开素材文件，并设置图层混合模式和添加图层蒙版，使素材图像与背景自然融合；制作渐变填充效果的矩形图像，并为其添加图层样式；使用 "画笔工具" 绘制装饰图案；最后输入文字完成制作。

图 13-1　图书封面效果图

制作步骤

Step 01 按【Ctrl+N】组合键，打开"新建"对话框，并参照图 13-2 所示创建一个空白
文档。

> 制作封面前，我们简要介绍一些有关图书封面设计的基础知识。一个
> 完整的图书封面一般由封面、封底、书脊和勒口构成，如图 13-3 所示。但
> 对于精装书来说，还有硬纸板做的内封皮。现在也有大部分的图书不设勒
> 口，如期刊杂志和一些小型的简装书等。
> 确定开本是封面设计首先要解决的问题。一个合格的图书封面设计者
> 必须掌握书籍印刷中一些常用开本的尺寸，以便在设计、绘制草稿及正稿
> 时精确地把握画面大小。常采用的开本规格如下：
>
> | | | | |
> |---|---|---|---|
> | 16K | 18.5cm × 26cm | 大 16K | 20.3cm × 28cm |
> | 32K | 13cm × 18.4cm | 大 32K | 14cm × 20.3cm |
> | 24K | 19.6cm × 18.2cm | 64K | 9.2cm × 12.6cm |
> | 大 64K | 10.1cm × 13.7cm | 8K | 26cm × 37.6cm |

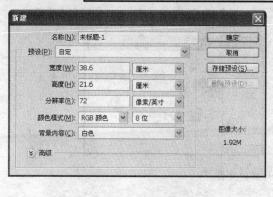

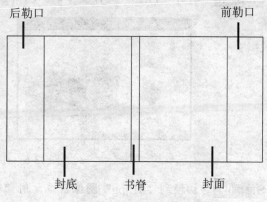

图 13-2 "新建"对话框   图 13-3 封面的整体结构

> 以上尺寸为常用书籍的成品规格，在设计正稿时，四个切口上应各加
> 3mm 的长度（也就是专业术语：出血），以便于装订时切边。

Step 02 首先创建出血参考线。按【Ctrl+R】组合键显示标尺，利用"缩放工具" 将
图像的左上角放大显示，以便能看清毫米刻度。用"移动工具" 从水平和垂
直标尺中拖出参考线，然后分别调整水平和垂直参考线的位置，以在图像窗口
的上下左右分别标记出 3mm 的出血，在中央位置标记出 10mm 的书脊（在水
平标尺的 188mm 和 198mm 处各放一条垂直参考线），结果如图 13-4 所示。

Step 03 将前景色设置为淡紫色（#e59af8），背景色设置为白色。选择"渐变工具" ，
单击工具箱中的"线性渐变"按钮 ，将光标移至图像窗口的底部，然后按下
鼠标左键并向上拖动，绘制前景到背景的线性渐变色，如图 13-5 所示。

在制作图书封面时，一般将"分辨率"设置为 300 像素/英寸、"颜色模式"设置为 CMYK 颜色，但因为分辨率过高会导致计算机运行速度减慢，所以这里我们将"分辨率"设为 72 像素/英寸。而在 CMYK 颜色模式下很多滤镜功能不能使用，所以一般采取在 RGB 模式下编辑图像，制作完成后再将模式转换成 CMYK 颜色模式。

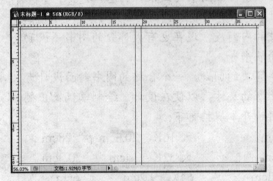

图 13-4　设置参考线

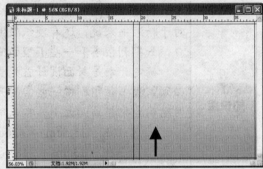

图 13-5　使用渐变色填充背景图像

Step 04 打开"Ph13"文件夹中的"01.jpg"和"02.jpg"图像文件，如图 13-6 所示。

图 13-6　打开素材文件

Step 05 切换到"01.jpg"图像窗口，用"移动工具" 将国画图像拖至新图像窗口中，并在"图层"调板中设置该图层的混合模式为"正片叠底"，"不透明度"为 60%，此时画面效果如图 13-7 右图所示。

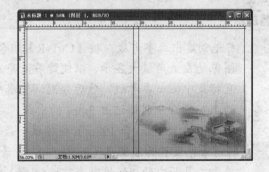

图 13-7　设置图层的混合模式和不透明度

Step 06 同理，利用"移动工具" ⊕ 将"02.jpg"图像拖至新图像窗口中，并适当进行旋转。

Step 07 在"图层"调板中设置"图层2"的混合模式为"正片叠底"，然后为该图层添加图层蒙版，并使用"画笔工具" ✐ 编辑图层蒙版（适当降低"画笔工具" ✐ 的不透明度值），制作出半透明效果，如图13-8右图所示。

 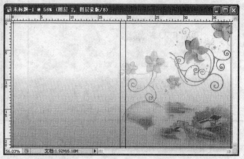

图13-8 为"图层2"添加图层蒙版并编辑

Step 08 新建"图层3"，然后设置前景色为紫色（#9900cc），背景色为品红色（#f71ea8）。利用"矩形选框工具" ▫ 在画面中创建矩形选区，然后使用"渐变工具" ▤ 在选区内从上向下拖动鼠标，绘制前景到背景的线性渐变色，如图13-9右图所示。

 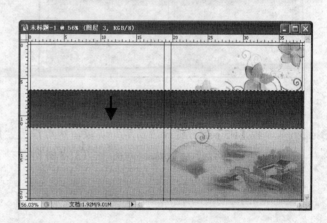

图13-9 绘制矩形选区并使用渐变色填充

Step 09 按【Ctrl+D】组合键取消选区。在"图层"调板中双击"图层3"，打开"图层样式"对话框，然后依次设置投影和内发光参数，参数设置如图13-10所示。其画面效果如图13-11所示。

Step 10 新建"图层4"，然后按住【Ctrl】键的同时，单击"图层3"的缩览图，生成该图层的选区，如图13-12所示。

Step 11 选择"画笔工具" ✐，然后加载系统预设的"特殊效果画笔"文件到笔刷列表，再从笔刷列表中选择"缤纷蝴蝶"笔刷，在属性栏中设置"模式"为"正片叠底"，其他参数保持默认，如图 13-13 左图所示。

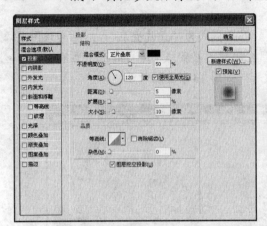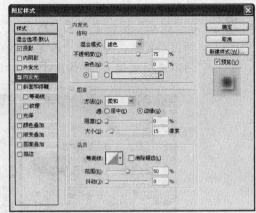

图 13-10　设置投影和内发光参数

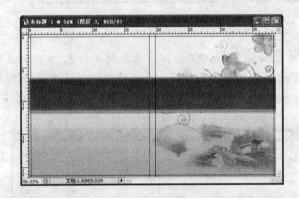

图 13-11　添加投影和内发光效果

图 13-12　利用"图层"调板创建选区

Step 12 按【F5】键，打开"画笔"调板，然后设置"角度"为 100 度，"间距"为 107%，其他参数保持默认，如图 13-13 右图所示。

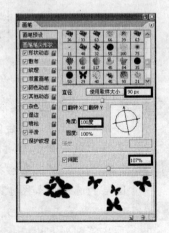

图 13-13　设置"画笔工具"属性

Step 13　属性设置好后，在选区内绘制蝴蝶图像，然后在"图层"调板中设置"图层 4"的填充不透明度为 40%，参数设置及效果分别如图 13-14 所示。

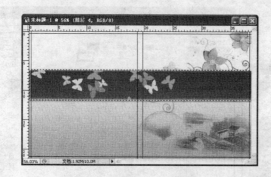

图 13-14　绘制蝴蝶并设置图层填充不透明度

Step 14　为"图层 4"添加外发光、内发光效果，参数设置如图 13-15 所示，添加图层样式后的画面效果如图 13-16 所示。

Step 15　将前景色设置为黑色，选择"横排文字工具" T，然后在"字符"调板中设置文字属性，如图 13-17 所示。

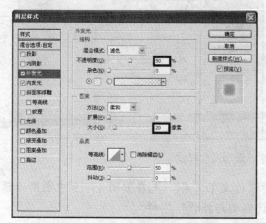
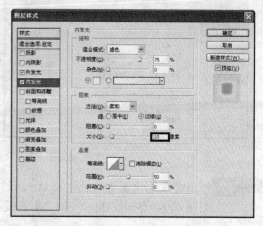

图 13-15　设置外发光和内发光参数

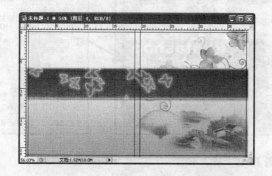

图 13-16　添加图层样式后效果　　　　图 13-17　设置文字属性

Step 16 文字属性设置好后，在图 13-18 左上图所示位置输入"创意宝典"字样，然后为该文字图层添加投影、斜面和浮雕图层样式，参数设置分别如图 13-18 所示。

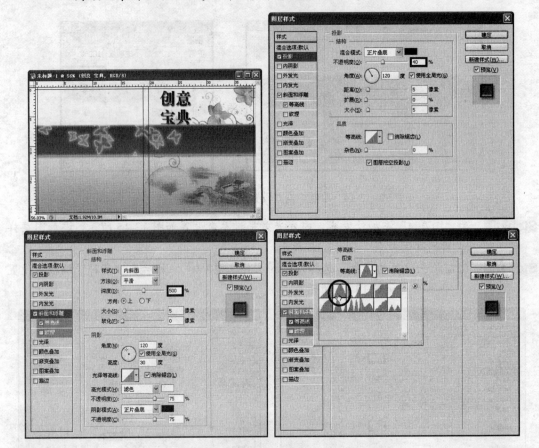

图 13-18 输入文字并添加图层样式

Step 17 将前景色设置为白色，然后利用"横排文字工具" T 在如图 13-19 中图所示位置输入"Photoshop"和"平面设计实例与操作"字样。

图 13-19 输入书名

Step 18 分别为"Photoshop"和"平面设计实例与操作"文字图层添加投影样式，投影参数保持系统默认。

Step 19 利用"横排文字工具"**T**在封面和封底中输入作者、出版社名称、定价和 ISBN 等文字；利用"直排文字工具"**T**在书脊中输入书名和出版社名称；利用直线工具"\\在 ISBN 数据和定价间绘制直线，线条宽度为 2px；最后，将"Ph13"文件夹中的"03.png"图像文件拖至封底位置。此时画面效果如图 13-20 所示。

图 13-20 输入文字

13.2 制作珠宝广告

本例将制作图 13-21 所示的珠宝广告，其最终效果文件请参考本书配套素材"Ph13"文件夹中的"珠宝广告.psd"图像文件。

图 13-21 珠宝广告效果图

制作思路

　　创建新文档，然后使用渐变色填充背景；打开人物图像，抠取人物图像至新文档窗口中，并为其添加图层样式；利用"自定形状工具"、"钢笔工具"、"画笔工具"、"样式"调板制作珠宝和装饰图像；最后输入广告文字并添加图层样式。

制作步骤

1. 制作背景和人物图像

Step 01 按【Ctrl+N】组合键，打开"新建"对话框，然后参照图 13-22 所示进行设置，新建一个空白文档。

Step 02 设置前景色为深红色（#990000），背景色为淡粉色（#eb7272）。选择"渐变工具" 🔲，单击工具箱中的"径向渐变"按钮🔲，勾选"反向"复选框，然后将光标移至图像窗口的底部，按住鼠标左键并向右拖动，绘制前景到背景的径向渐变色，如图 13-23 所示。

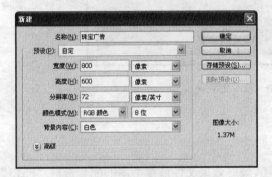

图 13-22　设置新文档参数

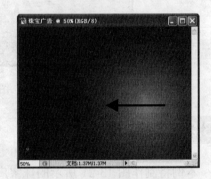

图 13-23　使用渐变色填充背景

Step 03 打开"Ph13"文件夹中的"04.jpg"图像文件，利用"魔棒工具" 🔍制作人物背景图像的选区，然后按【Shift+Ctrl+I】组合键，将选区反向以选中人物，接着将选区羽化 1 像素，并利用"移动工具" 🔁将选区中的人物图像拖至新文档窗口的左侧，如图 13-24 右图所示。

图 13-24　选取并复制人物图像

Step 04　为人物图层添加外发光效果，参数设置及效果分别如图 13-25 所示。

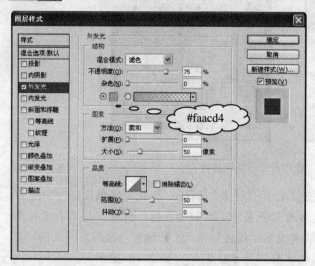

图 13-25　为人物图像添加外发光效果

2.　制作吊坠

Step 01　选择"自定形状工具" ，单击属性栏中的"路径"按钮 和"重叠路径区域
除外"按钮 ，在形状下拉列表中选择"红桃"，然后在图像窗口中绘制红桃
路径，并使用"钢笔工具" 调整红桃路径的形状，如图 13-26 所示。

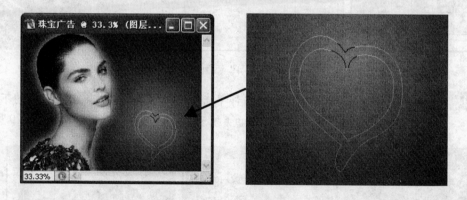

图 13-26　绘制红桃路径

Step 02　新建"图层 2"，并设置前景色为灰色（#c9caca）。按【Ctrl+Enter】组合键，将
红桃路径转换为选区。按【Alt+Delete】组合键，使用前景色填充选区，如图
13-27 右图所示。

图 13-27　使用前景色填充选区

Step 03 按【Ctrl+D】组合键取消选区。打开"样式"调板，加载系统预设的"Web 样式"文件到调板列表中，然后为"图层 2"添加"水银"样式，接着打开该图层的"图层样式"对话框，取消应用"描边"样式，并调整"投影"样式的"不透明度"为 40%，其他样式的参数保持系统默认，如图 13-28 所示。

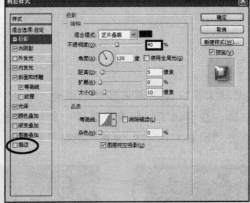

图 13-28　为"图层 4"添加"水银"样式

Step 04 利用"魔棒工具"在心形的内部单击生成选区，然后在"图层 2"的下方新建"图层 3"，使用灰色（#c9caca）填充选区，并取消选区，如图 13-29 所示。

图 13-29　创建选区并填充灰色

Step 05 在"样式"调板中单击"蓝色凝胶"样式，为"图层3"应用该样式，如图13-30
所示。

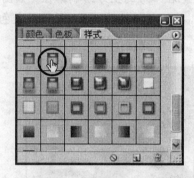

图 13-30 为"图层 3"添加图层样式

Step 06 在"图层"调板中双击"图层3"右侧的样式图标 *f*，重新打开"图层样式"
对话框，从中依次修改内阴影、内发光、斜面和浮雕的参数设置，参数设置及
效果分别如图 13-31 所示。

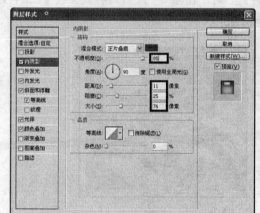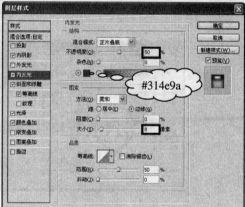

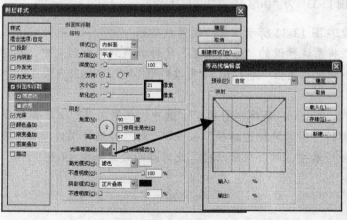

图 13-31 修改图层样式的参数

3. 制作项链

Step 01 新建"图层4"。利用"钢笔工具" ![pen] 在心形的上方绘制路径（如图 13-32 右图所示），然后按【Ctrl+Enter】组合键，将路径转换为选区，并使用灰色（#c9caca）填充选区。

图 13-32　新建图层并绘制路径

Step 02 单击"样式"调板中的"铬合金"样式，对"图层4"应用该样式。按【Ctrl+D】组合键取消选区，此时画面效果如图 13-33 所示。

图 13-33　为"图层4"添加图层样式

Step 03 利用"钢笔工具" ![pen] 在图 13-34 所示位置绘制开放路径。

Step 04 打开"画笔"调板，将系统预设的"方头画笔"文件加载到笔刷列表中，然后选择一种方头画笔，设置"直径"为 14px，"角度"为 14 度，"间距"为 130%，如图 13-35 所示。

Step 05 设置前景色为灰色（#c9caca），新建"图层5"。选中"画笔工具" ![brush]，然后单击"路径"调板底部的"用画笔描边路径"按钮 ![stroke]，对路径进行描边操作。在"路径"调板的空白处单击，取消显示路径，此时画面效果如图 13-36 所示。

图 13-34　绘制开放路径

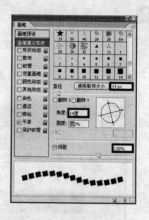

图 13-35　"画笔"调板

图 13-36　描边路径

Step 06　单击"样式"调板中的"铬合金"样式，对"图层 5"应用该样式，然后重新
打开"图层样式"对话框，更改"投影"样式的"不透明度"为 40%，并取消
"光泽"、"颜色叠加"和"渐变叠加"样式，效果如图 13-37 右下图所示。

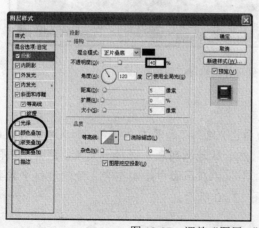

图 13-37　调整"图层 5"的图层样式

Step 07 在"图层"调板中，将"图层5"移至"图层4"的下方，如图13-38所示。

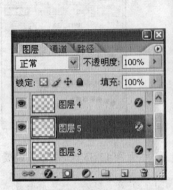

图13-38　调整图层顺序

Step 08 为"图层5"添加图层蒙版，然后利用"画笔工具"  在项链的两端涂抹，使两端呈现渐隐效果，如图13-39右下图所示。

图13-39　创建并编辑图层蒙版

4. 绘制星光和输入文字

Step 01 新建"图层6"，设置前景色为白色。选择"画笔工具" ，加载系统预设的"混合画笔"文件到笔刷列表中，然后从笔刷列表中选择"交叉排线4"笔刷。

Step 02 属性设置好后，利用"画笔工具" 在画面中绘制星光，绘制过程中需要修改笔刷大小和角度，其效果如图13-40所示。

图13-40 利用"画笔工具"绘制星形

Step 03 为"图层6"添加发光样式，参数设置及效果分别如图13-41所示。

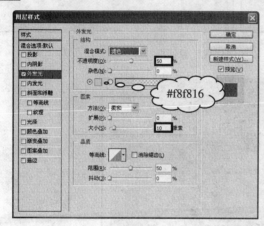

图13-41 为"图层6"添加图层样式

Step 04 将前景色设置为白色。利用"横排文字工具" T 在图像的右上角输入"恒昌珠宝"字样，文字属性及效果分别如图13-42所示。

Step 05 在"图层"调板中，设置"恒昌珠宝"文字图层的填充不透明度为0%，如图13-43所示。

图13-42 输入文字　　　　　　　　　　　　图13-43 设置文字图层的不透明度

Step 06 为"恒昌珠宝"文字图层添加外发光、描边样式，参数设置如图 13-44 所示，其最终效果如图 13-45 所示。

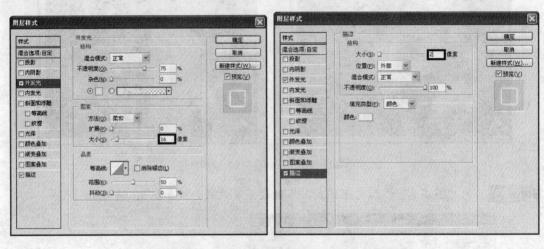

图 13-44 "图层样式"对话框

图 13-45 为文字图层添加图层样式

本章小结

通过本章的学习，读者可了解制作图书封面的基本常识，并对所学知识进行综合运用。在实际操作中，读者会发现，要想制作一款精美的平面设计作品，操作过程并不复杂，关键是创意、构图以及对软件本身的灵活应用等。

对于初学者来说，要想成为一名出色的平面设计师，只了解软件本身是远远不够的，还需要多下功夫、务实而耐心地学习，做到敢于创新、力求突破，营造一个自由想象的空间，为走向成功打下坚实的基础。